Hugo Meinhard Schiechtl, Roland Stern

Naturnaher Wasserbau

Anleitung für ingenieurbiologische Bauweisen

Hugo Meinhard Schiechtl, Roland Stern

Naturnaher Wasserbau

Anleitung für ingenieurbiologische Bauweisen

Ernst & Sohn
A Wiley Company

Dr. Dr. h. c. Hugo Meinhard Schiechtl
Wurmbachweg 1
A-6020 Innsbruck

Dr.-Ing. Roland Stern
Botanikerstraße 5A
A-6020 Innsbruck

Die Deutsche Bibliothek – CIP-Einheitsaufnahme
Ein Titeldatensatz für diese Publikation ist bei
Der Deutschen Bibliothek erhältlich

ISBN 3-433-01440-X

© 2002 Ernst & Sohn Verlag für Architektur und technische Wissenschaften GmbH, Berlin

Alle Rechte, insbesondere die der Übersetzung in andere Sprachen, vorbehalten. Kein Teil dieses Buches darf ohne schriftliche Genehmigung des Verlages in irgendeiner Form – durch Fotokopie, Mikrofilm oder irgendein anderes Verfahren – reproduziert oder in eine von Maschinen, insbesondere von Datenverarbeitungsmaschinen, verwendbare Sprache übertragen oder übersetzt werden.

All rights reserved (including those of translation into other languages). No part of this book may be reproduced in any form – by photoprint, microfilm, or any other means – nor transmitted or translated into a machine language without written permission from the publisher.

Die Wiedergabe von Warenbezeichnungen, Handelsnamen oder sonstigen Kennzeichen in diesem Buch berechtigt nicht zu der Annahme, daß diese von jedermann frei benutzt werden dürfen. Vielmehr kann es sich auch dann um eingetragene Warenzeichen oder sonstige gesetzlich geschützte Kennzeichen handeln, wenn sie als solche nicht eigens markiert sind.

Satz: Dörr + Schiller GmbH, Stuttgart
Druck: Druckhaus Darmstadt GmbH, Darmstadt
Bindung: Wilh. Osswald + Co, Neustadt

Printed in Germany

Vorwort

Das Handbuch verfolgt das Ziel, ingenieurbiologische Bauweisen einem möglichst großen Kreis von Praktikern bekannt zu machen. Es soll damit zu verstärktem Einsatz von lebenden Baustoffen bei Arbeiten an Gewässern aufgefordert und ermutigt werden.

Allen mit dem Wasserbau im allgemeinen und den mit dem Schutzwasserbau im besonderen Befaßten möge damit eine Anleitung für die zielführende und zweckentsprechende Anwendung der Ingenieurbiologie in die Hand gegeben sein.

Gewässerbetreuungskonzepte erlangen zunehmend an Bedeutung, was zwangsläufig ebenso für ingenieurbiologische Bauverfahren gilt, weil ohne sie Renaturierungen oder Rückbauten unvollkommen und funktionsarm bleiben.

Für die Umsetzung ingenieurbiologischer Bauweisen wären eine entsprechende Ausbildung, zumindest intensive Information der Techniker, und ebenso eine Schulung des ausführenden Personals wünschenswert und wichtig.

Innsbruck 2001　　　　　　　　　　　　　　　　　　　　　Hugo Meinhard Schiechtl
　　　　　　　　　　　　　　　　　　　　　　　　　　　　　Roland Stern

Inhaltsverzeichnis

Vorwort V

Einleitung IX

1	**Planung und Ausführung**...	1
1.1	Landschaftsangepaßte Projektierung	1
1.2	Landschaftsharmonische Ausführung	4
1.3	Planung ingenieurbiologischer Arbeiten.............................	5
2	**Die ingenieurbiologischen Bauverfahren**........................	13
2.1	Begriffserläuterungen..	13
2.2	Funktion und Wirkung, hydraulische Berechnungen	13
2.3	Lebende Baustoffe..	16
2.3.1	Artenwahl..	16
2.3.2	Vegetationsgliederung und Pflanzenherkunft	19
2.3.3	Pflanzenvermehrung..	20
2.3.3.1	Wasser- und Sumpfpflanzen, Schwimmblattgesellschaften	20
2.3.3.2	Samen für Rasen- und Gehölzsaaten.................................	24
2.3.3.3	Vegetativ vermehrbare Gehölze	25
2.4	Vorarbeiten..	32
2.5	Wahl der Bauweise und Bautype	32
2.5.1	Einsatzgrenzen..	33
2.5.2	Bauzeit..	34
2.6	Baukosten..	35
3	**Die ingenieurbiologischen Bauweisen und Bautypen im Wasserbau** ..	37
3.1	Deckbauweisen...	38
3.1.1	Rasenbauten...	38
3.1.2	Rasensaaten...	39
3.1.2.1	Heublumensaat...	42
3.1.2.2	Standardsaat..	43
3.1.2.3	Trockensaat...	43
3.1.2.4	Naßsaat, Hydrosaat, Anspritzverfahren	44
3.1.2.5	Mulchsaaten...	45
3.1.3	Gehölzsaaten..	47
3.1.4	Erosionsschutznetze...	49
3.1.5	Saatmatten..	49
3.1.6	Rasengittersteine	51
3.1.7	Spreitlage	51
3.2	Stabilbauweisen...	54
3.2.1	Steckhölzer	56
3.2.2	Flechtzaun und Flechtwerke...	56

3.2.3	Lagenbau	60
3.2.3.1	Heckenlage	61
3.2.3.2	Buschlage	61
3.2.3.3	Heckenbuschlage	64
3.3	Kombinierte Bauweisen	65
3.3.1	Querwerke	65
3.3.1.1	Profilüberspannende Querwerke	65
3.3.1.2	Ufernahe Querwerke	91
3.3.2	Längswerke	107
3.3.2.1	Röhrichtbauten	107
3.3.2.2	Bauten mit ausschlagfähigen Gehölzen	118
3.3.3	Lebende Leitwerke	130
3.4	Ergänzungsbauweisen	141
3.4.1	Versetzen von Ballen-, Topf- oder Containerpflanzen	141
3.4.2	Transplantation	142
3.4.3	Versetzen geteilter Wurzelstöcke und -horste	144
3.4.4	Versetzen von Rhizomen	144
3.5	Sonderbauten	145
3.5.1	Ausgrassung	145
3.5.2	Rauhbaum und Rauhbaumgehänge	145
3.5.2	Lebende Buschlahnung	146
4	**Ingenieurbiologie und Dammbau**	149
5	**Feuchtbiotope**	159
6	**Pflege und Erhaltung der ingenieurbiologischen Bauwerke und Bestände**	163
6.1	Fertigstellungspflege	163
6.2	Entwicklungspflege	164
6.3	Erhaltungspflege	166
7	**Tabellenanhang**	171
8	**Begriffserläuterungen**	201
9	**Literaturverzeichnis**	209
9.1	Verarbeitete Quellen	209
9.2	Weiterführende Literatur	212
9.3	Normen	215
Stichwortregister		217
Pflanzenregister		225

Einleitung

Wasser als Urgrund allen Lebens wehrt sich mit großer Energie gegen alle unbelebten Zwänge. Die Ufer und Einhänge sowie das Hinterland der Fließgewässer sind von Natur aus mit Vegetation bewachsen. Es zeigt von wenig Rücksichtnahme auf wichtige ökologische Zusammenhänge, aber auch auf die Ökonomie des Wasserbaues, wenn auf die Mithilfe von Pflanzen im Rahmen von Gewässerbetreuungskonzepten verzichtet wird.

Fließende Gewässer und deren Begleitvegetation sind unverzichtbare Elemente unserer Landschaft. Dieses Bild und die Funktion zu bewahren, zu ergänzen, auszuweiten und örtlich auch neu zu schaffen, stellt hohe Anforderungen sowohl an den Planer, als auch an den Ausführenden. Mit dem Einsatz von Hartbauweisen allein können jene Ziele nicht erreicht werden.

Das Buch enthält daher wichtige Grundlagen zur biologisch unterstützten Planung und Ausführung von Maßnahmen im Wasserbau unter Berücksichtigung von Pflege und Erhaltung der ingenieurbiologischen Anlagen.

Gegenüber dem „Handbuch für naturnahen Erdbau" [38] erfolgt eine, speziell auf den Wasserbau abgestimmte, starke Erweiterung sowohl hinsichtlich Art und Zahl der Baustoffe, als auch bezüglich der spezifischen Bauweisen und deren Bautypen.

Somit soll das Handbuch zu einem möglichst häufigen Einsatz von biologisch ausgelegten Bauweisen ermuntern und anleiten.

Es werden dadurch die Forderungen des Bauträgers, der Erhaltungspflichtigen, des Natur- und Umweltschutzes, der Landschaftsgestalter, der Anlieger und der ökologischen Wissenschaften besser miteinander in Einklang zu bringen sein.

Hydraulik und Hydrologie oder Baugeologie und Bodenmechanik werden selten und nur zum unbedingten Verständnis gestreift.

1 Planung und Ausführung

Zur Sicherung von Ufern an Fließgewässern, Seen und Meeresküsten besitzen Bauweisen mit lebenden Baustoffen Tradition. Während des Mittelalters, als weder technische Baustoffe noch Baumaschinen zur Verfügung standen, gelang es mit Hilfe von Pflanzen und Pflanzenteilen Ufer dauerhaft zu sichern und sogar Schiffahrtswege, wie in Frankreich und den Niederlanden, wirksam instand zu halten. Viele der damals üblichen Bauverfahren gerieten jedoch allmählich in Vergessenheit und eine echte Renaissance jener alten, naturnahen Methoden setzte erst nach der Wende vom 19. zum 20. Jahrhundert ein.

Auf Grund neuer Erkenntnisse aus der technischen und biologischen Forschung sowie aus der Materialkunde konnten viele der alten Bauweisen verbessert und neue hinzuentwickelt werden.

Heute steht uns eine ausreichende Palette ingenieurbiologischer Bauweisen zur Verfügung, mit deren Hilfe, unter Verwendung landschaftsgebundener Baustoffe, sogenannte naturnahe Verbauungen möglich werden.

Mit Zunahme der Besiedelungsdichte wurde der Schutz vor Hochwasser das wichtigste Ziel des Wasserbaues. Dieser Schutzwasserbau behielt rund 20 Jahre lang seine dominante Stellung. Zunehmender Maschineneinsatz sowie die vorrangige Verwendung von Hartbauweisen, aber auch der Landhunger, führten dabei zum Verlust von Auen und anderen Retentionsräumen, von artenreichen limnischen und terrestrischen Lebensgemeinschaften.

Gesteigertes Umweltbewußtsein scheint Allgemeingut geworden zu sein und findet seinen Niederschlag in Bürgerinitiativen für eine naturstimmige Gewässerbetreuung sowie die Erhaltung und Ausweitung von Feuchtbiotopen.

1.1 Landschaftsangepaßte Projektierung

Die **Ingenieurbiologie** kann nur verschiedene Teilaspekte des **Naturnahen Wasserbaus** abdecken.

Der landschaftsbezogene Einsatz ingenieurbiologischer Bauweisen hängt unmittelbar von einer landschaftsorientierten Gewässerkonzeption ab. Passen die wasserbautechnischen Vorgaben nicht entsprechend, wird die Ingenieurbiologie zu einer ästhetisierenden Gehilfin degradiert. Von diesem Gedanken ist auszugehen, wollen wir die Stellung der Ingenieurbiologie im Wasserbau verstehen.

Es ist nicht unsere Aufgabe, Grundlagen des Landschaftswasserbaues weiterzugeben, wir versuchen lediglich, in knappen Zügen die wichtigsten Basiskriterien für einen naturnahen Wasserbau vorzustellen [5, 24]. Naturnaher Wasserbau benötigt Platz. Es ist eine

Illusion, ohne entsprechendes Raumangebot naturnahen Wasserbau in die Praxis umsetzen zu können.

Im Flußbau besteht eine wichtige Aufgabe in der Abfuhr des Bemessungshochwassers. Dazu sind Anlagen notwendig, die den Belastungen standhalten. Diese hydraulischen und technischen Ziele sind am kostengünstigsten durch den Miteinsatz lebender Baustoffe erreichbar.

Jede Landschaft trägt ein für sie typisches, geomorphologisch angelegtes Gewässernetz. In einer Intensiv-Kulturlandschaft gibt es ursprüngliche Fließgewässer kaum noch bis überhaupt nicht mehr. Dem nicht sehr glücklich gewählten, aber eingeführten Begriff „Naturnähe" entsprechen bestenfalls nur Teilabschnitte unserer Fließgewässer, von den stehenden Gewässern ganz zu schweigen.

Für einen biologisch oder auch ökologisch gestützten Wasserbau bestehen längst allgemeine Leitsätze, wie:

- Erhaltung oder Schaffung der landschaftstypischen Gewässermorphologie
- Erhaltung der Gewässerdynamik
- Erhaltung der Gewässersohle
- Erhaltung oder Schaffung von Flach- und Steilufern, von Prall- und Gleitufern
- Erhaltung oder Schaffung von wechselnden Bettbreiten
- Erhaltung oder Schaffung von Furten und Schotterbänken
- Erhaltung oder Schaffung verschiedener Strömungsmuster
- Erhaltung oder Schaffung der fließenden Retention
- Erhaltung oder Schaffung der Wandermöglichkeit für Wasserorganismen
- Aufbau, Entwicklung und Pflege standortgerechter Vegetation mit Hilfe lebender Baustoffe
- Pflegeorientierte Bewirtschaftung von Ufersäumen und Auen nach forstökologischen Prinzipien
- Einplanung der Sicherheit in Richtung potentieller Schäden durch Versagen der Anlage
- Berücksichtigung der Multifunktionalität des Gewässers in Siedlungsgebieten
- Berücksichtigung der großen Wirtschaftlichkeit von ingenieurbiologischen Ufersicherungen, auch unter Einbeziehung von Reparaturen nach Hochwasserschäden

Wasserbau, insbesondere seine naturnahe Variante, bildet Elemente der Landschaftsgestaltung. Vor Projektierung der ingenieurbiologischen Maßnahmen sollte das Gewässer seiner Linienführung bzw. Uferlage nach fixiert sein, die wasserbaulichen Randbedingungen müssen also erfüllt sein.

Das Ergebnis sind die *Trasse*, der *Längsschnitt* und die Gestaltung der *Querprofile*. Die landschaftsangepaßte Linie weist in den Unterläufen der Talniederungen eine regelmäßige Folge von Links- und Rechtsbögen mit verschiedenen Radien auf. Diesen günstigen Umstand beschrieb bereits *Fargue*, 1868. Eine weitere Regel besagt, daß die Flußbreite vom Bogenwendepunkt gegen die Bogenmitte hin ansteigen sollte [28]. Naturnah ist die Linienführung grundsätzlich dann, wenn sie dem Gewässertyp möglichst nahe kommt.

1.1 Landschaftsangepaßte Projektierung

Künstliche Bogenfolgen in Wildwässern sind ebenso unnatürlich wie Begradigungen und Durchstiche in den Unterläufen. Häufig ist der Unterschied im Abflußverhalten zwischen Nieder- und Hochwasserführung so groß, daß nicht mit einem einzigen Gerinne den hydraulischen Zielen entsprochen werden kann. Dann wird ein engeres, mäandrierendes Niederwassergerinne in ein breiteres, gestrecktes Hochwassergerinne gebaut.

In naturbelassenen Fließgewässern ist eine Folge verschiedener Sohlgefälle von Kolken, unterschiedlichen Wassertiefen und Strömungen vorhanden. Dabei erfüllen Kolke besonders vielfältige Aufgaben. Kolke sind wertvolle Lebensräume; sie dienen der Energieumwandlung des strömenden Wassers, wodurch der Uferschutz entlastet wird. Kolke sind ebenso Geschieberegulatoren. In naturbelassenen Fließgewässern fallen die Kolke weitgehend mit dem Bereich der stärksten Krümmung zusammen. Dadurch entstehen dort geringere Fließgeschwindigkeiten. Die Furten fallen mit dem Wendepunkt zwischen zwei gegensinnigen Krümmungen zusammen. Bei Neutrassierungen (Regulierungen) ist auf diese Tatsachen Bezug zu nehmen, damit eine Vereinheitlichung der Strömungsverhältnisse vermieden werde. Daraus resultiert ebenso, daß die naturangepaßte Lage einer Sohlrampe, die ja eine Furtstrecke zwischen zwei Kolken imitiert, im Wendepunkt zwischen zwei gegensinnige Bögen einzupassen wäre. Die Krümmung einer Sohlrampe im Längsschnitt ist keine zwingende Regel für den naturnahen Wasserbau.

Da es in der Natur keine „Regelprofile" gibt, sollte auch im naturnahen Wasserbau dieser naturwidrige Begriff nicht existieren. Für das Gewässer als Lebensraum sind unterschiedliche Breiten und Tiefen, besonders deren Varianz sehr bedeutend. Ebenso entscheidend wird eine vielfältige, abwechslungsreiche Gestaltung der Querschnitte für einen nicht nur sicherungstechnisch, sondern besonders ökologisch und gestalterisch möglichst effizienten Einsatz von ingenieurbiologischen Bauweisen sein. Mit der Wahl des Querschnittstyps ist zugleich die Wahl der unbelebten und lebenden Baustoffe verbunden. Meist entwickeln sich Baumaßnahmen an Gewässern als Kombination von Erdbau und Wasserbau im engeren Sinn. Diese Tatsache führt zwangsläufig dazu, daß bereits in der Projektierungsphase verschiedene Disziplinen zum Einsatz kommen sollten. Vom Wasserbautechniker werden im Idealfall Fachleute der Baugeologie, Bodenmechanik, Vegetationskunde und Gewässerbiologie herangezogen. Mit Hilfe der Bestandsaufnahmen im Gelände (Kartierungen) und der Laborbefunde werden die für eine gute, geländekonforme Querschnittsgestaltung zunächst wichtigen Parameter abgeleitet, wie Erosionsdisposition von Sohlsubstrat und subaquatischem Böschungs-(Ufer-)bereich sowie Standsicherheit der oberen Gewässer-Begleitböschungen (Einschnitte oder Dammkörper). Diese Daten werden zur Ermittlung der maximal zulässigen Schleppspannungen eingearbeitet. Vegetationskunde und Gewässerbiologie liefern dem Ingenieur weitere, zusätzliche Hinweise zu Detailgestaltungen.

1.2 Landschaftsharmonische Ausführung

Einige wichtige Regeln im Zuge landschaftsharmonischer Bauarbeiten sind:

- Wahl und Einsatz der Baumaschinen und Geräte, die technisch entsprechen und auf die Geländeverhältnisse abgestimmt sein sollen
- Formenschonende und damit standsichere Böschungsausformung, die erreicht wird durch Vermeidung übersteiler Neigungen, durch Ausrundung der Böschungsränder und -kanten
- Verwendung von landschaftsgebundenen, ortsständigen Baustoffen, wie z. B. Steine, Schotter, Kies, fein- bis feinstkörnige Böden und Erden, Holz
- Vermeidung von natürlichen Baustoffen, die im Projektgebiet nicht vorkommen, z. B. kein Einsatz von Bruchsteinen in Feinsediment-Alluvionen
- Vermeidung von landschaftsfremden Baustoffen wie Stahl, Beton, Kunststoffe, z. B. zur Auskleidung oder Dichtung des Gewässerbettes
- Starke Verwendung von lebenden Baustoffen
- Beschaffung der ausschlagfähigen Gehölze aus dem Bereich des Baufeldes oder aus möglichst nahe gelegenen, gleichwertigen Naturbeständen
- Erhaltung von Röhrichten und Wasserpflanzen im Regulierungsbereich
- Erhaltung der im Baufeld außerhalb des Regulierungsbereiches wachsenden, auch nach der Bauzeit verbleibenden, Vegetation durch sorgsamen Einsatz der Baugeräte
- Aussiedelung, vorübergehende Zwischenlagerung und Wiedereinbau (Transplantation) von Vegetation
- Durchschneiden, Zerstückeln oder Roden von Auen soll auf ein Mindestmaß eingeschränkt, besser noch vermieden werden

Die erodierend wirkenden Kräfte, aktiver Erddruck, Porenwasserüberdruck, Schleppkraft, Wasserströmung, Auftrieb und artesischer Wasserdruck überlagern sich besonders ungünstig im Bereich der Knicklinie zwischen Gewässersohle und -böschung. Bei mangelnder Sicherung dieses Bereiches kann der Böschungsfuß unterspült werden. Als Folge davon wird zunächst die Böschung bis zur Mittelwasserlinie ausgewaschen, bis schließlich das gesamte Ufer brechen kann. Daher ist die richtige Ausformung und die sichere Befestigung der unteren Böschungsbereiche eine wesentliche Voraussetzung für weitere, erfolgreiche ingenieurbiologische Maßnahmen im oberen Querschnittsfeld. Wir sehen, daß auch im naturnahen Wasserbau Sicherungen mit unbelebten Baustoffen, also Hartbauweisen ihren Platz finden müssen. Hartbauweisen sind auf jene Stellen oder Abschnitte im Gewässer zu beschränken, wo die Erosion nicht mehr oder nicht ausschließlich durch Bauten mit lebenden Baustoffen verhindert werden kann [1].

Dies ist der Fall wenn:

- die Schubkraft und die Strömungsgeschwindigkeit des Wassers die Widerstandskraft des anstehenden Sohlmaterials überwinden
- die Beanspruchung der Prallufer zu groß wird
- Böschungsteile bis zum vollständigen Anwachsen der Pflanzen gesichert werden müssen

- die lebenden Baustoffe infolge starker Gewässerverschmutzung absterben
- es bei feinsandigen, schluffigen Böden mit Grundwasserandrang zu Sohlauftrieben kommt
- entsprechender Raum nicht zur Verfügung steht (Ortslagen)

1.3 Planung ingenieurbiologischer Arbeiten

Immer noch überwiegt wegen Ausbildungsmängeln und wegen fehlender Erfahrung eine Scheu vor der Anwendung ingenieurbiologischer Methoden anstelle jener des klassischen Ingenieurbaus.

Nur allzu häufig kommt es vor, daß ingenieurbiologische Arbeiten nicht von Anfang an geplant werden, sondern daß man sich ihrer erst bedient, wenn die üblichen harten Bauweisen versagen. Der Einsatz der Ingenieurbiologie geschieht dann unter Zeitdruck und kann nicht wohlvorbereitet planmäßig ablaufen. Daher ist es zweckmäßig, schon bei den ersten Vorbesprechungen zu Ausbauvorhaben einen Ingenieurbiologen und/oder einen Landschaftsplaner hinzuzuziehen, um abzuklären, wie die Randbedingungen des naturnahen Wasserbaues mit jenen der Ingenieurbiologie und der Landschaftspflege abgestimmt und miteinander vernetzt werden können.

Eine Vorbereitungszeit ist aber wie bei jedem Bauvorhaben erforderlich, um die beste und wirtschaftlichste Lösung finden zu können. Die Entscheidung für die Auswahl der Bauweisen und der dafür nötigen lebenden Baustoffe kann erst nach genauer Kenntnis der örtlichen Verhältnisse und nach Abklärung der Vorstellungen oder Wünsche der Bauherrn hinsichtlich des Endzustandes gefällt werden.

An Hand einer Checkliste (Tabelle 1) kann entschieden werden, welche Positionen bei der Planung unbedingt notwendig sind und welche entfallen können. Durch die Entscheidung für spezifische ingenieurbiologische Bauweisen und die hierfür notwendigen lebenden Baustoffe ergibt sich schließlich auch ein Zeitplan für den Arbeitsablauf.

Sowohl der Einbau toter als auch lebender Baustoffe wird zunächst nach dem Bereich des Profils erfolgen, der gesichert werden soll. Entsprechend der Über- oder Unterschreitungsdauer bestimmter Wasserstände kann man das Gewässerprofil theoretisch in Zonen mit unterschiedlicher Benetzung einteilen. Damit können im Vergleich mit den vegetationskundlichen Untersuchungen gewässertypische Vegetationsgrenzen der Uferböschungen entwickelt werden. Da es in der Natur solche festen, regelhaften Grenzen kaum oder gar nicht gibt, sei hier vor zu arger Schematisierung gewarnt. Diese Vegetationsgrenzen sind keine Scharfgrenzen und sind mit allen möglichen Übergängen und Durchmischungen ausgestattet, oder es gibt z.B. nur eine einzige Pflanzengesellschaft, die über sämtliche Zonen hinweg gedeiht.

Wenn wir die wasserwirtschaftlichen Belastungszonen den ermittelten Vegetationszonen gegenüberstellen, erhalten wir das in Bild 1 dargestellte Schema. Ein Regelprofil für die Vegetationsverteilung kann es nicht geben, weil der Vegetationstyp sowohl regional als auch in den verschiedenen Gewässerabschnitten sehr unterschiedlich sein kann. Die Zuordnung von möglichen ingenieurbiologischen Bauweisen geschieht in diesem Schema daher nur rahmenartig.

Tabelle 1. Checkliste für Planung, Ausschreibung und Überwachung der ingenieurbiologischen Arbeiten

Nr.	Art der Arbeiten
1	Beschaffung von topographischen Karten, Luftbildern, Orthophotos und der Baupläne (Maßstab 1:2000 bis 1:200)
2	Sichtung des generellen Projektes bezüglich Trasse, Längsschnitt, Querschnittsgestaltung und der hydraulischen Vorgaben
3	Studium der (bau-) geologischen und hydrogeologischen Untersuchungen
4	Studium der Bodenuntersuchungen des Sohlsubstrates und Böschungsstandsicherheit
5	Studium hydrographischer Daten
6	Studium vorhandener oder Ausführung von Vegetationsaufnahmen und -kartierungen im Umfeld der zukünftigen Ausbaustrecke
7	Studium von gewässerökologischen Vorarbeiten
8	Erkundung der Schadensursache bei Sanierungsarbeiten
9	Festlegung des Zieles, des Endzustandes der ingenieurbiologischen Maßnahmen
10	Wahl der lebenden (Artenwahl) und der toten Baustoffe
11	Wahl der Bauweisen und Bautypen
12	Sichtung von Rechtsverbindlichkeiten (Besitz, Nutzung, Haftung)
13	Studium des wasserbaulichen Detailprojektes
14	Endgültige Zuordnung der ingenieurbiologischen Maßnahmen
15	Ermittlung des Pflanzenbedarfs (Pflanzenliste)
16	Beschaffungsplan für die lebenden Baustoffe und Sicherung von Vorkommen im Bereich der Baustelle
17	Abschluß von Anzuchtverträgen
18	Festlegung von Zwischlagern für Transplantate
19	Festlegung von Einschlagplätzen und Zwischenlagerung von ausschlagfähigen Baustoffen
20	Erstellen eines Bauzeitplanes in Abstimmung mit den technischen Arbeiten
21	Verfassen des Ausschreibungstextes
22	Öffentliche oder beschränkte Ausschreibung
23	Prüfung der Angebote
24	Vergabe, Kontrolle der Lieferung der lebenden Baustoffe
25	Bestellung einer ökologischen Bauaufsicht
26	Führung eines Baubuches an der Bauleitung
27	Periodische Baubesprechungen
28	Bei Bedarf ad hoc Umplanungen
29	Überwachung der Fertigstellungspflege
30	Abnahme der Arbeiten je nach Baufortschritt

1.3 Planung ingenieurbiologischer Arbeiten

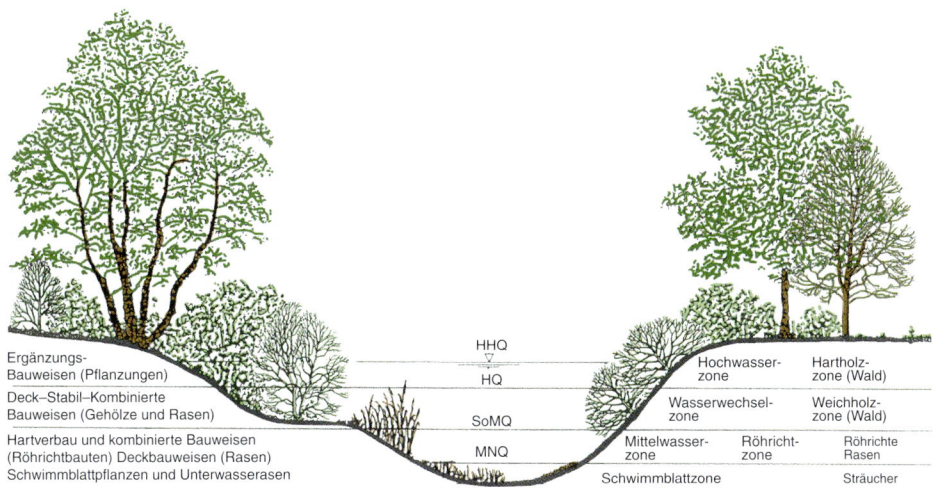

Bild 1
Schema zur Gliederung eines Gewässerprofils in Wasserwirtschaftszonen und Vegetationszonen und die mögliche Zuordnung ingenieurbiologischer Bauweisen (ergänzt und modifiziert nach [28])

In der Niederwasserzone, der Laichkrautzone, bereitet der Besatz mit standortangepaßten Pflanzen immer noch gewisse Schwierigkeiten. Die organisatorischen und technischen Probleme bei Beschaffung, Anzucht, Transport und Ausbringung der doch sehr empfindlichen Gewächse konnte bisher nur für Teilbereiche befriedigend gelöst werden.

Frau Dr. *U. Goldschmid* (Magistratsabteilung 45 – Wasserbau der Stadt Wien) danken wir für viele Fachgespräche und persönliche Beiträge zum Themenkreis Wasserpflanzen und Röhrichte. Man beachte hierzu die Ausführungen im Abschnitt 2.3.3.

In der Mittelwasserzone (die untere Wasserwechselzone zwischen Niederwasser und Mittelwasser) arbeitet das Wasser bereits stark. Weil hier unter Berücksichtigung entsprechender Standorte mit Röhrichten operiert werden kann, wird diese Zone auch Röhrichtzone genannt.

Die Triebe und Blätter der Röhrichte zerteilen die Wasserströmung und wandeln deren Energie um; durch die abgeminderte Strömung wird die Sedimentation und Anlandung gefördert. Wurzeln und Rhizome der Röhrichtpflanzen festigen den Boden.

Röhrichte bevorzugen gut belichtete Standorte. Wir können dies schon bei der Gesamtplanung durch die darauf abgestimmte Situierung der abschattenden Gehölzpflanzungen berücksichtigen.

Das Schilf (*Phragmites australis*) ist die bekannteste und aus der Gruppe Röhrichtpflanzen auch die beste Uferschutzpflanze an Fließgewässern, vor allem jedoch an Seen. Schilf erträgt beträchtliche Strömungen und widersteht als einzige Röhrichtart dem Wellenschlag und -sog von Schiffen, weil es über und unter Wasser und im Uferboden mit einem dichten Geflecht verwurzelter Rhizome verankert ist.

In Abhängigkeit von den örtlichen Wasserstandsverhältnissen (Bild 2), von der Beschaffung geeigneten Pflanzengutes, der Pflanzzeit, dem geplanten Uferschutz, werden bei Anlage von Schilfbeständen die Rhizomvermehrung, die Halmlage (Schilfspreitlage), die Halmpflanzung oder die Ballenpflanzung ausgeführt. Arbeiten mit Schilfhalmen können nur verhältnismäßig kurze Zeit ausgeführt werden, nämlich 4 bis 6 Wochen im Mai bis Juni. Gewinnung, Transport und Einbau der Halme hat sehr sorgfältig zu erfolgen, damit eine Beschädigung der Halme unter allen Umständen vermieden wird und so das Durchlüftungsgewebe (Aerenchym) im Stengel intakt bleibt. Da die Wurzeln nur über die oberirdischen Teile mit genügend Atemluft versorgt werden, sticken beschädigte Halme submers ab [4]. Aus diesem Grund ist auch eine Initiierung von Schilfbeständen unter Wasser nicht möglich, weil die Rhizome verfaulen, wenn Wasser in die Halme eindringt. Schilfbestände können daher nur von geeigneten Uferbereichen aus entwickelt werden. Naturbestände vermehren sich überwiegend vegetativ, das mag eine Erklärung für das Mißlingen von Ansaaten sein. Zu den Röhrichtbauten siehe Abschnitt 3.3.2.1.

Das Rohrglanzgras (*Phalaris arundinacea*) ist die einzige Röhrichtpflanze, die die Verlandung von Gewässern nicht begünstigt und auch in verschmutzten Gewässern lebensfähig ist. Deshalb ist das Rohrglanzgras eine gerade für kleinere Gewässer ausgezeichnet verwendbare Pflanze zur Ufersicherung. Da es kaum über Wassertiefen von 0,5 m vordringt, bleibt es auf einen engen Ufersaum begrenzt. Dieses hohe Gras eignet sich weiterhin zur Ansiedelung an schnellfließenden Gewässern mit stark schwankendem Wasserstand und kann als Kriechwurzler sowohl als Ballen oder als Rhizomsteckling angepflanzt oder durch Saat angesiedelt werden. Die Pflanzen benötigen eine minimale Fließgeschwindigkeit im Gewässer und setzen sich gegenüber anderen Röhrichten besonders da durch, wo durch die große Schwankungsamplitude des Wassers längere Trockenzeiten und starke Überflutungen entstehen. Das Pflanzmaterial kann durch Ausgraben am Gewässer selbst gewonnen und während des ganzen Jahres gepflanzt werden. Eine Kombination mit Steinschüttungen ist möglich.

Die Grüne Teichbinse, auch Seebinse oder eigentliche Flechtbinse genannt (*Schoenoplectus lacustris*), wächst bevorzugt in den Verlandungszonen langsam fließender Gewässer und an Seen und Teichen. Die Binse wandert in bis zu 4,0 m tiefes Wasser und

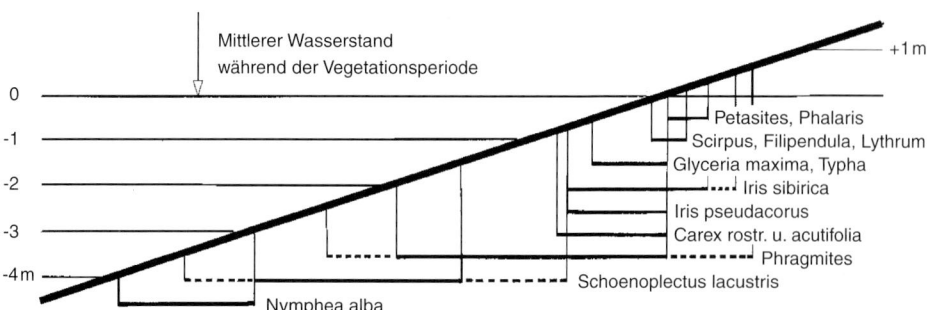

Bild 2
Standorte für Röhrichtpflanzen; Wasserstandverträglichkeit

wächst während des gesamten Jahres, auch im Winter. Sie sollte deshalb in kleinen Gewässern nicht eingebaut werden, weil das Profil rasch eingeengt würde. Von sämtlichen Röhrichtarten ist die Binse besonders befähigt, das Gewässer mit Sauerstoff anzureichern und dem Wasser sowohl organische als auch anorganische Verbindungen (Mineralsalze) zu entziehen. Neben größeren Mengen von Phenol, die die Binse restlos mit Hilfe von an den Pflanzen sitzenden aeroben Bakterien aus dem Wasser entfernt, erzielen Binsenanlagen auch bei der Beseitigung von pathogenen Keimen aus dem Abwasser eine größere Abbauleistung als flächengleiche Tropfkörper [42–44].

Der Rohrkolben (*Typha latifolia*), eine hohe Röhrichtpflanze, ist Vorreiter der Verlandung und erträgt Wassertiefen bis zu 2,0 m. Der Rohrkolben ist für den Verbau an kleinen Fließgewässern nicht geeignet. Er wird erst bei der Aussaat vom Kolben gerebelt und direkt ins Gewässer eingebracht. Er treibt längere Zeit an der Wasseroberfläche und sinkt schließlich dort zu Boden, wohin ihn Wind und Strömung verdriftet haben. Die Ansaat von Rohrkolben in gezielten Bereichen ist schwierig. Am ehesten erreicht man dies an leicht windigen Tagen, indem man das Saatgut über feuchte Uferbereiche streut, oder die Windrichtung berücksichtigt, wenn man das Saatgut ins Gewässer einbringt.

Örtlich werden noch einige, meist hochwüchsige Riedgräser (Seggen) in den für sie typischen Wuchsgebieten und auf entsprechendem Standort verwendet. Die verschiedenen Röhrichtarten stellen ebenso unterschiedliche Ansprüche an den Wasserhaushalt, insbesondere an die Wasserstände ihrer Wuchsorte. Zum Gelingen von Röhrichtanlagen ist es daher wichtig, die an bestimmte Wasserstände am besten angepaßten Arten auszuwählen. Dabei gibt es Arten mit sehr enger ökologischer Amplitude und einige mit einer weiter ausgelegten Verträglichkeit (Bild 2).

Der obere Bereich der Wasserwechselzone über der Mittelwasserlinie ist durch die Erosionswirkung des fließenden Wassers, durch Wellenschlag und Eistrift besonders stark gefährdet. Als lebender Böschungsschutz werden in dieser Zone Rasen und Sträucher, meist Weiden, verwendet.

Der Rasen verdankt seine hervorragende Bedeutung als Uferschutzelement folgenden Vorzügen gegenüber anderen Bauweisen:

- Hochwasserabfluß wird durch Rasen nur minimal beeinflußt
- Herstellung einer geschlossenen Rasendecke ist verhältnismäßig einfach, wenn man die Wachstums- und Standortbedingungen beachtet
- Rasen hat eine lange Lebensdauer
- Herstellungskosten von Rasenböschungen sind niedriger als die von anderen Uferschutzmethoden
- Rasen ist einfach zu erhalten (Pflege)
- Ablagerungen von Treibgut sind geringer als in Strauchanlagen und leichter zu beseitigen

Allerdings stehen diesen Vorteilen auch einige Nachteile gegenüber:

- die zwar einfache aber aufwendige Pflege verursacht hohe Kosten
- die Tallandschaft verarmt
- durch den Fortfall der Beschattung wird das Wachstum der Wasserpflanzen gefördert

Trotz dieser Einschränkungen wird der Böschungsrasen aber seine dominierende Stellung als Schutzmaterial für die Uferzonen oberhalb des Mittelwassers sowie für Bermen, Vorländer und Deiche im Hochwasserabflußbereich behalten. Die Stabilität geschlossener Rasenflächen ist außerordentlich groß. Der Rasen verträgt längerfristig Strömungsgeschwindigkeiten von 1,8 m/s, die kurzzeitig sogar auf 4,5 m/s gesteigert werden können. Die zulässige Schleppspannung beträgt nach [29] 105 N/m^2. Bei geschlossener Rasendecke bildet sich unterhalb der Halme, die sich bei höheren Strömungsgeschwindig-keiten umlegen, eine strömungsarme Schicht, die den Boden selbst bei geringer Halmhöhe wirksam schützt. Die Erosion des Rasens beginnt stets an Schadstellen in der Rasendecke wie Trockenrisse, Tiergänge, Abbrüche und Viehtritt.

In der Wasserwechselzone werden im Rahmen der ingenieurbiologischen Verbauungen bei den Stabilbauweisen und kombinierten Bauweisen bevorzugt ausschlagfähige, lebende Baustoffe verwendet. Die Wirkung des Gehölzbestandes oberhalb der Mittelwasserlinie beruht auf der zusätzlichen Verringerung der Strömungsgeschwindigkeit in Böschungsnähe und der Bodenverfestigung der Uferzone durch das dichte und bis in verschiedene Tiefen reichende Wurzelwerk der Sträucher. Die oberirdischen Triebe sollen die erodierende Kraft des Wassers als federnde Wand brechen und den schädlichen Teil der kinetischen Energie des Wassers durch Erzeugung von Turbulenzen in Reibung, Wärme, Schwingung und Schall umwandeln. Bei Abgang von Treibgut und Eis verhindern die Gehölze den Angriff auf die Uferböschung. Gehölze, die über die Böschungskrone hinausragen, vermindern beim Austritt des Wassers aus dem Profil in die Überschwemmungszone die Strömungsgeschwindigkeit und schützen so die gefährdete Böschungsoberkante. Zusätzlich bleibt die Ablage von Treibgut, Schlamm und Müll auf den Bereich des Buschgürtels beschränkt, und die umliegenden Flächen werden nicht verunstaltet.

Es gilt zwar die Regel, daß in der Wasserwechselzone nur biegsame Sträucher gepflanzt werden sollten, weil unelastische Gehölze den Hochwasserabfluß behinderten, Wirbel und Stromstrichverlagerungen bewirken und häufig die Ursache für Uferabbrüche wären. Diesem sehr vereinfachenden Postulat, daß nur elastische Strauchformationen den hydraulischen Erfordernissen entsprechen könnten, wollen wir uns nicht anschließen. Beobachtungen an naturbelassenen Galerie- und Auwäldern zeigen, daß auch bereits durchmesserstarke, schwach elastische Bäume und Großsträucher entsprechende Gewässerschutzfunktionen ausüben können und nicht Uferanbrüche provozieren. Ein sogenannter Fußschutz aus Büschen ist in europäischen Fließgewässern nicht die Regel und auch nicht naturgewollt. Die natürliche Sukzession entläßt die Gehölze aus dem Biegsamkeitsalter in ein stabiles Stadium mit Dickenwachstum. Die Entwicklungen insgesamt sind sehr abhängig vom Standort in der entsprechenden Höhenstufe:

- Gebirgslagen – dominante Strauchsäume
- Mittelgebirge und Hügelland – Sträucher und Bäume
- Niederungen – Galerie- und Auwald

Wird nun auf entsprechenden Standorten in der Wasserwechselzone mit Sträuchern, buschförmigen Weiden gearbeitet, sind diese alle 10 Jahre auf Stock zu setzen, wenn sie als Dauergesellschaft erhalten werden sollen. Es ist möglich, Baumweiden durch ständigen Rückschnitt strauchförmig zu halten.

Voraussetzungen und Grenzen des Einsatzes von Strauchweiden:

- Das Gewässer muß in seinem Bett festgelegt sein, denn die Pflanze kann weder die Tiefen- noch die Seitenerosion am Böschungsfuß verhindern.
- Die zu verbauende Flußstrecke muß sich im Verbreitungsgebiet der für die Lebendverbauung geeigneten Weidenarten befinden.
- Von Natur aus reichen die Weiden mindestens bis zur Mittelwasserlinie hinunter. Ein biologisch gestützter Uferschutz sollte grundsätzlich so tief als möglich unterhalb der Mittelwasserlinie ansetzen, da nur so die Böschungsrutschungen auslösende Erosion (Unterspülung) am Böschungsfuß verhindert werden kann. Ein nur auf die Sicherung der Bereiche oberhalb der Mittelwasserlinie ausgerichteter Uferschutz verfehlt seine Wirkung. Da die Weiden wenigstens eine Vegetationsperiode und mehr benötigen, bis sie hochwassersicher verwurzelt sind, kann es aus Sicherheitsgründen örtlich angezeigt sein, nicht tiefer in das Profil als bis zur Mittelwasserlinie hineinzugehen.
- Die Schleppspannung sollte an den zu sichernden Uferböschungen nach [9] 100 bis 140 N/m^2 nicht übersteigen.

Weiden sind aus folgenden Gründen besonders für den Einsatz bei ingenieurbiologisch gestützten Ausbauvorhaben geeignet:

- Von allen Gehölzen wachsen sie am tiefsten gegen die Flußsohle hin. Weiden besitzen die Fähigkeit, aus der Rinde abgetrennter Zweige, Äste oder Stämme sekundäre Wurzeln, sogenannte Adventivwurzeln, und neue Sprosse zu bilden.
- Alle Weiden können durch periodischen Schnitt (Stockausschlagbetrieb) strauchartig gehalten und dadurch verjüngt werden.
- Dank der hohen Elastizität der Zweige und Stämmchen sind sie selbst extremen Beanspruchungen wie Eisstößen oder Murgängen gewachsen.
- Sie sind besonders gut geeignet durch ihre hohe Vitalität, die sich u.a. in ihrer Wuchsenergie ausdrückt, ihre Unempfindlichkeit gegen Schäden und ihr Regenerationsvermögen.

Für die erfolgreiche Verwendung der Weiden dürfen aber folgende Eigenschaften dieser Holzarten nicht außer acht gelassen werden:

- Als lichthungrige Holzarten ertragen sie wenig Beschattung. In Mischung mit anderen Gehölzen verlieren sie daher rasch an Vitalität. Bei der Pflege der am Ufer angelegten Weidensäume müssen deshalb konkurrierende Holzarten, insbesondere baumförmige Erlen, Fichten und Kiefern entfernt werden.
  Das Wurzelwerk der Weiden ist weitstreichend, geht aber nur auf lockeren Böden in die Tiefe. Sie ertragen keinen Bodenabschluß durch Gras, weil sie sehr sauerstoffbedürftig sind. Daher kann der Widerstand einer berasten Fläche gegen den Angriff fließenden Wassers nicht nachträglich durch Einbringen von Weidensteckhölzern erhöht werden. Hingegen wird das Wurzelwachstum der Weiden durch deren periodischen Schnitt gefördert.

- Für ihr Gedeihen benötigen die Weiden Wärme sowie ausreichend Wasser im April und Mai. Überdurchschnittliche Niederschläge, die im Sommer auf wenige Tage verteilt sein können, oder kurzfristige Hochwässer wirken sich günstig auf ihr Gedeihen aus.

- Sie können etwa 8 Tage gänzlich unter Wasser stehen, ohne Schaden zu erleiden. Eine teilweise Überflutung, wenn also noch einige Äste und Zweige aus dem Wasser hinausragen, ertragen sie einige Wochen hindurch. Ihre Lebensdauer beträgt bei normaler Bestandsentwicklung nur etwa 60 Jahre, bei fehlender Konkurrenz oder wenn der Bestand immer auf Stock gesetzt wird, über 100 Jahre.

Die Weidenarten unterscheiden sich voneinander in Wuchsform (vgl. Bild 4), Standortansprüchen und ihrer Eignung für den Lebendverbau. Für ein sicheres Anwachsen, das spätere Gedeihen, und für die Erfüllung der ihnen zugedachten technischen und ökologischen Funktionen bei möglichst geringem Pflegeaufwand ist daher die Beachtung der unterschiedlichen Eignung sehr wichtig [37]. Der Vorteil der Weiden liegt in ihrer hohen Belastbarkeit, die aufrechterhalten werden kann, indem die natürliche Sukzession unterbunden wird.

2 Die ingenieurbiologischen Bauverfahren

2.1 Begriffserläuterungen

Ingenieurbiologie [27] ist eine Ingenieurbautechnik, die sich biologischer Erkenntnisse bei der Errichtung von Erd- und Wasserbauten und bei der Sicherung instabiler Hänge und Ufer bedient. Kennzeichnend dafür sind Pflanzen und Pflanzenteile, die so eingesetzt werden, daß sie als lebende Baustoffe im Laufe ihrer Entwicklung für sich, aber auch in Verbindung mit unbelebten Baustoffen eine dauerhafte Sicherung der Bauwerke erreichen. Die Ingenieurbiologie ist nicht als Ersatz, sondern als notwendige und sinnvolle Ergänzung zu rein technischen Ingenieurbauweisen zu verstehen.

Synonyma:

Ingenieurbiologie im Erdbau – Grünverbauung

Ingenieurbiologie im Wasserbau – Lebendverbauung

In der Schweiz werden sie auch als Grünverbau und Lebendverbau bezeichnet. In der BRD haben sich als generelle Ersatzbegriffe für Ingenieurbiologie die Bezeichnungen Lebendbau oder Lebendverbau, auch Vegetationstechnik, eingebürgert.

2.2 Funktion und Wirkung, hydraulische Berechnungen

Selbst bei sorgfältigster Planung läßt es sich nicht vermeiden, daß beim Bauen in der Landschaft Gelände verändert und umgestaltet werden muß, und daß Geländeteile vorübergehend an Stabilität verlieren.

Der Gestaltung und Sicherung solcher Flächen kommt daher große Bedeutung zu, wofür sich ingenieurbiologische Verfahren in besonderem Maße eignen, weil gleichzeitig zu der technischen Wirkung auch eine gute ökologische, ökonomische und ästhetische Wirkung tritt. Je nach Bauweise und Bautype können verschiedene Wirkungen im Vordergrund stehen (Tabelle 2).

Grobe Fehler in der Projektierung oder arge Mängel in der Bauausführung bei klassischen Ingenieurbauten, können mit Hilfe ingenieurbiologischer Bauweisen nur selten, schwer oder gar nicht ausgeglichen werden. Ingenieurbiologische Methoden sollten daher bereits im Planungsansatz die klassischen, technisch ausgelegten Ausbauweisen ergänzen und in ihrer Gesamtwirkung verbessern helfen. In besonderen Fällen ist sogar ein völliger Ersatz von Hartbauweisen durch ingenieurbiologische Anlagen möglich, besonders dann, wenn eine insgesamt bessere Wirkung erwartet werden kann.

Das Abflußverhalten wird durch bestockte Ufer und deren Böschungen je nach Umfang und Struktur der Gehölzbestände beeinflußt. Nicht entsprechend projektierte und gepflegte Gehölzfluren können auf den Hochwasserabfluß nachteilige Wirkungen ausüben.

Tabelle 2. Multifunktionelles Wirkungsschema von ingenieurbiologischen Bauweisen

Technisch	– Schutz von Ufern vor Erosion durch Fließwasser und Wellenschlag
	– Schutz von Böschungsflächen vor Oberflächenerosion infolge Niederschlag, Wind und Frost
	– Erhöhung der Böschungsstabilität mit der Herstellung eines Boden-Wurzel-Verbundes
	– Schutzfunktion gegen Wind und Steinschlag
Ökologisch	– Ausgleich von Temperatur- und Feuchteextremen in der bodennahen Luftschicht und dadurch Schaffung günstiger Wuchsbedingungen
	– Regulierung des Bodenwasserhaushaltes durch Entwässern und Speichern
	– Bodenaufschließung und Humusbildung
	– Schaffung von Lebensräumen für Pflanzen und Tiere; Beschattung der Ufer und Laichzonen durch Gehölzbewuchs
	– Gewässerreinigung durch Bindung von Schadstoffen in der Rhizosphäre
	– Schutzfunktionen gegen Wind und Strahlung
Ästhetisch	– Landschaftsharmonisierung der Linienführung
	– Eingliederung von Ausbauelementen und von Bauwerken in die Landschaft
	– Erhöhung des Erlebniswertes einer Landschaft durch Schaffung neuer Strukturen
Ökonomisch	– Verringerung von Bau- und Erhaltungskosten
	– Schaffung von nutzbaren Zonen für Fischerei und Erholung

Dichter Gehölzbewuchs auf den Uferböschungen verringert nicht nur die mittlere Strömungsgeschwindigkeit, sondern verändert auch die Geschwindigkeitsverteilung im Querprofil so, daß die relativ höchsten Geschwindigkeiten in den unteren Querschnittsbereich absinken [12]. Wegen der veränderten Fließgeschwindigkeitsverteilung wird die Minderung des Durchflusses bei schmalen Gerinnen deutlicher als bei breiten Gewässern.

Aufgrund ihrer Vielgestaltigkeit weisen natürliche Gewässer in der Regel stationär-ungleichförmige Abflußvorgänge auf. Daraus ergibt sich die Notwendigkeit der Rechnung mit dem Wasserspiegelgefälle, das dann nicht dem Sohlgefälle entspricht. Die Berechnung erfolgt in kleinen Abschnitten, bei denen die Geschwindigkeitsänderungen vernachlässigt werden können.

Als Grundlage für die Berechnung von Abflußvorgängen hat sich in der Praxis der Ansatz von *Gauckler-Manning-Strickler* bewährt:

$Q = F \cdot v_m$ mittlerer Abfluß [m³/s]

$v_m = F \cdot k_{GMS} \cdot R^{2/3} \cdot I^{1/2}$ mittlere Geschwindigkeit im Querschnitt [m/s]

2.2 Funktion und Wirkung, hydraulische Berechnungen

Darin bedeuten:

F Querschnittsfläche [m²]
U benetzter Umfang [m]
R = F/U hydraulischer Radius [m]
I = h/l Wasserspiegelgefälle
k_{GMS} Rauhigkeitsbeiwert nach *Gauckler-Manning-Strickler*

Für die Berücksichtigung von Gehölzbewuchs im Abflußquerschnitt gibt es mehrere Methoden, die auf diesem Ansatz beruhen. *Felkel* hat in Modifikation der Formel von *Manning-Strickler* für mittlere Abflußgeschwindigkeiten in Profilen mit Gehölzbewuchs den Abminderungsfaktor L_0/U eingeführt (L_0 ist der nicht bewachsene Teil des benetzten Umfanges; U ist der benetzte Umfang in Meter).

Die Abflußformel lautet dann:

$$Q = F \cdot v_m = F \cdot k_{GMS} \cdot (L_0/U) \cdot R^{2/3} \cdot I^{1/2} \quad [m^3/s]$$

In dieser Gleichung ist F die gesamte Querschnittsfläche ohne Abzug des von den Gehölzen eingenommenen Querschnittsanteils. Bei strauchartigem Bewuchs ist das ein einfacher Berechnungsansatz, der für die Praxis ausreichend sichere Ergebnisse bringt.

Bild 3 zeigt von *Felkel* [12] ausgearbeitete Kurven über Abflußminderungen in Abhängigkeit von Sohlbreiten und von ein- oder beidseitigem Bewuchs.

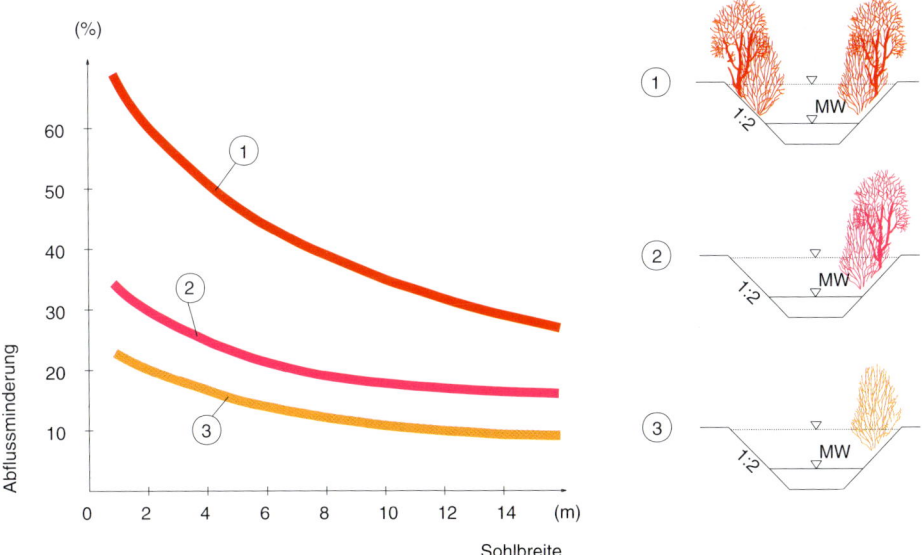

Bild 3
Abflußminderung wegen ein- oder beidseitigem Strauchbewuchs (nach [12])

In Anlehnung daran entstanden verschiedene Empfehlungen, Böschungen an schmalen Fließgewässern erst ab einer Sohlbreite von 5,0 m, und zwar nur einseitig, mit Strauchweiden zu bepflanzen [9].

Der Analogieschluß zu ursprünglichen Gewässern zeigt uns, daß auch bei schmalen, beidseitig bewachsenen Bächen und Flüssen die Hochwasserabfuhr kein Problem darstellt, wenn die Gehölzfluren entsprechend durchströmbar sind und genügend Raum zum Überborden vorhanden ist.

In den dicht besiedelten, verregulierten Kulturlandschaften wird der naturnahe Wasserbau zwangsläufig zu einem Platzproblem. Diesem Schlüsselproblem der Durchflußprofileinengung durch verschiedene Vegetationsstrukturen widmeten sich seit *Felkel* verschiedenste Institutionen in Forschung und Praxis.

2.3 Lebende Baustoffe

Im naturnahen Wasserbau finden als lebende Baustoffe Verwendung:

- Samen von Gräsern, Kräutern und Gehölzen
- vegetativ vermehrbare Pflanzenteile von Gehölzen als Triebstecklinge, Astwerk, Ruten und Wurzelstecklinge
- vegetativ vermehrbare Pflanzenteile von Kräutern und Gräsern als Wurzelstecklinge und Ausläuferteile
- bewurzelte Pflanzen von Gräsern, Kräutern, Sträuchern und Bäumen
- Vegetationsstücke samt dem durchwurzelten Boden aus Naturbeständen von Rasen-Kräuter-Zwergstrauch- und jungen Gehölzgesellschaften
- künstlich durch Anzucht hergestellte – eventuell auch durch eingewachsene Gitter und Netze bewehrte – Soden oder Ballen von Gräsern, Kräutern und jungen Gehölzpflanzen
- aus lebenden Pflanzen oder Pflanzenteilen hergestellte Verbundkörper wie z. B. Faschinen, Faschinenmatten, Röhrichtwalzen, Flechtmatten, Astmatratzen

An die Qualität der lebenden Baustoffe sind die im Landschaftsbau üblichen Anforderungen, besonders hinsichtlich Herkunft, Gesundheit, Alter und Größe zu stellen. Diese Auflagen sind in den DIN-Blättern 18 916 – 18 918 festgelegt.

2.3.1 Artenwahl

Für die Wahl der geeigneten Arten gelten folgende vier Rahmenkriterien, die gegeneinander abzuwägen oder miteinander zu verknüpfen sind:

- Ziel der Maßnahmen
- Ökologische Konstitution der Arten
- Ökotechnische Konstitution der Arten
- Herkunft (Provenienz)

2.3 Lebende Baustoffe

Das Ziel der Maßnahmen besteht vor allem in der Ufer- und Böschungsstabilisierung. In Angleichung zum Sicherungseffekt werden pflegeleichte und/oder nutzbare Rasen-, Strauch- und/oder Baumformationen geplant und geschaffen. Lokal werden an Sonderstandorten Röhrichte sowie Gesellschaften mit Wasser- und Sumpfpflanzen angelegt. Zur Gewinnung, Lagerung und Verwendung deren Saatgutes siehe Abschnitt 2.3.3.

Die ökologische Konstitution umreißt die Gesamtheit der Reaktionen von Pflanzenteilen, Pflanzen und Pflanzengesellschaften auf die Umwelt. Pflanzen und Pflanzengesellschaften besitzen daher Zeigerwert über die Standortbedingungen.

Da für ingenieurbiologische Verbauungen bevorzugt nur solche Pflanzenarten verwendet werden sollten, welche auf vergleichbaren Standorten vorkommen, besteht die einfachste und beste Möglichkeit zur Pflanzenauswahl in der pflanzensoziologischen Bestandsaufnahme nahegelegener, ähnlicher Standorte.

Gute Ergebnisse mit ingenieurbiologisch unterstützten Ausbauvorhaben werden dann erzielt, wenn ortsständige, lebende Baustoffe Verwendung finden. Das gilt auch für die ausschlagfähigen, vegetativ vermehrbaren Gehölze. Muß im Zuge der Baumaßnahmen Vegetation abgetragen werden, ist nach entsprechender Zwischenlagerung ihre Wiederverwendung nach Abschluß der Bauarbeiten sicherzustellen.

Richtige Pflanzenwahl ist für sichere und dauerhafte ingenieurbiologische Maßnahmen Voraussetzung. Die Wahl und Verwendung von ungeeigneten Pflanzenarten kann zum Mißlingen von ingenieurbiologischen Verbauungen führen. Pflanzen mit weiter ökologischer Amplitude sind für den Einsatz bei ingenieurbiologischen Anlagen besonders gut geeignet.

Beispiele für Arten mit weiter ökologischer Amplitude sind:

Bäume:	Grauerle (*Alnus incana*), Lärche (*Larix decidua*), Robinie (*Robinia pseudacacia*), Salweide (*Salix caprea*), Sandbirke (*Betula pendula*), Schwarzerle (*Alnus glutinosa*), Schwarzpappel (*Populus nigra*), Rotföhre (*Pinus sylvestris*).
Sträucher:	Blutroter Hartriegel (*Cornus sanguinea*), Grauweide (*Salix eleagnos*), Heckenkirsche (*Lonicera xylosteum*), Korbweide (*Salix viminalis*), Liguster (*Ligustrum vulgare*), Mandelweide (*Salix triandra*), Purpurweide (*Salix purpurea*), Schwarzer Holunder (*Sambucus nigra*), Schwarzweide (*Salix nigricans*).
Gräser und Leguminosen:	Ausläufer-Fioringras (*Agrostis stolofinera*), Englisches Raygras (*Lolium perenne*), Hornschotenklee (*Lotus corniculatus*), Knaulgras (*Dactylis glomerata*), Rotklee (*Trifolium pratense*), Rotschwingel (*Festuca rubra*), Ruchgras (*Anthoxanthum odoratum*), Weißklee (*Trifolium repens*), Wiesen-Rispengras (*Poa pratensis*), Wundklee (*Anthyllis vulneraria*).

Unter der ökotechnischen Konstitution verstehen wir die Widerstandsfähigkeit von Pflanzenteilen und/oder Pflanzen gegenüber mechanischen Kräften, die auf den Sproß und/oder die Wurzel wirken.

Pflanzen mit hoher ökotechnischer Wertigkeit sollten folgende Eigenschaften besitzen:

- Resistenz gegen mechanische Beanspruchung von Sproß und Wurzel: Dazu zählen vor allem die Widerstandskraft gegenüber hohen Fließgeschwindigkeiten, großen Schleppkräften, starken Strömungsdrücken und turbulenten Wasserströmungen. Weiterhin ist eine entsprechende Toleranz bezüglich temporärem Abtrag und Auflandung sowie Geschiebeeinstoß und Geschiebetrieb erwünscht. Zug- und Scherspannung sollten ebenso ertragen werden.

- Resistenz gegen periodische oder episodische Überflutung: Kurzzeitige Überflutungen mit einer Dauer von mehreren Stunden bis zu zwei Wochen können in Auwald- und Buschgesellschaften jedes Jahr bis mehrmals im Jahr vorkommen. Die Vegetation solcher Standorte ist diesen Ereignissen angepaßt. Künstlich eingebrachte, nicht bodenständige Arten werden auf solchen Standorten stark bis letal geschädigt und fallen aus. Länger andauernden bis ständigen Einstau ertragen nur wenige Arten, meist Bäume. So wurde bei Silberweide (*Salix alba*), Bruchweide (*Salix fragilis*) und bei deren Bastard *Salix rubens* sowie bei der Lorbeerweide (*Salix pentandra*) eine gute Verträglichkeit gegenüber Einstau beobachtet. Ein rascher Einstau bringt schädlichere Auswirkungen, als ein etappenweises Anheben des Wasserspiegels. Vor einem künstlichen, permanenten Einstau sollten die Bäume bis über den Wasserspiegel mit Schotter und Kies ummantelt werden, damit Adventivwurzeln gebildet werden können.

- Resistenz gegen Einschotterung: Verschüttung durch Bach- und Flußgeschiebe bringt die meisten Gräser und Kräuter zum Absterben, vor allem dann, wenn die Sedimente sehr dicht (Ton, Schluff, Lehm) und mächtiger als 10 cm sind. Hingegen ertragen viele Gehölze solche Überschüttungen ohne Vitalitätseinbuße. Von Weiden und auch Kiefern wurden Überschüttungen bis über 3,0 m (bis 30% der Baumhöhe) ohne ersichtlichen Schaden überstanden. Dichtes, schluffig-toniges Sediment ist auch für Bäume ungünstiger als Grobgeschiebe.

- Fähigkeit im Wasser schwimmende Wurzeln zu bilden: Besonders einige Weidenarten bilden, wenn sie nahe am Wasser stehen, unter Wasser lange und dichte „Wurzelquasten" aus, die frei im Wasser schweben. Solche Wurzeln wandeln die Energie des fließenden Wassers gut um und schützen hierdurch die Ufer vor Erosion.

- Bodenfestigende (bodenbindende) Wirkung, die von der Wurzelform, der Dichte der Bewurzelung und damit von der Wurzelmasse abhängt. Extensivwurzler mit weitstreichendem und/oder tiefreichendem Wurzelsystem (Gehölztypus) bilden Horizontal- und Vertikalsysteme aus, wobei letztere bei erwachsenen, generativ vermehrten Individuen je nach der Form gegliedert werden in Pfahl- und Herzwurzeln (Tiefwurzler) und in Senkerwurzeln (Flachwurzler). In situ vegetativ vermehrte Gehölze sind jedoch kaum in eines dieser Schemata einzuordnen. Die Gruppe der Intensivwurzler mit weniger tiefstreichenden, stark verästelten, dicht aneinanderliegenden Wurzeln repräsentieren den Gräsertypus. Bei den krautigen Pflanzen, vor allem bei den Leguminosen, gibt es Übergänge zwischen den beiden Wurzeltypen. Die wirkungsvollste Bodenfestigung wird auf jeden Fall dann erzielt, wenn die Durchwurzelung des Bodenkörpers in verschiedenen Bodenschichten erfolgt. Daher ist auch aus Gründen der Bodenstabilisierung unbedingt die Verwendung verschiedener Arten notwendig.

- Fähigkeit zur Rohbodenbesiedelung, welche Pionierarten eigen ist, die bei der natürlichen Besiedelung vegetationsloser Flächen als Erstbesiedler den weiteren Sukzessionsstadien den Weg bereiten. Es sind überwiegend Arten mit weiter ökologischer Amplitude.

- Aufbaukraft: Darunter ist die boden- bzw. standortverbessernde Wirkung der Vegetation zu verstehen, durch welche ohne weiteres Zutun auf dem Wege der Sukzession die Pioniergesellschaft in die nächsthöheren Vegetationsstadien übergeführt wird. Diese Wirkung entsteht durch Bodenfestigung, Verbesserung des Kleinklimas und des Bodens. Die Wuchsgeschwindigkeit und damit die Stoffproduktion spielen dabei eine wesentliche Rolle. Von besonderer Bedeutung für die Praxis ist die Verwendung von Pflanzenarten, die mit Hilfe ihrer Wurzelsymbionten oder/und durch Laubfall den Stickstoff im Boden anreichern. Vor allem Erlen und Leguminosen besitzen diese Eigenschaft.

- Salzresistenz: Sie ist an Meeresküsten oder dort von Bedeutung, wo Auftausalze langzeitig und in hoher Dosierung aus Gründen der Verkehrssicherheit auf Uferstraßen eingesetzt werden.

- Lebensfähigkeit in verschmutztem, mit Schadstoffen belastetem Wasser.

- Wasserreinigungskraft.

2.3.2 Vegetationsgliederung und Pflanzenherkunft

Die potentielle natürliche Verbreitung der Vegetation und ihrer Flora (Pflanzenarten) orientiert sich an den regionalen Wuchsräumen [30] oder Wuchsgebieten [50]. Wir unterscheiden hier z.B. die inneralpinen, kontinental getönten Bereiche und den atlantisch (ozeanisch) getönten Alpennordrand sowie den mediterran beeinflußten Südabfall der Alpen. Innerhalb dieser pflanzengeographischen Zonen spielt die regionale oder lokale Höhenstufe eine entscheidende Rolle für das Vorkommen und die Vitalität der Vegetation. Mit der Vegetationsgliederung ist daher ursächlich die Herkunft (Provenienz) verknüpft. Bei der Wahl der Baustoffe ist deshalb auf Wuchsgebiet und Höhenstufe besonderes Augenmerk zu lenken.

Prinzipiell soll danach getrachtet werden, nur heimische Pflanzen und Gehölze aus dem zur Baustelle nächstgelegenen Wuchsgebiet zu verwenden. In je größerer Höhe über dem Meer die Baustellen liegen, desto kritischer wäre dieser Punkt zu behandeln.

2.3.3 Pflanzenvermehrung

In Anlehnung zum Herkunftsprinzip und weil in der Praxis oft große Mengen an lebenden Baustoffen benötigt werden, stellt sich aus ökonomischen Gründen die Forderung nach leichter Vermehrbarkeit des Pflanzengutes, damit keine Versorgungsengpässe entstehen können. Die Vermehrung der lebenden Baustoffe erfolgt entweder generativ durch Samen oder vegetativ mit ausschlag- und bewurzelungsfähigen Pflanzenteilen.

2.3.3.1 Wasser- und Sumpfpflanzen, Schwimmblattgesellschaften

Bei der Anlage von Sumpfbereichen, Verlandungszonen, Flachwasserbereichen zur Rekultivierung von Uferzonen an Seen, Flüssen und Teichen oder auch für die wasserreinigenden Sumpfzonen an Schwimmteichen steht man häufig vor der Tatsache, daß geeignete Pflanzenarten zwar in zunehmendem Ausmaß in Gärtnereien angeboten werden, es sich aber vielfach um ausländisches Pflanzenmaterial handelt, dessen Einbringung in heimische Gewässer botanisch und ökologisch nicht vertretbar ist. Herkunftsnachweise sind meistens nicht zu bekommen, da viele der Arten unter Naturschutz stehen. Außerdem sind gerade bei größeren Gewässern die benötigten Pflanzen nicht in ausreichender Stückzahl und Artenzusammensetzung zu bekommen, und die Preise sind sehr hoch.

Im öffentlichen Bereich, der meist große Mengen an Pflanzen für Rekultivierungen benötigt, kann die Gewinnung von heimischem Saatgut an geeigneten natürlichen Standorten Abhilfe schaffen. Dies muß in Zusammenarbeit mit dem Naturschutz erfolgen, der gegen eine gezielte Ernte von Saatgut vor allem von häufigen Arten meist nichts einzuwenden hat, da der Nutzen (Einbringung genetisch unbedenklichen Pflanzenmaterials) nicht von der Hand zu weisen ist.

Die Saaternte ist zwar mühsam aber dennoch sehr lohnend, da auf diese Weise einfach und rasch große Flächen rekultiviert werden können.

Das Saatgut wird an trockenen Tagen und nicht nach Regenfällen knapp vor der Vollreife (kurz vor dem Ausfallen) in Säcke geerntet, indem entweder der gesamte Fruchtstand abgeschnitten (z. B. beim Froschlöffel), abgestreift (z. B. bei Binsen) oder ausgeschüttelt (z. B. Blutweiderich) wird. Anschließend empfiehlt sich die trockene Lagerung des Saatgutes in Kartons bis zur vollständigen Reife. Im Winter wird das Saatgut gerebelt und bis zur Verwendung wieder in Kartons, entweder getrennt nach Arten oder nach Pflanzengemeinschaften, die an einem speziellen Standort geerntet wurden, aufgehoben. Die Lagerung muß absolut trocken und kalt erfolgen. Die abgerebelte Spreu kann in Flachwasserzonen ausgebracht werden, die begrünt werden sollen, oder zur Pflanzenanzucht dienen. Die noch enthaltenen Reste an Samen fallen aus und können dann als Jungpflanzen entnommen werden.

Saatgut von Rohrkolben wird ausnahmsweise in verschließbaren Säcken aus Jute oder Kunststoff gelagert und nicht vom Kolben gerebelt. Die Kolben brechen beim Trocknen meist von selbst auf (Vorsicht! „Frau Holle"-Effekt!).

2.3 Lebende Baustoffe

Besonders geeignet zur Aufzucht aus Saatgut sind:

Ampfer (*Rumex sp.*)
Bachbunge (*Veronica beccabunga*)
Binsen (*Juncus sp.*)
Blutweiderich (*Lythrum salicaria*)
Flutender Wasserschwaden
  (*Glyceria fluitans*)
Froschlöffel (*Alisma plantago aquatica*)
Gilbweiderich (*Lysimachia vulgaris*)
Großer Wasserschwaden
  (*Glyceria maxima*)
Igelkolben (*Sparganium erectum*)
Mädesüß (*Filipendula ulmaria*)
Rohrkolben (*Typha latifolia,*
  T. angustifolia)
Seggen (*Carex sp.*)
Sumpfdotterblume (*Caltha palustris*)
Sumpf-Johanniskraut (*Hypericum elodes*)
Sumpfschwertlilie (*Iris pseudacorus*)
Sumpfsimse (*Eleocharis sp.*)
Teichbinse (*Schoenoplectus lacustris*)
Wasserdost (*Eupatorium cannabinum*)
Wasserminze (*Mentha aquatica*)
Weidenröschen (*Epilobium hirsutum,*
  E. palustre)
Zweizahn (*Bidens sp.*)

Es hat sich bewährt, eine Standortkartei von Pflanzen anzulegen, in denen man die jährlichen Daten der Samenernte notiert. So verringert sich mit den Jahren die ansonsten notwendige häufige Nachschau, ob das Saatgut bereits erntereif ist. Diese Nachschau muß mitunter täglich erfolgen, da die Samen vieler Sumpfpflanzen sofort bei Reife ausfallen, werden sie aber zu früh geerntet, nicht nachreifen und nicht keimen.

Anzucht von Sumpfpflanzen aus Saatgut

Generell ist für das Ausbringen von Saatgut oder das Auspflanzen von Sumpfpflanzen Mai und Juni die günstigste Jahreszeit.

Seltenere Pflanzenarten, wie z.B. Wasserschwertlilie oder Pfeilkraut, können in Sumpfbeeten vorgezogen und erst als kräftige einjährige Pflanzen ausgepflanzt werden. Die Anzucht erfolgt in Sumpfbeeten, die eine Tiefe von 50 cm aufweisen sollten und gegen den Untergrund gedichtet werden müssen. Hierfür eignet sich eine Dichtbetonschicht oder Teichfolie, die aber weniger lang haltbar ist und bei einer Entnahme der Pflanzen leicht beschädigt werden kann. Als Pflanzsubstrat hat sich eine 20 bis 25 cm starke Schicht aus Feinsanden und Tegel bewährt. Die Beete werden mit Leitungswasser aufgefüllt. Meist reicht ein Wasserstand von 10 bis 15 cm aus.

Das Saatgut wird in kleineren Gefäßen, z.B. Balkonkistchen, mit feuchtem Schlamm zum Keimen gebracht. Die Keimzeit ist von Art zu Art verschieden, z.B. Lythrum 5 Tage, Pfeilkraut 1,5 Jahre. Sind die Jungpflanzen etwa 10 cm hoch (je nach Art unterschiedlich, z.B. bei Iris 10 cm), werden sie in einem Abstand von 25 × 25 cm in die Sumpfbeete ausgepflanzt. Der große Abstand garantiert kräftige Einzelpflanzen mit gut entwickelten Wurzelballen.

Die einjährigen Pflanzen werden von Hand mit einem großen Substratballen entnommen. Die besten Anwuchsraten erzielt man, wenn die Pflanzen noch am Tag der Entnahme am neuen Standort eingepflanzt werden. Bei einer längeren Zwischenlagerung muß gewährleistet sein, daß die Ballen nicht austrocknen.

Aussaat von Sumpfpflanzen

Alle anderen Arten können problemlos direkt am neuen Standort ausgesät werden. Meist ist es von Vorteil, wenn jene Arten von vornherein als gemischte Pflanzengesellschaften ausgebracht werden, die auch am natürlichen Standort gemeinsam gewachsen sind, z. B. verschiedene Minzen, Blut- und Gilbweiderich, Mädesüß, Wasserdost, Weidenröschen etc.

Wenn außer dem Saatgut auch Ballenpflanzen der entsprechenden Arten oder Pflanzengesellschaften zur Verfügung stehen, etwa Binsen oder Seggen, so können die Pflanzen in großen Abständen (1,5 bis 2 m) als Initialpflanzen gesetzt werden und dazwischen kann eine Aussaat erfolgen. Generell ist zu beachten, daß nur wenig Saatgut ausgebracht wird, da das Wachstum von Sumpfpflanzen durchaus üppig ist und bei zu dichter Aussaat ein sehr großer Konkurrenzdruck entsteht, der meist auf Kosten der Artenzahl geht.

Gewinnung von Ballenpflanzen an Naturstandorten

Hat man gut entwickelte Naturstandorte zur Verfügung, können manche Arten auch an diesen entnommen werden. Es ist darauf zu achten, daß im Laufe eines Jahres nie mehr Pflanzen einer Art entnommen werden, als in einem Jahr nachwachsen. Diese Methode eignet sich z. B. für die Gewinnung von Binsen und Seggen. Die Ballen werden von Hand ausgestochen und es können auch Einzelpflanzen von Gilb-, Blutweiderich, Wasserdost, Igelkolben etc. gewonnen werden. Diese Methode lohnt sich für Initialpflanzungen in Bereichen, die „rasch gut aussehen" sollen, z. B. in von Spaziergängern frequentierten Teich-, Bach- und Flußufern.

Anzucht von Schwimmblattgesellschaften

In Stillbereichen von Gewässern sind Schwimmblattgesellschaften eine reizvolle Angelegenheit.

Folgende Vertreter eignen sich für die Anzucht:

Seerose (*Nymphaea alba*)
Teichrose (*Nuphar lutea*)
Seekanne (*Nymphoides peltata*)
Froschbiss (*Hydrocharis morsus-ranae*)
Wasserknöterich (*Polygonum amphibium*)
Krebsschere (*Stratiotes aloides*)
Wassernuß (*Trapa natans*)
Schwimmendes Laichkraut (*Potamogeton natans*)

2.3 Lebende Baustoffe

See- und Teichrose fühlen sich in neu angelegten Gewässern nicht wohl. Dies liegt hauptsächlich am Bodensubstrat und dem Nährstoffgehalt des Gewässers. Sie brauchen reifere Gewässer mit einer Schlammauflage auf der Gewässersohle. Schottersubstrate sind ungeeignet.

Angezüchtet werden die Schwimmblattpflanzen in Sumpfbeeten mir etwas höherem Wasserstand ca. 50 cm. Dafür werden an einem Naturstandort (mit Bewilligung des Naturschutzes) einzelne kräftige Mutterpflanzen entnommen und im Abstand von ca. 50×50 cm in die Sumpfbeete gesetzt. Nährstoffreiches Substrat (etwa angereichert mit etwas Pferdemist) fördert zwar ein üppiges Wachstum der Mutterpflanzen, aber auch ein starkes Algenwachstum in den Beeten, was sehr negativ für die Entwicklung der Jungpflanzen ist. Die Wahl des Pflanzsubstrates ist daher etwas schwierig, es wird aber eher nährstoffarmes Substrat empfohlen. Im Hochsommer werden an Naturstandorten einzelne Samenkapseln der See- oder Teichrosen geerntet. Das Saatgut ist reif, sobald sich die Stängel mit den Kapseln tief zum Gewässergrund neigen. Die abgeschnittenen Kapseln werden unter die Blätter der Mutterpflanzen in die Beete eingebracht. Die Samen fallen dort aus und die Jungpflanzen entwickeln sich im Schatten der adulten Pflanzen und können einjährig entnommen und verpflanzt, oder in Plastiktöpfe umgetopft werden, mit denen sie im Aufzuchtbeet versenkt, bis zur endgültigen Verpflanzung aufbewahrt werden können. Probleme bereitet mitunter ein starker Befall der Pflanzen durch den Seerosenzünsler (*Nymphula nympheata*). Die Schmetterlingsraupen schneiden sich Kokons aus den Seerosenblättern, die sie während des Wachstums mehrfach austauschen. An den Schnittstellen beginnen die Blätter rasch zu verfaulen und sterben ab, sodass die Pflanzen oft gänzlich ohne Schwimmblätter sind.

Die Gewinnung von Saatgut ist mühsam, da die Samenkapseln verfaulen müssen und das Saatgut aus den mazerierten Kapselresten herausgewaschen werden muss. Das Saatgut treibt zwar gut in Aufzuchtbehältern, die Jungpflanzen sind aber sehr schwierig zu pikieren und vertragen das Umpflanzen in die Anzuchtbeete sehr schlecht. Der Wasserstand muß in diesen Jungpflanzenbeeten sehr behutsam täglich um wenige cm angehoben werden. Außerdem ist eine Beschattung nötig, da die kleinen Pflänzchen direkte Sonne nicht vertragen. Der Aufwand dieser Methode steht in keiner Relation zur Pflanzenausbeute.

Die Vermehrung der stark bedrohten **Wassernuß** erfolgt über die Abnahme reifer Nüsse. Reif sind die Nüsse, sobald sie sich leicht von der Mutterpflanze lösen lassen (September/Oktober). Da die Pflanze einjährig ist, ist streng darauf zu achten, daß der Bestand an Mutterpflanzen nicht geschädigt wird. In manchen Gegenden, z.B. Wien, reicht die Vegetationsperiode nicht aus, die Nüsse ausreifen zu lassen. Alle anderen Schwimmblattpflanzen treiben Ausläufer, an denen sich Jungpflanzen entwickeln, die abgeschnitten und verpflanzt werden können.

Bei der **Krebsschere** ist es notwendig, die Pflanzen in Kübeln zu transportieren, da sie sich schlecht bis gar nicht weiter entwickeln und schließlich eingehen, wenn beim Transport zu viele Blätter abbrechen. Die im Wasser treibende Variante schwimmt dann nicht aufrecht, kippt um und verfault. Pflanzen, die im Substrat gewurzelt haben, müssen auch wieder eingepflanzt werden.

In Gewässern mit großen Entenpopulationen sind Krebsschere und Seekanne kaum anzusiedeln, da sie von den Enten vollständig aufgefressen werden.

Ansiedeln submerser Makrophyten

Höhere Unterwasserpflanzen lassen sich leicht in Gewässern ansiedeln. Sie sind von großem Wert für die Gewässerreinhaltung, als Gegenspieler zu den Algen. Für ihre Entwicklung sind gute Lichtverhältnisse im Gewässer notwendig.

Folgende Vertreter eignen sich für das Ansiedeln:

Laichkräuter (*Potamogeton sp.*)
Nixenkraut (*Najas marina*)
Tausendblatt (*Myriophyllum sp.*)
Hornblatt *(Ceratophyllum sp.)*
Wasserschlauch (*Utricularia sp.*)

Über Winterknospen und Triebstücke lassen sie sich leicht vermehren. Sie wurden erfolgreich angesiedelt, indem im Sommer frisch abgeerntetes Mähgut (mit dem Mähboot) in die neu zu besiedelnden Gewässer eingebracht wurde.

Ausdrücklich gewarnt wird vor der aus Nordamerika eingeschleppten Wasserpest (*Elodea canadensis*), die sich massenhaft vermehrt. Eine weitere Verschleppung in bisher nicht verseuchte Gewässer sollte unbedingt unterbleiben, weil sie die einheimischen Arten verdrängt.

2.3.3.2 Samen für Rasen- und Gehölzsaaten

In bezug auf Saatgutmischungen besteht in der Ingenieurbiologie der alte Problemwunsch der Praxis nach sogenannten Regelmischungen (Standardmischungen). Für Rasensaaten ist es leider nur sehr eingeschränkt möglich, Arten, die der natürlichen Vegetationsentwicklung entsprechen, im Handel zu erhalten. Das Sammeln von Saatgut aus Naturbeständen ist meist unwirtschaftlich und kommt daher nur für ausgesprochene Sonderfälle in Betracht. Dagegen bilden Heublumen (Rückstand aus Heustadeln und Heuschobern) örtlich einen sehr wertvollen Baustoff. Bei der Wahl der Saatgutmischung sind jedoch nicht nur der Standort und das Ziel der Maßnahme, sondern auch der Preis zu berücksichtigen.

In der ingenieurbiologischen Baupraxis bewährte sich die Wahl der geeignetsten Gräser, Kräuter und Gehölze aus den im Handel beziehbaren Sämereien. Dabei sind Überlegungen bezüglich Belastung und Lebensdauer der Berasung von großer Wichtigkeit. Die meisten der im Handel angebotenen Samenarten und -sorten wurden für die Landwirtschaft oder für Zierrasen gezüchtet und entsprechen häufig nicht den Anforderungen im Landschaftsbau. Es wird hier darauf verwiesen, daß artenreiche Saatgutmischungen

2.3 Lebende Baustoffe

natürlicher und auch stets stabiler sind. Vor allem sind reine Grasmischungen für die ingenieurbiologischen Bauweisen nur mäßig geeignet.

In einigen Ländern wurden für Regionen oder Standorte sogenannte Regel-Saatgutmischungen empfohlen, und auch Händler bieten derartige, nach ihren Erfahrungen erstellte Mischungen an. Besser ist es, die Saatgutmischung von einem Experten oder einer Fachstelle komponieren zu lassen. Vom Handel angebotene oder empfohlene Mischungen sollten auf ihre Zweckmäßigkeit und Eignung hin geprüft werden. Die dafür relativ geringen Kosten lohnen sich.

Besondere Erfahrung fordern Rezepturen für Gehölzsaaten. Neben den Gehölzsamen müssen in der Regel auch Samen von Gräsern und Kräutern beigegeben werden, weil die Ansaat nicht nur zur Begründung einer Gehölzvegetation, sondern ebenso der Böschungssicherung dient. Daher sind Gräser und Kräuter, die sich zu einer starken Konkurrenz für die Gehölze entwickeln können, auszuschließen.

In der Tabelle A (siehe Kapitel 7) werden die wichtigsten der für ingenieurbiologische Bauweisen geeigneten Sämereien und deren Eigenschaften abgedruckt.

2.3.3.3 Vegetativ vermehrbare Gehölze

Die wichtigsten lebenden Baustoffe für Stabilbauweisen und kombinierte Bauweisen sind Teile von ausschlagfähigen Gehölzen (siehe Abschnitte 3.2, 3.3). Solche vegetativ vermehrbaren Gehölzteile werden in verschiedenen Dimensionen gewonnen und eingebaut.

- Steckhölzer: das sind unverzweigte, finger- bis armdicke, verholzte Triebe mit einer Länge von 25 bis 60 cm.
- Äste oder Zweige: das sind verzweigte Triebe von mindestens 1,0 m Länge und unterschiedlicher Stärke.
- Ruten: das sind schlanke, wenig verzweigte, elastische Triebe von mindestens 1,2 m Länge.
- Setzstangen: das sind gerade, wenig verzweigte Triebe mit einer Länge von 1,0 bis 2,5 m und einem Durchmesser von etwa 50 mm.

Es sollten möglichst dicke und lange Gehölzteile – angepaßt an die jeweilige Baumethode – verwendet werden, da mit zunehmendem Astvolumen der Bewurzelungs- und Austriebserfolg zunimmt. Die besten Ergebnisse erzielt man erfahrungsgemäß mit finger- bis unterarmdicken Stücken. Dünne Ruten und Äste trocknen leicht aus und werden daher meist nur in Verbindung mit stärkeren Pflanzenteilen verwendet. Für die Beschaffung der erforderlichen Mengen an Pflanzenteilen stehen folgende Möglichkeiten zur Verfügung:

- Die Gehölzteile können von nahegelegenen, ökologisch gleichartigen Wildbeständen beschafft werden.
- Im Zuge von Pflegemaßnahmen können Sträucher bereits bestehender, mit geeignetem Material hergestellter Verbauungen geschnitten und die dabei anfallenden Gehölzteile verwendet werden.

- Notfalls können die benötigten Pflanzenteile auch aus Baumschulen beschafft werden, falls natürliche Bestände nicht oder nur schwer verfügbar sind.

Die geeignetste Zeit für die Gewinnung der ausschlagfähigen Äste und Steckhölzer liegt in der Vegetationsruhephase, das ist die Zeitspanne zwischen Laubfall und Austrieb (Oktober bis April). Sträucher sowie junge Bäume werden unmittelbar über dem Boden, ältere Bäume wie Kopfweiden geschnitten. Der Schnitt erfolgt wegen der glatten, relativ kleinen Schnittfläche am besten mit Säge oder Schere.

Die Äste werden, um sie vor Austrocknung besser zu schützen, in ihrer ganzen Länge an die Baustelle transportiert und erst dort, sofern sie sofortige Verwendung finden, zurechtgeschnitten. Grundsätzlich ist ein sofortiger Einbau der Pflanzenteile anzustreben, wobei insbesondere darauf zu achten ist, daß die Äste und Steckhölzer gut im Boden eingebettet sind, um ein Austrocknen zu verhindern.

Ist der Einbau nicht möglich, kann während der Vegetationsruhe geschnittenes Material längere Zeit im Ruhezustand erhalten werden, solange es gegen Austrocknen und Erwärmung geschützt wird. Dies kann entweder durch Untertauchen in fließendes, maximal 15 °C warmes Wasser oder durch Lagerung im Schnee oder in Kühlhäusern (0 bis 1 °C), in PVC-Frischhaltesäcken oder in Folien geschehen. Auch Antitranspirantien können die Austrocknung verhindern. In angetriebenem Zustand dürfen ausschlagfähige Baustoffe nicht gelagert werden!

Im Wasserbau ist es möglich, ausschlagfähige, vegetativ vermehrbare Gehölze auch während der Vegetationsperiode zu gewinnen und zu verbauen. Voraussetzung für eine entsprechende Anwuchsrate bildet der rasche Einbau unmittelbar nach dem Schneiden und zwar bevorzugt auf gut durchfeuchteten bis dauernd wasserumspülten Standorten. Schließlich kann auch die Möglichkeit zur zeitlich begrenzten (4 bis 12 Wochen) Anlage eines Steckholz-Gartens zu Beginn der Vegetationsperiode genutzt werden. Dabei werden die Steckhölzer in entweder unverrottbare oder verrottbare Container getopft. Die bewurzelten und angetriebenen Steckhölzer werden samt dem Bodenkörper verbaut.

Die ausschlagfähigen Gehölze und ihre Eigenschaften werden in Tabelle B (siehe Kapitel 7) angeführt. Alle ausschlagfähigen Gehölzarten können ebenso als bewurzelte, aus Samen gezogene Pflanzen eingebracht werden. Bewurzelte Jungpflanzen von nicht ausschlagfähigen Gehölzen werden für sich alleine im Heckenlagenbau (siehe Abschnitt 3.2.3.1) verwendet oder als ergänzendes Element bei der Heckenbuschlage (siehe Abschnitt 3.2.3.3) eingesetzt. Dafür sind vorrangig Rohbodenpioniere geeignet, die verschüttungsresistent sind und zugfeste Adventivwurzeln bilden können. Nadelgehölze sind dazu ungeeignet.

Die wichtigsten für ingenieurbiologische Bauweisen verwendbaren Bäume und Sträucher werden mit einigen ihrer Eigenschaften in der Tabelle C (siehe Kapitel 7) aufgeführt.

In Mitteleuropa stehen rund 30 ausschlagfähige Gehölze zur Verfügung. Es sind dies vor allem Weiden, von welchen zehn als Spezialisten für die montane und subalpine Stufe gelten (Bilder 7 und 8). Wir unterscheiden Baumweiden und Strauchweiden, die sich

2.3 Lebende Baustoffe

durch Größe und Wuchsform voneinander unterscheiden (Bild 4). Diese beiden Charakteristika sind bei der Artenwahl zu bedenken und zu berücksichtigen. Die ausschlagfähigen Gehölze und ihre Eigenschaften werden in Tabelle B (siehe Kapitel 7) aufgeschlüsselt.

Weiden sind zweihäusig. Es gibt also männliche und weibliche Individuen. Bei der Gewinnung der vegetativ vermehrbaren Baustoffe sollte darauf Bedacht genommen werden. Es sollten weibliche und männliche Exemplare beworben und auch gemischt verwendet werden, um Monokulturen zu vermeiden. Die Geschlechtszugehörigkeit ist allerdings nur zwischen Blüte und Samenreife erkennbar (Bild 5).

Bild 4
Wuchsformen und -größen von erwachsenen, europäischen Baum- und Strauchweiden

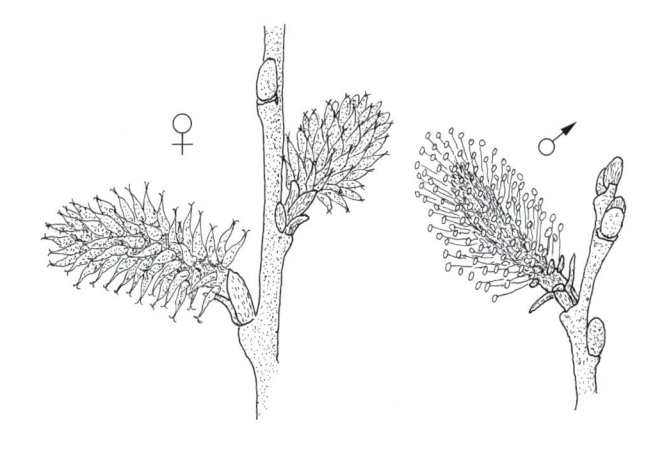

Bild 5
Weibliche und männliche Blütenkätzchen der Aschweide (*Salix cinerea*)

Bild 6.1
Großblattweide (*Salix appendiculata*)
Zweige: links Jugendform; rechts sparrige
Altersform der Zweige; junge Zweige und die
grünlichen bis ockerfarbigen Knospen flaumhaarig besetzt.
Blätter: bis 12 cm lang, größte Breite in Blattmitte; Blattoberseite schwach glänzend grün,
Blattunterseite graugrün behaart; deutliches
Nervennetz; 2 große Nebenblätter am Blattstiel;
rechtes Blatt zeigt Unterseite eines Altblattes

Bild 6.3
Purpurweide (*Salix purpurea*)
Zweige: dünn, biegsam, stielrund, kahl, gelbrot;
Knospen anliegend, lanzettlich, spitz, kahl,
rotbraun glänzend.
Blätter: schmale, lange Blätter, beidseitig
graugrün; größte Blattbreite im vorderen Drittel

Bild 6.2
Aschweide (*Salix cinerea*)
Zweige: junge Zweige (außen) samtig grau
behaart; links Zweig mit anliegenden Blattknospen; rechts Zweige mit großen, kegelförmigen, graubraun samtpelzig behaarten
Blütenknospen; Altäste sparrig.
Blätter: beidseitig dicht behaart; rechtes Blatt
zeigt Unterseite eines Altblattes mit deutlicher
Nervatur

Bild 6.4
Salweide (*Salix caprea*)
Zweige: junge Zweige mit Kurzhaaren überzogen, nach dem Verkahlen gelbgrün bis rotbraun; große, spitzkegelige Knospen, schmutzig
gelbgrün bis glänzend grün.
Blätter: breit elliptisch bis rund, derbweich;
Blattoberseite glänzend grün, Blattunterseite
dicht grünlich grau behaart; Blattnervatur
unterseits stark erhaben. Rechtes Blatt zeigt
Unterseite eines Altblattes

Bild 6
Zweige, Knospen- und Blattformen europäischer, wild wachsender Strauch- und Baumweiden

2.3 Lebende Baustoffe

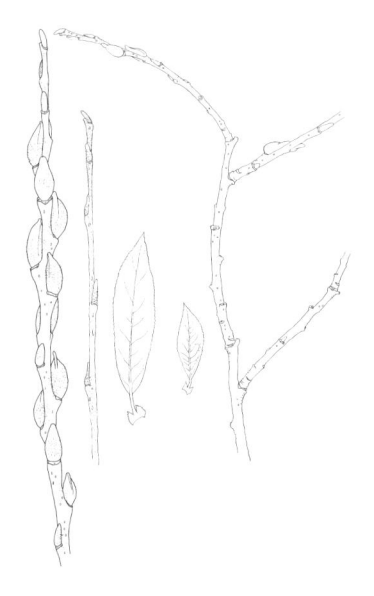

Bild 6.5
Reifweide (*Salix daphnoides*)
Zweige: Jugendzweige kurzzeitig flaumhaarig, später dunkelrot (selten grüngelb) glänzend; Knospen rotbraun; Blütenknospen (links außen) groß, deutlich gebaucht mit schnabelartiger Spitze; Blattknospen (links innen) klein, schlank, eng anliegend
Blätter: eilanzettlich bis 10 cm lang; Blattoberseite glänzend dunkelgrün, kahl, derb-ledrig; Blattunterseite matt graugrün; Nebenblätter fallen im Herbst zugleich mit dem Blatt

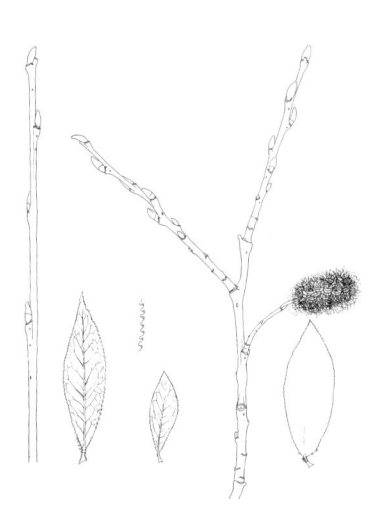

Bild 6.6
Lorbeerweide (*Salix pentandra*)
Zweige: biegsam, kahl, rotbraun glänzend; Knospen nach innen gebogen, kahl, rotbraun; rechts Altzweig mit weiblichen Kätzchen. Diese weißen Flugsamenflocken bleiben als Erkennungsmerkmal auch den Winter über am Baum.
Blätter: lang, elliptisch, größte Breite in Blattmitte, steif, kahl, drüsig, klebrig; Blattoberseite glänzend dunkelgrün, derb-ledrig; Blattunterseite matt hellgrün; Blätter verfärben nach dem Laubfall schwarz

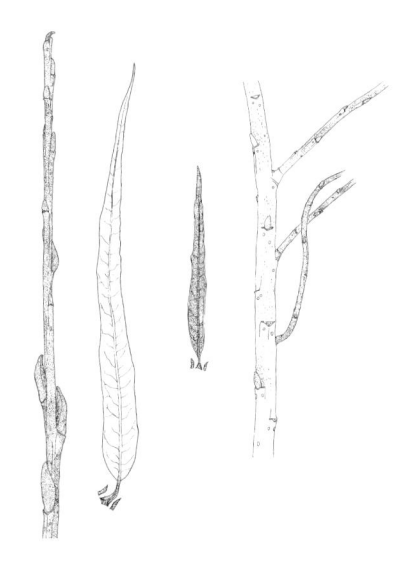

Bild 6.7
Hanfweide (*Salix viminalis*)
Zweige: rutenhaft, biegsam, stielrund, verschiedenfarbig; Jungtriebe und die großen, gelängten Blütenknospen (links außen) pelzig behaart.
Blätter: bis 15 cm lang, aber nur 2,5 cm breit mit scharfer Spitze; Blattrand umgebogen bis gerollt; Blattoberseite dunkelgrün, Blattunterseite dicht silbrig-grau-glänzend behaart, mit deutlicher Nervatur

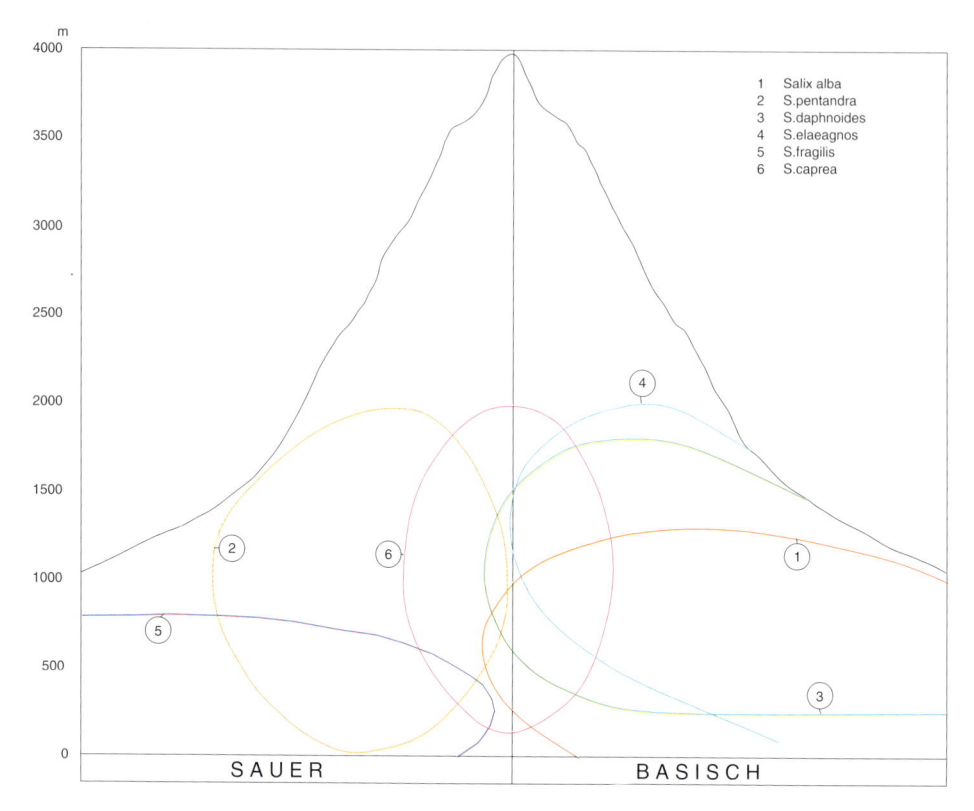

Bild 7
Seehöhenverbreitung und Bodenmilieu europäischer Baumweiden

Daher müßte günstigerweise die Bestimmung im Jahr vor der Gewinnung von Gehölzteilen erfolgen. Wenn dies nicht möglich ist, sollten möglichst viele, verschiedene Büsche beerntet werden, um eine bestmögliche Geschlechter- und Artenmischung sicher zu stellen.

Weiden können im belaubten Zustand leicht bestimmt werden, sie unterscheiden sich jedoch auch im Winterkleid gut durch Form und Farbe, sowie die Behaarung der Knospen und Zweige (Bild 6).

Die Weidenarten besetzen für sie charakteristische Areale und siedeln innerhalb dieser Lebensräume nur auf bestimmten Standorten in den verschiedenen Höhenstufen [30, 37, 72, 85, 89, 91].

Es gibt Weiden mit weiter geographischer Verbreitung und solche mit begrenztem Areal. Das Wissen von der Verbreitung und über den natürlichen Standort grenzt die Zahl der potentiell vorkommenden Arten ein und erleichtert so in der Praxis die Bestimmung der gefundenen Weiden.

Wuchsgrenzen spielen in Gebirgen eine entscheidende Rolle besonders für die höhenabhängige Verbreitung von Pflanzen und Vegetation. Sowohl die Ober- als auch die

2.3 Lebende Baustoffe

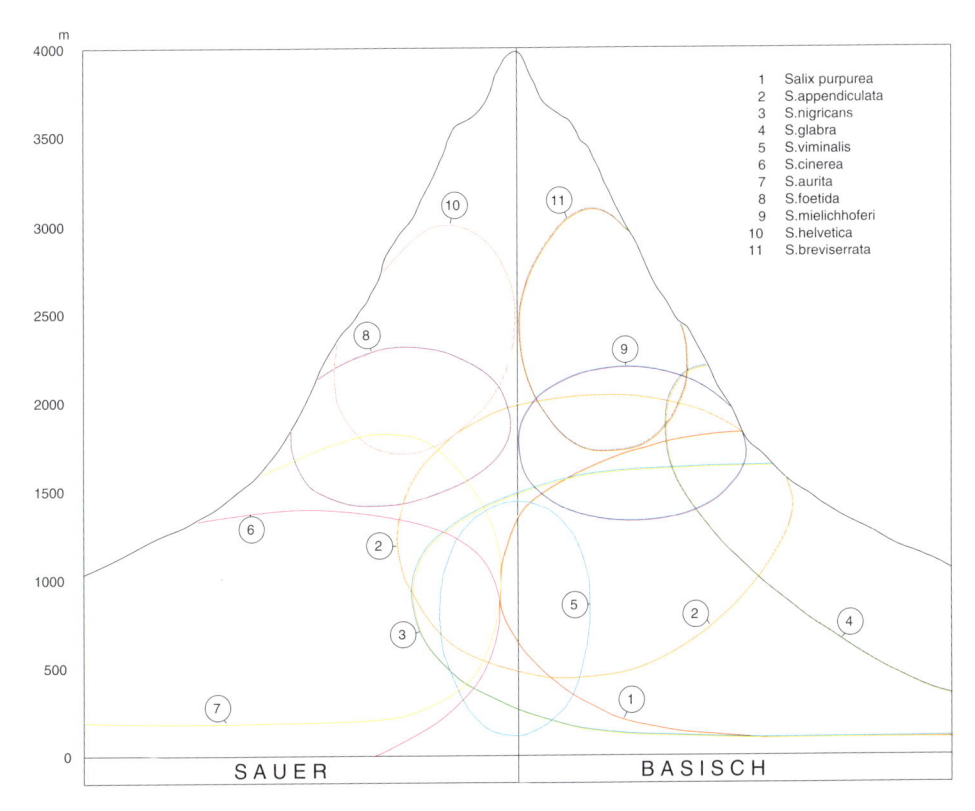

1	Salix purpurea
2	S.appendiculata
3	S.nigricans
4	S.glabra
5	S.viminalis
6	S.cinerea
7	S.aurita
8	S.foetida
9	S.mielichhoferi
10	S.helvetica
11	S.breviserrata

Bild 8
Seehöhenverbreitung und Bodenmilieu europäischer Strauchweiden

Untergrenzen liegen in den Nordalpen tiefer als in den Zentral- und Südalpen, sowie den Westalpen.

In den Bildern 7 und 8 sind echte Existenzgrenzen eingetragen, oberhalb derer die Standortbedingungen für Weidenwuchs unzureichend werden. Die Untergrenzen jener von Natur aus nur in Gebirgslagen verbreiteten Weidenarten werden durch die Konkurrenz von rascherwüchsigen Gehölzen bestimmt. Auf konkurrenzarmen Standorten reichen Weiden häufig weit unter die naturgegebene Untergrenze herab. Dies zeigt, daß die Kultivierung von Gebirgsweiden in Tieflagen keine Probleme bringt, sofern die Konkurrenz ausgeschaltet werden kann.

In den Bildern 7 und 8 werden neben den Angaben zur Höhenverbreitung der Weiden zusätzlich noch Bereiche nach der Bodenreaktion dargestellt. Dadurch kann die Zahl der für ein Projekt verwendbaren Weidenarten präzisiert werden.

Im Alpenraum kommen Baumweiden bis auf 2000 m Seehöhe vor, Sträucher mit einer Höhe von mehr als einem Meter werden bis in eine Seehöhe von 2500 m gefunden.

2.4 Vorarbeiten

Vorarbeiten sind Maßnahmen zur Sicherung des Baufeldes und zum Schutz der Arbeiter. Dazu dienen als temporäre Einrichtungen Ausleitungen, Umspundungen, Pölzungen, Barrieren und Zäune. Geländeteile, aus welchen Vegetation und Boden erosiv abgetragen werden, müssen vor Inangriffnahme der eigentlichen ingenieurbiologischen Verbauung verschiedenen Korrekturen unterzogen werden. Scharfe Geländeformen wie Rippen und Grate sollen gekappt und abgeflacht werden. Besonders wichtig ist das Ausformen von überhängenden und mit Hohlkehlen besetzten Uferlinien und Bruchrändern. Solche Geländeabrisse sind besonders erosionsanfällig, liefern ständig Material und müssen zur Beruhigung des Erosionsherdes ausgerundet werden. Dies geschieht durch Abtrag des überhängenden Bruchrandes. Das Verflachen von übersteilem Gelände kann von Hand, mittels Wasserstrahl oder maschinell erfolgen.

Die Sicherstellung wiederverwendbarer, lebender Baustoffe bildet einen wichtigen Grundsatz bei der Ausführung ingenieurbiologischer Anlagen. Den eigentlichen Bauarbeiten vorauseilend sind daher Vorkehrungen zur Sicherstellung aller wieder verwendbaren Vegetation, aber auch von anderen, unbelebten aber ortsständigen Baustoffen zu treffen. Je extremer die Lage der Baustelle ist, desto entscheidender wird diese Position. Nach (Teil-) Abschluß der Bauarbeiten wird die vorher abgetragene, durchwurzelte Vegetations-Bodenschicht wieder angedeckt und eingebaut und durch andere ingenieurbiologische Bauweisen nötigenfalls ergänzt.

2.5 Wahl der Bauweise und Bautype

Für die Wahl der Bauweisen und Bautypen sind die Kriterien der Artenwahl (siehe Abschnitt 2.3.1) mit zu berücksichtigen. Zusätzlich ist jedoch noch die Jahreszeit einzuplanen, in der bestimmte Bauweisen am besten ausgeführt werden können. Wir fassen zusammen und schlüsseln die Positionen auf, die für die Wahl der Bauweise und des Bautyps bestimmend wirken:

- Ziel der Baumaßnahmen: Das Nahziel besteht in der Sicherung der Uferlinien, der Uferböschungen und des Bettes. Weitere Ziele sind Schaffung von Räumen für im Wasser und am Land lebende Tiere sowie die Entwicklung von pflegeleichten, multifunktionalen Gewässerschutzwäldern, Gehölzfluren und/oder Röhrichtgürteln, Hochstauden- und Rasengesellschaften. Die Berücksichtigung landschaftsgestalterischer Kriterien ist angezeigt.
- Erwartete technische Wirkung: Ist unter Berücksichtigung der Sicherheitsvorgaben ein Verbau mit lebenden Baustoffen allein oder nur als Kombinationsbauweise zielführend?
- Verfügbarkeit an lebenden Baustoffen: Welche der standortgerechten Pflanzen können in der Nähe des Baufeldes gewonnen werden; welche müssen angeliefert werden; welche sind fremd aber geeignet, eine Initialvegetation aufzubauen?

2.5 Wahl der Bauweise und Bautype

- Jahreszeit: Bauweisen, für die ausschlagfähige, vegetativ vermehrbare, lebende Baustoffe eingesetzt werden, sind überwiegend (Ausnahmen siehe Abschnitt 2.3.3) an die Vegetationsruhe (Spätherbst/Winter) gebunden (Bauzeitpläne).

2.5.1 Einsatzgrenzen

Dem Einsatz lebender Baustoffe sind biologische, technische und zeitliche Grenzen gesetzt.

Biologische Grenzen: Zonen ohne Wachstumsmöglichkeit für höhere Pflanzen; Einhaltung von Verbreitungsgrenzen; Starke Gewässerverunreinigung.

Technische Grenzen: Uferstabilisierung und Böschungssicherung sind mit lebenden Baustoffen nur in durchwurzelbaren Bodenkörpern oder unter Einsatz von kombinierten Bauweisen (siehe Abschnitt 3.3) möglich. Sehr hohe Fließgeschwindigkeiten, große Schleppkräfte, extreme Strömungsdrücke und zu turbulente Wasserströmungen entwickeln kräftige Energien für den mechanischen Angriff der Ufer und Einhänge [14, 32].

Rechnerisch gesicherte Angaben für die Entwicklung von Beanspruchungs- und Widerstandsmodellen gibt es bislang noch nicht. Die Schleppspannung wird als Ersatzparameter sowohl für die Strömungskraft, die auf ingenieurbiologische Bauten wirkt, als auch für die Widerstandskraft, welche lebende Baustoffe aktivieren, benutzt. Im Regelfall wird die Schleppkraft außerdem für die Flußmitte gerechnet und nicht für die mit Gehölzen bestandenen Uferböschungen.

Aus diesen Gründen haben wir uns entschlossen, in diesem Buch keine Informationen über deduktiv abgeleitete Werte von Schleppkräften auf die Vegetation zu geben. *Oplatka* [32] erklärt deutlich, daß Ansätze entwickelt werden müßten, mit denen die Strömungskraft direkt berechnet werden könnte. Für die Berechnung der Strömungskraft, die auf den Bewuchs wirkt, ist jedoch die Kenntnis der Geschwindigkeitsverteilung im bewachsenen Querschnitt eine Voraussetzung.

Die Untersuchungen von *Oplatka* (1998) zeigten, daß die Strömungskraft bei flexiblen Weiden linear mit steigender Fließgeschwindigkeit zunimmt. Wird eine Anschmiegung der Pflanze nicht mehr möglich, reagiert sie wie ein starrer Körper und die Strömungskraft nimmt mit dem Quadrat der Fließgeschwindigkeit zu.

Oplatka [32] weist auch nach, daß die in situ Ausziehversuche an 3 bis 6 Jahre alten, aus Steckhölzern gezogenen, Weiden 5 bis 10 mal höhere Werte für die Ausreißwiderstände brachten, als für die Strömungskraft bei $v = 4$ m/s. Das heißt mit anderen Worten, daß es Schäden durch sogenannte Ausziehvorgänge nicht geben kann, vielmehr handelt es sich um Unterspülungseffekte. Gehölze und Verbauungen können ohne Erosion nicht zerstört werden.

Zeitliche Grenzen: Arbeiten außerhalb und während der Vegetationszeit; Länge der Vegetationszeit; in den Hochlagen herrschen kurze Vegetationszeiten.

Auf Grund der eingeschränkten Anwendungsmöglichkeiten wird verständlich, daß Ingenieurbiologie nicht Ersatz, sondern Ergänzung zum rein technischen Ingenieurbau ist.

2.5.2 Bauzeit

Die geeignete Jahreszeit für die Ausführung ingenieurbiologischer Maßnahmen wird durch den von den Jahreszeiten abhängigen und gesteuerten Wachstumsrhythmus der verwendeten Pflanzen und Pflanzenteile mitbestimmt. Bauweisen bei welchen ausschlagfähige Baustoffe Verwendung finden, sind während der Vegetationsruhezeit (Oktober/November–März/April) auszuführen. Im Flußbau ist es möglich, vegetativ vermehrbare Gehölze auch während der Vegetationszeit zu gewinnen und zu verbauen. Voraussetzung für einen möglichst guten Anwuchserfolg bildet der rasche Einbau unmittelbar nach dem Schneiden. Der Einbau sollte hier bevorzugt auf durchfeuchteten bis wasserumspülten Standorten erfolgen. Diese Methode greift gut im Rahmen von Pflegearbeiten mit einem anschließenden Baufeld.

Rasensaaten erfolgen während der Vegetationszeit. Gehölzsaaten werden im Frühjahr oder Herbst ausgeführt. Wurzelnackte Gehölze werden am besten im Frühling oder Herbst gepflanzt und/oder verbaut, also zu Beginn oder am Ende der Vegetationszeit.

Topf- oder Containerpflanzen können hingegen auch den gesamten Sommer über gesetzt werden (Bild 9).

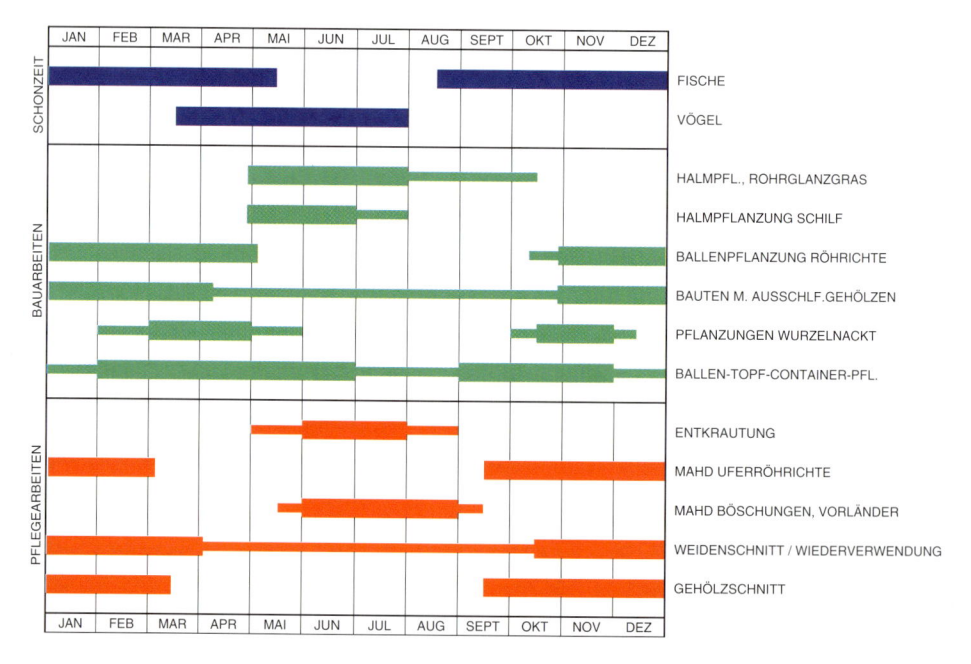

Bild 9
Zeitrahmen für die Ausführung von ingenieurbiologischen Maßnahmen; Schonzeiten für Fische und Vögel (gültig für Mitteleuropa und die Alpen)

2.6 Baukosten

Umfangreiche, international orientierte Erhebungen führten in jüngster Zeit zu Kalkulationstabellen für naturnahe Bauweisen und Pflegemaßnahmen an Fließgewässern [10]. Die in Bild 10 dargestellten Zeitaufwände liegen im Vergleich dazu im Rahmen.

Für die Baukosten werden bei der Beschreibung der einzelnen Bautypen Angaben gemacht, die den bisherigen Erfahrungen entstammen.

Um die Kostenangaben unabhängig von Wertschwankungen zu machen, wurden dabei die Kosten in Arbeitsstunden umgerechnet. Zum direkten Kostenvergleich der einzelnen ingenieurbiologischen Bautypen untereinander siehe Bild 10. Die Kosten schwanken natürlich je nach Örtlichkeit, verfügbarem Baumaterial und Firmenstruktur. Genaue Kostenberechnungen sind daher immer nur auf Grund bindender Offerte möglich.

Die Preiswürdigkeit ingenieurbiologischer Bauweisen im Vergleich zum klassischen Ingenieurbau wird immer wieder als einer der wesentlichsten Vorteile angeführt. Dies gilt jedoch nicht in jedem Fall, es können sogar ingenieurbiologische Bauweisen gelegentlich teurer sein.

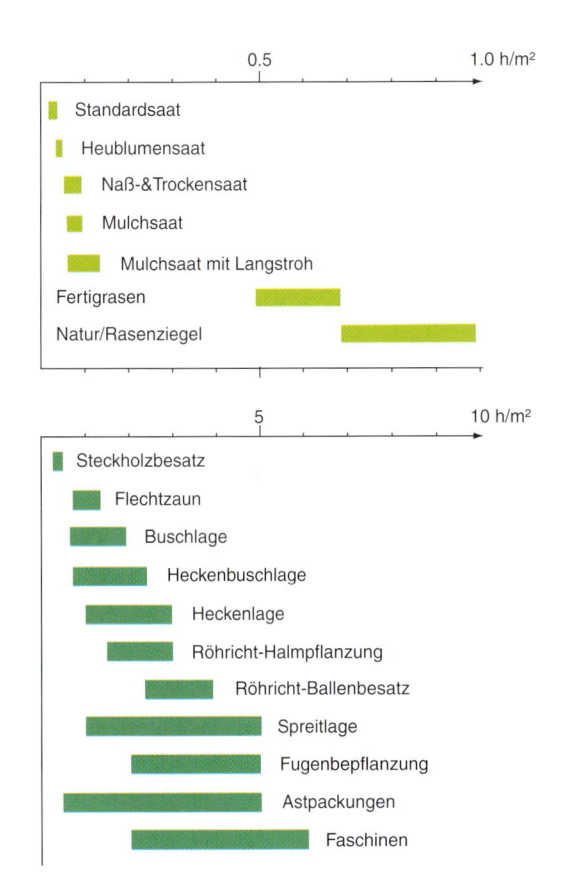

Bild 10
Kostenvergleich als Zeitaufwand ingenieurbiologischer Bautypen

Über den Kostenanteil der ingenieurbiologischen Arbeiten an den Gesamtkosten eines Bauvorhabens liegen zahlreiche Untersuchungen aus verschiedenen Ländern vor. Dabei ist charakteristisch, daß der Kostenanteil erheblich schwankt und zwar je nach dem Anteil aufwendiger Massivbauten. In der Regel steigt der Anteil der Kosten für ingenieurbiologische Maßnahmen mit der Naturnähe des Baukonzeptes, zugleich sinken aber die Gesamtkosten.

Die Pflegekosten zur Erhaltung der Funktionstüchtigkeit sind erheblich geringer als die Sanierungskosten klassischer Ingenieurbauten.

Es ist eine Eigenart ingenieurbiologischer Verbauungen, daß Pflegemaßnahmen in den ersten Jahren nach Fertigstellung der Arbeiten besonders wichtig sind, um den Erfolg zu sichern. Dies hat aber den Vorteil, daß diese Pflegearbeiten zugleich mit den Bauarbeiten ausgeschrieben bzw. kalkuliert werden können. Ist einmal ein entsprechender Aufwuchs und damit die angestrebte Funktionstüchtigkeit erreicht, so entwickelt sich das geschaffene ingenieurbiologische Bauwerk ohne Energiezufuhr durch biologische Regelvorgänge selbständig weiter und es muß nur gelegentlich – meist in mehrjährigen Intervallen – pflegerisch eingegriffen werden, um die Stabilität und die Funktionsfähigkeit zu erhalten (siehe Kapitel 6). Je naturnäher – also ökologisch richtiger – die Wahl von lebendem Baumaterial und Bautypen war, um so seltener und um so geringfügiger (also billiger) sind diese Pflege-Eingriffe.

3 Die ingenieurbiologischen Bauweisen und Bautypen im Wasserbau

Im Prinzip sind sämtliche für den Erdbau besprochenen Bauweisen und deren Bautypen [38] auch für sämtliche Sparten der Wasserwirtschaft einsetzbar.

Außer den erdstatischen, bodenmechanischen Wirkungen sind jedoch nunmehr zusätzliche Kräfte zu berücksichtigen, die aus der Fließgeschwindigkeit und der Schleppkraft des fließenden Wassers entstehen. Daher wird das Angebot bei den Stabil- und Kombinationsbauweisen um einige, speziell für den Wasserbau entwickelte Bautypen erweitert.

Noch mehr als im Erdbau gilt hier, daß Hartbauweisen durch ingenieurbiologische Bauweisen nur selten oder überhaupt nicht ersetzt werden können. Die Ingenieurbiologie behauptet jedoch ihren Platz als Kombinationselement und als Ergänzung zu den wasserbautechnischen Bauverfahren.

Nach der in [36] eingeführten Systematik gliedern wir die Bauweisen in:

- Deckbauweisen
- Stabilbauweisen
- Kombinierte Bauweisen
- Ergänzungsbauweisen

Jede dieser Bauweisen und die zugehörigen Bautypen haben ganz bestimmte Funktionen und füllen spezifische Anwendungsgebiete aus. Siehe dazu die Tabellen 3 und 4.

Tabelle 3. Wesen und Funktion der ingenieurbiologischen Bauweisen

- **Deckbauweisen** schützen den Boden durch ihre flächenhaft abdeckende Wirkung rasch vor Oberflächenerosion und Einstrahlung. Sie verbessern den Wärme- und Wasserhaushalt und fördern so die biologische Aktivierung des Bodens. Mulchschichten bieten schon vor dem Anwachsen der Vegetation (Gräser, Kräuter, Gehölze) Schutz vor Niederschlägen.
- **Stabilbauweisen** dienen zur Minderung bis Ausschaltung von mechanischen Kräften. Sie stabilisieren und sichern Ufer und deren Böschungen sowie labile Hänge mittels Durchwurzelung und Wasserverbrauch. Es handelt sich um lineare oder punktförmig angeordnete Systeme aus Sträuchern und Bäumen, bzw. mit ausschlagfähigem Astwerk davon. Stabilbauweisen werden in der Regel zum Schutz gegen Erosion durch Deckbauweisen ergänzt.
- **Kombinierte Bauweisen** stützen und sichern instabile Böschungen und Ufer, wobei lebende Baustoffe (Pflanzen und Pflanzenteile) mit nicht lebenden (Stein, Beton, Holz, Stahl, Kunststoff) kombiniert werden. Dadurch wird eine ständige Wirkungsgradverbesserung und eine höhere Lebensdauer der Stützbauwerke erzielt.
- **Ergänzungsbauweisen** umfassen Saaten und Pflanzungen im weitesten Sinn und dienen der gesicherten Überführung von Verbauungen in den projektierten Endzustand.

Tabelle 4. Anwendungsgebiete der ingenieurbiologischen Bauweisen

	Erdbau	Wasserbau	Landschaftsgestaltung
Deckbauweisen	██████	██████	██████
Stabilbauweisen	████	██ ██ ██	– – – – – – –
Kombinierte Bauweisen	██ ██ ██	██████	• • • • • • • • •
Ergänzungsbauweisen	– – – –	– – – – –	██████

3.1 Deckbauweisen

Deckbauweisen sind solche, bei denen die abdeckende, bodenschützende Wirkung im Vordergrund steht. Dabei ist die Tiefenwirkung im Boden von untergeordneter Bedeutung. Durch den Einsatz einer großen Zahl von Pflanzen, Samen bzw. Pflanzenteilen je Flächeneinheit wird die Bodenoberfläche vor einem schädlichen Einfluß mechanischer Kräfte geschützt (Schlagregen, Hagel, Wasser-, Wind- und Frosterosion etc.). Darüber hinaus wird durch Deckbauweisen der Feuchte- und Wärmehaushalt verbessert und damit die Entwicklung pflanzlichen Lebens im Boden und in der bodennahen Luftschicht gefördert. Deckbauweisen sind also dort einzusetzen, wo ein rascher, flächenwirksamer Schutz erforderlich ist.

3.1.1 Rasenbauten

Baustoffe: Für Rasenbauten verwendet man entweder Vegetationsstücke (Rasenziegel), die an der Baustelle anfallen und so dick als möglich samt dem durchwurzelten Boden abgehoben werden sollten, oder künstlich angezüchtete, eventuell auch mit Gitterbewehrung versehene Fertigrasen. Sie sind im Handel als „Rollrasen" erhältlich, eignen sich jedoch infolge der Einheitlichkeit der verwendeten Samenmischungen und wegen ihrer geringen Dicke meist nur für durchschnittliche Standorte auf fein planierten, nicht zu steilen Böschungsflächen. Rasenziegel, die von Hand ausgestochen werden, überschreiten selten eine Größe von 40/40 cm. Bei maschinellem Abheben entscheidet die verwendete Maschine bzw. die Geländeform über die Größe des Einzelstückes (in der Regel unter 0,5 m²). Wenn längere Zeit zwischen Gewinnen und Wiederandecken der Rasenziegel verstreicht, sind sie in Mieten von max. 1 m Breite und 0,6 m Höhe zu lagern, damit sie weder austrocknen noch durch Ersticken und Faulen unbrauchbar werden. Besonders ist auch auf Mäuse zu achten, die bei Lagerung während des Winters einen großen Teil der Mieten zerstören können. Im Sommer ist eine Zwischenlagerung nicht länger als vier Wochen möglich. Besonders wertvolle oder empfindliche Rasenstücke (für Hochlagen, Naturschutzgebiete etc.) transportiert und lagert man am besten auf Paletten. Fertigrasen erzeugt man entweder durch Ansaat auf künstliches Substrat, das auf Folien in formatisierten Beeten aufgetragen wird, oder in großflächigen Kulturen auf tiefgründigem, steinfreiem Boden. Während erstere nur abgehoben werden müssen, gewinnt man letztere durch Schälen von Hand oder maschinelles Schälen. Diese Schälrasen sind im Handel in 0,3 bis 0,4 m Breite und 1,5 bis 2,0 m Länge bei einer Dicke von meist 2,5 cm, höchstens aber 4 cm, erhältlich.

Der Transport der Rollrasen erfolgt auf Paletten. Die Lagerung einschließlich Transport darf 4 Tage nicht überschreiten und die einzelnen Stapel müssen gegen Erhitzung und Austrocknung geschützt sein. Rollrasen wiegt 25 bis 30 kg/m² je nach Substrat, Wassergehalt und Dicke. Zur Bedarfsermittlung muß ein Austrocknungsschwund einkalkuliert werden, der in der Fläche durchschnittlich 5 % beträgt. Geplante Fertigrasenanzucht für bestimmte Baustellen ermöglicht die Verwendung standortbezogener und sogar speziell angepaßter Samenmischungen.

Bauausführung

Rasenziegel: Mit Rasenziegeln oder Fertigrasen können Böschungsoberflächen gesichert werden, indem man die Rasenstücke fugenlos verlegt. Streifenweises oder schachbrettförmiges Anordnen ist nicht zu empfehlen, weil es sich jahrzehntelang als künstliche Maßnahme von der Umgebung abhebt. Steht nur eine beschränkte Menge an Rasenstücken zur Verfügung, so benutzt man sie am besten zur Sicherung labiler Hangbereiche. Auf Steilufern nagelt man jeden vierten oder fünften Rasenziegel mit 30 bis 50 cm langen Pflöcken oder Betoneisen an. Die Pflöcke dürfen nicht über die Oberfläche des Rasenziegels hinausragen. Die Verwendung lebender Pflöcke ist in dichten Rasenziegeln nicht zu empfehlen, weil die Steckhölzer im Rasen schwer anwachsen. Eine Befestigung mit Maschendrahtnetzen, Kunststoffgittern oder Kokosmatten kann bei Uferböschungen örtlich notwendig werden.

Fertigrasen oder Rollrasen: Die Verlegung der Fertigrasen hängt von der Form der Fertigrasenstücke ab. Längere Bahnen verlegt man auf Hängen vertikal, indem man sie von oben nach unten abrollt. Am Steilhang ist eine Befestigung der Fertigrasen ebenso erforderlich wie bei den einzelnen Rasenziegeln, doch können die Abstände zwischen den einzelnen Pflöcken größer gehalten werden. Kleinformatige Fertigrasen werden wie Rasenziegel verlegt. Nach dem Verlegen müssen die Fertigrasen angeklopft oder gewalzt werden. Nur wenn für die Anzucht des Fertigrasens geeignete Pflanzen verwendet wurden, kann beim Verlegen auf vorherige Mutterbodenandeckung verzichtet werden.

Rasenmauern: Sie können aus übereinander gelegten Rasenziegeln bis 0,5 m hoch errichtet werden. Diese früher häufig angewandte Methode erreicht jedoch nur dann eine längere Lebensdauer, wenn die Rasenmauern mit Stahlpflöcken und -gittern oder Geotextilien bewehrt werden.

3.1.2 Rasensaaten

Die Saatmethodik entwickelte sich in den vergangenen Jahren sprunghaft. Mit einzelnen der in der Folge beschriebenen Saatmethoden ist es möglich, sterile Böden durch rasche Schaffung aufbauender Kräuter- und Rasengesellschaften biologisch zu aktivieren. Der

Tabelle 5. Deckbauweisen

Baumethoden	Anwendung	Eignung/Wirkung	Vorteile	Nachteile	Zeitraum der Begrünung	Baukosten
Rasenziegel	Sicherung erosionsgefährdeter Stellen (= wertvollster Baustoff)	1 auf allen Standorten, wo natürliche Rasenziegel vorhanden sind	+ standortgerechte Vegetation + Sofortwirkung + rasche, einfache Verlegung	– Beschaffung der Rasenziegel schwierig	Vegetationszeit	maschinell: niedrig von Hand: mittel
Fertigrasen*	Uferböschungen, Rasenrinnen, flache Böschungen und Gestaltungsflächen	2	+ Sofortwirkung	– Kulturboden notwendig	Vegetationszeit	niedrig bis mittel
Rasensaaten a) Heublumensaat*	in Hochlagen und in Naturschutzgebieten, in Kombination mit anderen Saatmethoden	2–3 in Verbindung mit anderen Saatmethoden	+ standortgerechte, artenreiche Rasenmischungen	– Beschaffung der Heublumen schwierig – kulturfähiger Boden Voraussetzung	Vegetationszeit	niedrig
b) Standardsaat*	auf kulturfähigen Böden als Dauer- oder Zwischenrasen	1 auf Oberboden ohne Erosionsgefährdung	+ rasche, einfache, niedrigste Aussaat	– Voraussetzung: nährstoffreicher, humoser Oberboden	Vegetationszeit	niedrig
c) Anspritzverfahren, Naßsaat, Hydrosaat**	Maschinelle Begrünung steiler Böschungen mit Rohboden	2 auf Schattenstandorten, in humidem Klima	+ rasche, einfache Herstellung + Maschineneinsatz möglich + Aufbringung aller Komponenten in einem Arbeitsgang	– befahrbare Baustelle notwendig – beschränkte Einsatzweite der Maschinen – unsicherer Aufwuchserfolg auf trockenen Standorten (Sonnenhänge)	Vegetationszeit	niedrig bis mittel

3.1 Deckbauweisen

d) Mulchsaat**	großflächige Sicherung von Einschnitts- bzw. Dammböschungen mit Rohboden	1 auf allen humuslosen Standorten	+ bester öko-klimatischer Effekt + rasche, sichere Auskeimung (Glashauseffekt) und Entwicklung + Bildung einer Humusschicht + mechanischer Schutz der Bodenoberfläche	− mehrere Arbeitsgänge − auf Höhenbaustellen verrotten Deckschichten langsam	Vegetationszeit	mittel
Gehölzsaat	zur Schaffung von Gehölzbeständen und zur Ergänzung anderer ingenieurbiologischer Verbauungen	felsige Steilböschungen	+ wirtschaftlich + naturnah + auf nicht bepflanzbaren Flächen anwendbar	− langsame Entwicklung	Anfang oder Ende der Vegetationszeit	niedrig
Saaten auf Erosionsschutznetzen	Steilböschungen, Sandböschungen, Uferböschungen	Erosionsschutz	+ sofortiger Erosionsschutz	− aufwendig	Vegetationszeit	hoch
Verlegung von Rasenmatten	Rasenmulden, flache, gleichmäßige Böschungen	1–2	+ sofortiger Schutz	− Feinplanie erforderlich − kulturfähiger Boden zweckmäßig	Vegetationszeit	hoch
Verlegen von Rasen-Gittersteinen	Gestaltung von Parkplätzen, Zufahrten, Abstellplätzen Sicherung niedriger Böschungen	2–3	+ sofort belastbar + Begrünung während der Benutzung möglich	− arbeitsaufwendig − begrenzte Bauhöhe	Vegetationszeit	hoch
Spreitlage	Sicherung von Böschungen, die durch Fließwasser und Wind erosionsgefährdet sind	1–2	+ sofort wirksam + rasch dichter Strauchbewuchs	− materialaufwendig − begrenzte Bauhöhe	Vegetationsruhe	mittel

Eignung: 1 = sehr gut, 2 = gut, 3 = bedingt geeignet

* auf kulturfähigem Boden
** „humuslose" Begrünung auf Rohboden

Höhepunkt der dadurch gegebenen technischen Möglichkeiten ist die gleichzeitige Rasen- und Gehölzsaat.

3.1.2.1 Heublumensaat

Baustoff: 0,5 bis 2,0 kg/m² Heublumen. Die Heublumen gewinnt man durch Zusammenkehren der samenreichen Reste am Boden der Heustadel. Zur Verwendung von Heublumensaat allein sollen auch Halme in den Heublumen enthalten sein. Wenn die Heublumensaat in einer Mulchsaat verwendet wird, sollen die Heublumen ausgesiebt sein, so daß eine entsprechend hohe Samenzahl gewährleistet ist. 40 bis 70 g/m² mineralischer, granulierter Volldünger oder organischer Dünger je nach Standort.

Bauausführung: Heublumen streut man samt den Halmen einige Zentimeter dick aus. Um das Verwehen zu verhindern, soll dies auf feuchtem Boden geschehen, oder die Heublumen müssen vor dem Ausstreuen benetzt werden. Besseren Erfolg verspricht die Verbindung der Heublumensaat mit modernen Saatmethoden. In dieser Form hat sie alle positiven Eigenschaften einer Mulchsaat, verbunden mit den Vorteilen der Heublumensaat, nämlich der Mitverwendung örtlichen Saatgutes. Im Hochgebirge wird die Heublumensaat solange ihre Bedeutung behalten, als genügende Mengen Heublumen anfallen.

Bauzeit: Während der ganzen Vegetationsperiode möglich, aber am besten in deren erstem Drittel.

Wirkung: Die Heublumensaat wirkt wie alle Mulchsaaten, genügende Dicke der Aussaat und genügender Halmanteil vorausgesetzt, bodendeckend und dadurch schützend bzw. beschränkt klimatisierend. Damit ist einerseits ein Schutz gegen mechanische Angriffe, andererseits eine Verbesserung der mikroklimatischen Verhältnisse gegeben.

Vorteil: In den Heublumen ist im Handel nicht erhältliches Saatgut enthalten, ganz besonders in Hochlagen.

Nachteil: Heublumen sind nur in geringen Mengen und überhaupt nur dort zu beschaffen, wo in der Nähe der Baustelle Mähwiesen vorhanden sind.

Kosten: Billig. Heublumensaat allein kostet ca. 0,03 bis 0,05 Arbeitsstunden/m² je nach Materialbeschaffung und Transportstrecke. Heublumensaat in Verbindung mit einem anderen Saatverfahren verteuert dasselbe um etwa 20 bis 30% (siehe Bild 10).

Einsatzgebiet: Heublumensaat allein kommt nur mehr dort zum Einsatz, wo Heublumen leicht zu beschaffen sind oder wo Handelssaatgut nicht verwendet werden darf. Zur Kombination mit Mulchsaaten oder Naßsaaten dort zu empfehlen, wo artenreiche Pflanzengesellschaften das Ziel der Berasung sind.

3.1.2.2 Standardsaat

Baustoff: Für kurzlebige Vorkulturen, z. B. auch für Flächen, die später bewaldet werden sollen: Leguminosen einzeln oder in Mischung mit Rohboden ertragenden, einjährigen Deckfruchtarten. Für Dauerrasen dem Standort und dem Zweck entsprechende Samenmischungen verwenden.

Bauausführung: Das Saatgut wird auf den Boden gestreut und in diesen leicht eingearbeitet. Dabei soll das Saatgut aus geringer Entfernung und nicht breitwürfig gestreut werden, weil sich sonst die Samenkörner nach dem Gewicht sortieren. Die schweren und runden Samenkörner kollern hinab, bis sie an flacheren Stellen liegen bleiben. Dort kommen dann die Sämlinge zu dicht auf, während die Steilstellen kahl bleiben. Ganz kleine und leichte Samen werden am besten mit Sand oder trockenem Ton vermischt ausgesät. Das Einarbeiten geschieht am besten von Hand durch Einrechen. Maschinelle Aussaat ist auf großen Flächen rationeller, aber nur auf flachen Böschungen oder ebenen Flächen möglich. Zahlreiche Saatmaschinen und Walzen stehen hierfür zur Auswahl. Auf Rohböden bleibt der Samen und der Keimling ohne Schutz, weshalb dort das Ergebnis selten befriedigt. Aus diesem Grunde werden heute Standardsaaten nur mehr auf humosem Oberboden ausgeführt.

Bauzeit: Während, am günstigsten zu Beginn der Vegetationszeit.

Wirkung: Keine Sofortwirkung. Erst nach Anwachsen allmählich eintretende und sich verstärkende Bodenfestigung sowie Deckwirkung durch das Triebwachstum. Durch Verwendung geimpfter Leguminosen erfolgt auch eine Anreicherung des Bodens mit Stickstoff, vor allem aber mit organischer Substanz, und eine Aufschließung des Bodens durch die Wurzeln.

Vorteil: Einfache, rasche und billige Methode.

Nachteil: Ober-(Mutter-)boden erforderlich.

Kosten: 0,01 bis 0,04 Arbeitsstunden/m^2, wobei der untere Wert im Flachgelände und bei maschineller Arbeit, der obere bei Handarbeit zutrifft. Die Kosten hängen auch vom verwendeten Saatgut ab (siehe Bild 10).

Einsatzgebiet: Ebene Flächen und flache Böschungen als Vorkultur in Pflanzungen; Gründüngung. Schutz von Oberboden-Deponien.

3.1.2.3 Trockensaat

Samen und Zuschlagstoffe werden von Hand ausgestreut oder maschinell, z. B. mit Hilfe von Gebläsen oder vom Helikopter aus aufgebracht. Im Gegensatz zu Naßsaaten wird bei Trockensaaten keine Trägersubstanz verwendet.

3.1.2.4 Naßsaat, Hydrosaat, Anspritzverfahren (Bild 11)

Baustoff: 1 bis 30 l/m^2 fertiges Mischgut, das sich aus Saatgut, Düngern, Bodenverbesserungsstoffen, Klebern und Wasser als Trägersubstanz zusammensetzt. Die erforderlichen Mengen sind vom Standort abhängig. Deshalb muß der Standort besonders bei großflächigen Begrünungen vorweg beurteilt werden.

Bauausführung: In einem Mischaggregat werden Saatgut, Dünger, Bodenverbesserungsstoffe, Kleber und Wasser zu einem Brei vermischt. Eine angebaute Dickstoffpumpe erzeugt den nötigen Druck, um das Mischgut auf die Begrünungsfläche zu spritzen. Das Gut muß während des Spritzvorganges in gleichmäßigem Mischungszustand gehalten werden. Man spritzt eine etwa 0,5 bis 2 cm starke Schicht auf, die auf grobsteinigen Standorten noch erheblich dicker sein kann. In diesem Fall bringt man das Material in mehreren Spritzvorgängen auf, wobei die nächste Schicht erst nach Abbinden der vorherigen aufgespritzt werden darf.

Bauzeit: Feuchte Perioden in der Vegetationszeit.

Wirkung: Für das Saatgut wird durch Beimischung der Feststoffe und Dünger ein gutes Keimbett geschaffen.

Vorteil: Möglichkeit, felsige, grobsteinige oder sehr steile (unbegehbare) Böschungen rasch zu begrünen.

Bild 11
Berasungen der Einhänge zu einem Flußkraftwerks-Umgehungsgerinne; Schattenhang, links Hydrosaat, am Sonnenhang Saat auf Strohdeckschicht

3.1 Deckbauweisen

Nachteil: Wenig geeignet für trockene Sonnenstandorte. Die aufgebrachte Schicht bildet eine erdige Kruste, die nur begrenzt widerstandsfähig gegen mechanische Beanspruchung durch strömendes Wasser und Frost sowie gegen Austrocknung ist.

Kosten: 0,05 bis 0,1 Arbeitsstunden/m^2, je nach verwendeten Materialmengen.

Einsatzgebiet: Besonders steile, felsige und steinige Böschungen.

3.1.2.5 Mulchsaaten

Maschinelle Mulchsaaten

Baustoff: Saatgut, Dünger, Mulchstoffe wie Stroh, Heu, Zellulose oder andere Fasern. Instabile Bitumenemulsion.

Bauausführung: Mit dem Mulchgerät (z.B. Mulch-Spreader) wird nach erfolgter Naß- oder Trockensaat eine Schicht gehäckselten Strohs o.ä. aufgeblasen. Das Stroh wird im Mulchgerät gehäckselt und von einem Gebläse aus dem Rohr geschleudert, wobei es beim Verlassen des Rohres in der Regel zur raschen Bindung mit einer instabilen Bitumenemulsion übersprüht wird. Als Reichweite werden 25 m angegeben, mit Verlängerungsrohr 35 m. Größere Entfernungen sind nicht überbrückbar, und bei Wind werden auch die angegebenen Distanzen nicht erreicht.

Bauzeit: Während der Vegetationsperiode.

Wirkung: Die Strohhalme verkleben nach dem Aufprall am Boden, wenn die instabile Bitumenemulsion „bricht". Dadurch ist dort ein guter Schutz gegeben, wo die Strohschicht genügend dick aufgebracht wird. Die Mulchschicht bewirkt einen guten Ausgleich der mikroklimatischen Extreme, doch wird wegen der Häckselung des Strohs jene Wirkung, die man für extreme Standorte benötigt, vielfach nicht erreicht.

Vorteil: Mechanisiertes Verfahren mit großer Tagesleistung und günstigem Preis auf unschwierigen Böschungen.

Nachteil: Nur auf gut erschlossenen Baustellen einsetzbar, für steilere als 1:1 geneigte Hänge und extreme Standorte nur bedingt einsetzbar. Reichweite begrenzt. Wegen der aufwendigen Maschinen können im allgemeinen Flächen unter einem Hektar nicht ökonomisch bearbeitet werden.

Einsatzgebiet: Niedrige, langgestreckte Böschungen.

Mulchsaat mit Langstroh, Saat auf Strohdeckschicht (Bild 12)

Baustoff: 10 bis 50 g/m^2 Saatgut, je nach Standort und Zweck; 300 bis 700 g/m^2 langhalmiges Stroh oder Heu oder andere organische oder in der Struktur ähnliche technische Fasern; 40 bis 60 g/m^2 mineralischer Dünger oder 100 bis 150 g/m^2 organischer Dünger; 0,25 l/m^2 stabile Bitumenemulsion; 0,25 l/m^2 Wasser; verschiedene technische und biologische Präparate je nach Standort.

Bild 12
Saat auf Strohdeckschicht; Arbeitsphasen: Aufbreiten von Langstroh, Einstreuen von Samen und Dünger, Verkleben (Ansprühen) mit stabiler Kalt-Bitumenemulsion

Bauausführung: In einem ersten Arbeitsgang wird langhalmiges Stroh aufgebreitet, so daß eine geschlossene Mulchschicht entsteht. Je nach Standort wird das Stroh verschieden vorpräpariert. In einem zweiten Arbeitsgang streut man beimpftes Saatgut ein, das je nach Standort und Begrünungsziel zusammengemischt ist. Gleichzeitig streut man mineralischen und/oder organischen Dünger aus. Gegebenenfalls werden bodenaufschließende, bodenstabilisierende oder wachstumsfördernde Mittel beigegeben. In einem dritten Arbeitsgang wird die Strohdecke gegen Ortsverlagerung geschützt. Dies geschieht durch Aufsprühen einer speziellen, pflanzenverträglichen, mit kaltem Wasser verdünnbaren, stabilen Bitumenemulsion. Wo die Verwendung von Bitumen verboten (Wasserschutzgebiet) oder wegen der dunklen Farbe nicht erwünscht ist, kommen andere Kleber zum Einsatz. Alle Arbeitsgänge können sowohl von Hand als auch teil- oder vollmechanisiert ausgeführt werden. Hierdurch erzielt man eine vollkommene Anpassung an die örtlichen Verhältnisse. Tagesleistung: 3000 bis 15 000 m² je Arbeitskolonne je nach Standort. Wenn die Sicherung der Deckschicht mittels Verklebung nicht ausreicht, werden zuvor Stifte geschlagen. Dazu benutzt man in der Regel Bewehrungsstäbe von mindestens 35 cm Länge in einer Dichte von mindestens 1 Stück/m². Die Deckschicht sichert man bei Bedarf zusätzlich mit Drähten, die an den Stiften befestigt werden.

Bauzeit: Während der Vegetationsperiode.

Wirkung: Die Mulchschicht aus langhalmigem Stroh ist so beschaffen, daß sie in Abhängigkeit von den lokalen Temperatur-, Niederschlags- und Lichtverhältnissen lichtdurchlässig bleibt. Sie umschließt einen genügend großen Luftraum, so daß dieser eine klimatisierende Pufferzone in der bodennahen Luftschicht bildet. Mikroklimatische Extreme werden dadurch ausgeglichen. Die Folge ist eine erhöhte Stoffproduktion in der Zeiteinheit, so daß in günstigen Fällen in einem Monat die Produktionsleistung einer ganzen Vegetationsperiode auf ungeschützter Fläche erreicht werden kann. Entscheidend ist dabei vor allem die kritische Phase bis zum geschlossenen Rasen, also bis zur Erreichung des erforderlichen Flächenschutzes. Dies gelingt auch bei sehr kurzer Vegetationszeit (Hochgebirge). Die dunkle Farbe des Bitumens führt zur Erwärmung der Strohdeckschicht, wodurch das Auskeimen beschleunigt wird. In Hochlagen und in kühlen Klimazonen, sowie bei vorgeschrittener Jahreszeit ist diese Wirkung von großer Bedeutung. Anderenorts kann sie schaden, weshalb dort helle Emulsionen gewählt werden. Die Mulchschicht wirkt nicht nur klimatisierend, sondern schützt auch gegen Angriffe mechanischer Kräfte wie Hagel, Schlagregen, Steinschlag, Wind etc.

Vorteil: Einfaches, sehr rasch wirkendes und preisgünstiges Verfahren. Die Baustelle muß nicht erschlossen sein. Mit Ausnahme der Bitumisierung sind alle Arbeitsgänge von Hand ausführbar. Für die Bitumisierung können viele verschiedene Maschinentypen eingesetzt werden. Besonders wirksame Methode für schwierige Geländeverhältnisse und pflanzenfeindliche Standorte. Verwendungsmöglichkeit für überschüssiges Stroh. Exakte Ausführung, weil entscheidende Arbeitsgänge meist von Hand ausgeführt werden. Auch kleine Teilflächen können sofort nach Abschluß der Erdbauarbeiten begrünt werden. Die aufwendigsten Arbeiten (Aufbringung der Mulchdecke) können von ungelernten Hilfsarbeitern ausgeführt werden.

Kosten: Die Kosten sind von den Geländeverhältnissen und der Flächengröße abhängig, aber auch vom Erschließungsgrad, den Standortverhältnissen und dem Begrünungsziel (wegen der Materialkosten). Sie betragen zwischen 0,06 bis 0,2 Arbeitsstunden/m^2.

Einsatzgebiet: Schwieriges Gelände, humuslose Böschungen.

3.1.3   Gehölzsaaten

Gehölzsaaten haben zwei wichtige Einsatzgebiete:

- auf Flächen, die für Pflanzungen schwierig, kaum oder überhaupt nicht zugänglich sind, wie steiniges, felsdurchsetztes oder schrofiges Steilgelände
- als Ergänzungsbauweise auf Flächen, die nach erfolgter ingenieurbiologischer Verbauung Lücken oder völlig vegetationslose Ausfallbereiche aufweisen

Baustoff: Samen von Laub- und Nadelbäumen sowie von Sträuchern. Verwendbare Samen sind in Tabelle A (siehe Kapitel 7) angeführt. Die Samenmengen hängen von der Samengröße und von der Keimfähigkeit ab. Für die Qualität des Saatgutes gelten die Bestimmungen über Sammeln und Vertrieb in den Staaten und Ländern. Auch bei den Saaten ist, wie bei den Pflanzungen, auf die Herkunft streng zu achten. Vor der Saat auf Rohböden sollten die Samen mit ihren spezifischen Wurzelpilzsymbionten geimpft werden.

Bauausführung: Es stehen verschiedene Methoden zur Verfügung, die fast alle aus der Forstwirtschaft kommen:

- *Vollsaat:* Mit oder ohne Bodenvorbereitung werden flächendeckend Samen per Hand oder maschinell ausgestreut. Die Vollsaat ist besonders für kleine und/oder leichte Samen geeignet. In der Ingenieurbiologie kommt auch hier wie bei den Rasensaaten die Hydrosaat zum Einsatz (siehe Abschnitt 3.1.2.4). Es werden also die Samenmischung (Gehölze, Kräuter, Gräser) samt Dünger, Zuschlagstoffen und Kleber in Wasser emulgiert in einem Arbeitsgang aufgespritzt.

- *Löchersaat:* Mit einer Haue werden Löcher von 10 cm Durchmesser und Tiefe hergestellt. In die Löcher werden 1 bis 5 große Samen, z. B. Eicheln, gesteckt oder eine Daumen-Zeigefingerprise von kleinen Samen eingestreut und 1 bis 2 cm mit Erde abgedeckt.

- *Plätzesaat:* Die Saat erfolgt auf mehrere Quadratzentimeter bis ein Quadratmeter große Flächen (Plätze). Vorhandene Vegetation wird zuvor abgehackt oder geschnitten, die obersten Bodenschichten werden gelockert und darauf eingesät.

- *Rillensaat:* Die Samen werden in von Hand oder maschinell gezogene Rillen (Streifen) gestreut und mit Erde überdeckt.

Bauzeit: Saaten erfolgen am besten im Frühjahr und im Herbst. Im Frühjahr nach der Schneeschmelze ist der Boden gut wasserversorgt. Herbstsaaten, die ja die natürlichen Verhältnisse simulieren, überliegen bis über den Winter. Die gegenüber dem überreichen Naturangebot verschwindend geringe Samenzahl bei Kunstsaaten muß dann besonders vor Tierfraß, etwa durch Beizen mit Hirschhornöl oder Mennige, geschützt werden. Einst stark verbreitet war die sogenannte Schneesaat (Einstreuen der Samen in die Schneedecke) mit Lärche, Birken oder Erlen.

Wirkung: Im Schutz der bereits geschaffenen Vegetation kann sich eine Gehölzsaat ähnlich entwickeln wie etwa die Naturverjüngung im Wald. Die Vielfalt an Gehölzen wird erhöht und damit auch die Vielfalt an zukünftigen Vegetationsstrukturen.

Vorteil: Einfache und billige Methode. Standortsangepaßte Wurzelausbildung. Keine Störung des Bodens und damit keine Erosionsgefahr. Gute Auslese zufolge höherer Stück- und Artenzahlen als bei Pflanzungen.

Nachteil: Beschaffung von garantiert standortgerechtem Saatgut ist schwierig.

Einsatzgebiet: Die Gehölzsaat ist durch kein anderes Verfahren auf steinigen und schrofigen Hängen zu ersetzen. Wegen der Wirtschaftlichkeit und der guten Ergebnisse hinsichtlich Auslese, Vielfalt und Bodendurchwurzelung sollte daher Gehölzsaaten auf solchen extremen und spezifischen Standorten gegenüber Pflanzungen der Vorzug gegeben werden.

3.1 Deckbauweisen

3.1.4 Erosionsschutznetze (Bilder 13 und 14)

Bei allen Saatmethoden können zusätzlich Netze aus verrottbarer Jute- und Kokosfaser oder aus synthetischen Fasern und Draht aufgebracht werden. Solche „Netze" dienen zur Befestigung der Mulchdecke und bieten somit die Möglichkeit eines verstärkten Oberflächenschutzes. Wegen der erheblich höheren Kosten gegenüber Berasungen ohne Netz muß eine Begründung für den Einsatz gegeben sein, wie z. B. deutliche Erosionsgefahr durch extreme Standortbedingungen. Besondere Anwendungsgebiete sind daher Böschungen in stark abtragsgefährdeten Bodenklassen (teilbewegliche Sandböden) und windexponierten Steilböschungen. Im Flußbau werden Erosionsschutznetze zur Sicherung von Deckbauweisen vor nicht prognostizierbaren Hochwässern eingesetzt.

Achtung! Auf Böschungen mit Hochwassergefährdung müssen die Netze gut im Boden verankert werden, um ein Abrollen oder Abschwemmen samt dem lebenden Verbau zu verhindern (Bild 14).

3.1.5 Saatmatten

Baustoff: Fertigmatten verschiedener Bauart aus organischen und chemischen Stoffen, die meist aus zwei verschiedenen Faserschichten und einer dazwischenliegenden Verstärkung bestehen.

Bauausführung: Saatmatten dürfen nur auf feinplanierte, feuchte Böschungen verlegt werden. Auf Kies und Geröll muß eine Zwischenschicht aus bindigem Material aufgebracht werden. Der Boden braucht nicht aufgerauht zu werden. Nach dem Verlegen sind die Matten zur Erreichung eines guten Kontaktes mit dem Boden zu walzen oder anzuklopfen. Um eine Verlagerung zu verhindern, befestigt man die Saatmatten mit Stahlstiften oder Pflöcken bzw. Bügeln von ca. 30 cm Länge am Boden, oder man gräbt den Anfang und das Ende der Matten etwa spatentief ein.

Bauzeit: Während der Vegetationszeit.

Wirkung: Gute und lang anhaltende Deckwirkung durch langsam verrottende Fasern. Beschränkter Schutz gegen mechanische Kräfte, meist geringe Speicherkraft.

Vorteil: Matten bleiben lange erhalten. Widerstandsfähig gegen Erosion, solange keine Unterspülung erfolgt.

Nachteil: Nur für flaches, fein planiertes Gelände verwendbar. Nur Einheitsmischungen im Handel, spezielle Mischungen müssen längere Zeit vorher angefordert werden.

Kosten: Sehr vom Fabrikat und vom Gelände abhängig. Meist teurer als Rasensaaten.

Einsatzgebiet: Vorwiegend im urbanen Bereich. Bau von Rasenmulden.

3 Die ingenieurbiologischen Bauweisen und Bautypen im Wasserbau

Bild 13
Einbau von Erosionsschutznetzen (Foto: H. Zeh, Worb, Schweiz)

Bild 14
Wegen unzureichender Sicherung wurden die Erosionsschutznetze vom Hochwasser abgetragen

3.1.6 Rasengittersteine

Baustoff: Rasengittersteine aus Beton ohne Bewehrung. Es sind verschiedene Formsteintypen im Handel. Anker oder Betoneisenstifte 1 Stück/m^2. Füllmaterial aus vegetationsfähigem Oberboden, Saatgut.

Bauausführung: Formsteine aus Beton werden ähnlich wie beim Hangrost auf der Oberfläche der Böschung verlegt und mit Bewehrungs-Stiften oder Ankern am Untergrund befestigt (ca. 1 Anker/m^2). Die Hohlräume der Rasengittersteine verfüllt man mit vegetationsfähigem Boden und begrünt abschließend die ganze Fläche mit einer der beschriebenen Saatmethoden.

Wirkung: Sehr gute und dauernde Deckwirkung. Je nach Formsteintyp unterschiedliche Aufwuchserfolge.

Vorteil: Sofortige Stabilisierung. Verwendung vorgefertigter, im Handel erhältlicher Formsteine.

Nachteil: Nur wenige der im Handel erhältlichen Rasengittersteine sind für die Böschungssicherung konzipiert und besitzen daher eine wünschenswerte Verfüllungsmöglichkeit bei geringer Beton-Sichtfläche. Hohe Kosten.

Einsatzgebiet: Zur Sicherung instabiler Hangabschnitte besonders am Böschungsfuß, wo Abstützung nach unten möglich ist, sowie zur Sicherung von Uferböschungen.

3.1.7 Spreitlage (Bilder 15 bis 17)

Baustoff: Ausschlagfähiges, möglichst geradwüchsiges Astwerk mit Seitentrieben überwiegend von Strauchweiden. Je nach Dichte der Seitentriebe werden 20 bis 50 Äste und/oder Ruten je Laufmeter gelegt, wenn die Astlänge gleich der Böschungslänge ist. Das Astwerk soll nicht kürzer als 1,50 m sein. Wenn diese Länge nicht ausreicht, werden mehrere Lagen gebaut, wobei die Überdeckung wenigstens 0,30 m betragen sollte. Bei Mangel an ausschlagfähigem Astwerk, können auch nicht ausschlagfähige Gehölzteile (Reisig) mit eingebaut werden. In diesem Falle ist auf die Mischung zu achten, damit ein möglichst gleichmäßiger Anwuchs gewährleistet wird.

Bauausführung: Auf die Böschungsfläche wird das Astwerk derart verlegt, daß eine möglichst dichte (80%) Bodenabdeckung erzielt wird. Die unteren, dicken Enden müssen in den Boden verlegt werden, damit sie anwurzeln, und nicht freigelegt werden können. Die Enden der gewässernächsten Lage werden zusätzlich mittels Steinen, Stangen, Faschinen oder Flechtzäunen im Boden befestigt. Die Spreitlage wird von oben nach unten gebaut, so daß die unteren Lagen jeweils ca. 0,30 m über die Enden der oberen Lage ragen (gegenläufiges Dachziegelprinzip). In Reihenabständen von 0,80 bis 1,0 m wird die Spreitlage mit Draht, Ruten, Faschinen oder Flechtzäunen befestigt. Das einfachste Verfahren ist jenes mit Drähten. Dazu werden in der Reihe im Abstand von 0,75 m gekerbte dünne Pfähle oder mit Haken versehene Stahlstifte gesetzt, mit Draht verbunden und anschließend nachgeschlagen, damit die Spreitlage satt an den

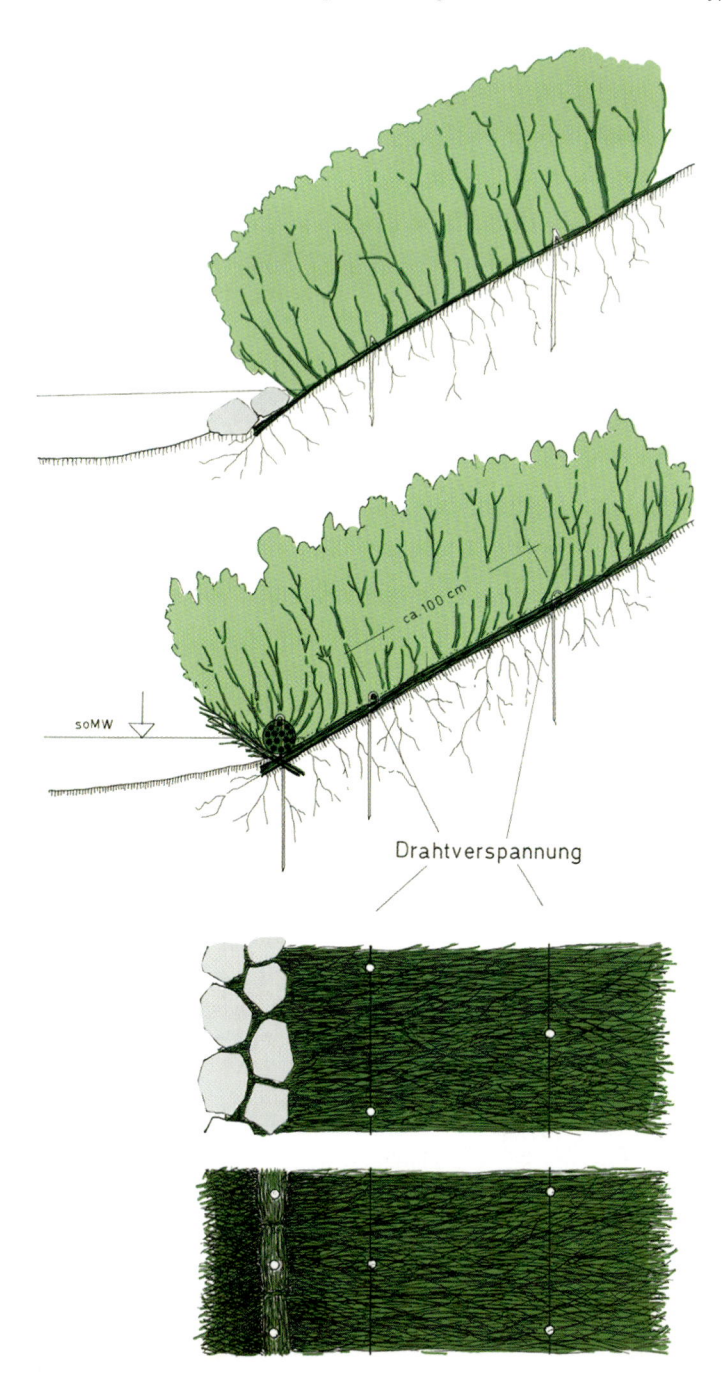

52   3 Die ingenieurbiologischen Bauweisen und Bautypen im Wasserbau

Bild 15
Spreitlagenbau (Schema ohne Maßstab); Sicherung der Rutenlagen
mit Bruchsteinen oder lebenden Faschinen (unten)

3.1 Deckbauweisen

Bild 16
Spreitlage auf einer Uferböschung eines Wildbaches nach Bauabschluß (Foto: F. Florineth, Wien)

Bild 17
Spreitlage aus Bild 16 im zweiten Entwicklungsjahr

Boden gedrückt wird. Um noch nicht angewachsene Spreitlagen vor Zerstörung durch Hochwasser zu schützen, werden sie an besonders gefährdeten Stellen durch Netze oder Gitter gesichert. Um das Anwachsen der Spreitlage zu sichern, muß sie gut am Boden (Feinplanie) anliegen und leicht mit vegetationsfähigem Boden beschüttet werden. Dabei soll das Astwerk im Schüttboden eingebettet, aber nicht vollständig überdeckt sein. Spreitlagen können auch aus abzweigungsfreien Ästen und Ruten vorgefertigt, daraus mit Drähten verbundene Matten hergestellt, an die Baustelle transportiert und dort eingebaut werden [23].

Bauzeit: Nur während der Vegetationsruhe.

Wirkung: Sofort nach dem Einbau wird die Böschungsfläche wirksam abgedeckt und gegen Abtrag geschützt. Es erfolgen rascher und dichter Austrieb sowie eine dichte Bewurzelung.

Vorteil: Hohe Resistenz gegenüber Fließwassererosion.

Nachteil: Großer Mengenbedarf an lebendem Baustoff. Arbeitsintensive Bautype.

Kosten: Je nach Böschungsgestaltung und Aufwand für die Beschaffung des Baustoffes, 1 bis 5 Arbeitsstunden/m².

Einsatzgebiet: Zum raschen und nachhaltig wirksamen Schutz erosiv stark gefährdeter Uferböschungen.

Von der Bauausführung her stellt die Spreitlage eine Deckbauweise dar, während sie dem Baustoff nach den Stabilbauweisen zugeordnet werden könnte. Sie bildet derart das Bindeglied zwischen Deck- und Stabilbauweisen.

3.2   Stabilbauweisen

Stabilbauweisen sind dort einzusetzen, wo schädliche mechanische Kräfte im Boden konzentriert auftreten können, so daß eine tiefgründige Befestigung des Bodens notwendig ist. Die Sofortwirkung der beschriebenen Bauweisen hängt von der Einbautiefe und den Werksabständen ab. Bereits mit der Bildung von Wurzeln steigt die Wirksamkeit erheblich an und erhöht sich stetig mit zunehmendem Alter je nach Aufwuchs der einzelnen Stabilbauweise. Stabilbauweisen sind immer linerare oder punktförmige Systeme, weshalb sie in der Regel durch flächenwirksame Deckbauweisen ergänzt werden müssen.

Das Haupteinsatzgebiet für Stabilbauweisen ist der Erdbau, weshalb die ausführliche Behandlung im „Handbuch für naturnahen Erdbau" [38] erfolgte. Stabilbauweisen werden im Wasserbau daher vorrangig dort vorgesehen, wo es gilt, die Einhänge zum Gewässer hin zu konsolidieren, um z. B. Hangbewegungen zu verringern oder Geschiebelieferanten (Blaiken) auszuschalten. Für die unmittelbare, tiefgreifende Sicherung von Uferrändern und deren Böschungen finden die klassischen Stabilbauweisen, wie der Lagenbau (siehe Abschnitt 3.2.3), bisher eher zögernd Eingang.

3.2 Stabilbauweisen

Tabelle 6 Stabilbauweisen

Baumethoden	Anwendung	Eignung ökol.	Eignung techn.	Vorteile	Nachteile	Zeitraum der Begrünung	Baukosten
Steckhölzer	Sicherung und Stabilisierung von Erdböschungen, Pflaster, Trockenmauern, Blockschlichtungen	2–1	2	+ rasche, einfache Herstellung + nachträglicher Einbau möglich	– keine	Vegetationsruhe	sehr niedrig
Flechtzaun	Sofortmaßnahmen zur Sicherung bzw. Rückhaltung von Oberboden	2	3	+ Sofortwirkung	– hoher Materialverbrauch – geringe Tiefenwirkung – geringer Bewurzelungserfolg – empfindlich gegen Geschiebetrieb	Vegetationsruhe	mittel bis hoch
Lagenbau Buschlage	Sicherung und Festigung von Gewässereinhängen, Blaiken und Uferböschungen	2	1	+ einfache, maschinelle Herstellung + gute Tiefenwirkung + Verwendung aller Astformen	– keine	Vegetationsruhe	niedrig
Heckenbuschlage	Sicherung und Festigung von Gewässereinhängen, Blaiken und Uferböschungen	1	1	+ Anlage von Erst- und Schlußvegetation in einem Arbeitsgang + bessere Tiefenwirkung	– keine	Vegetationsruhe	niedrig
Heckenlage	Sicherung und Festigung von Gewässereinhängen, Blaiken und Uferböschungen	1	2	+ sofortige Pflanzung der Schlußvegetation + Sofortwirkung	– Voraussetzung nährstoffreicher Boden – hoher Bedarf an bewurzelten Pflanzen	Vegetationszeit	niedrig

Eignung: 1 = sehr gut geeignet, 2 = gut geeignet, 3 = bedingt geeignet

Dies, obwohl im Wasserbau die Bauzeit aus der Vegetationsruhe weit in die Vegetationszeit hineingetragen werden könnte, weil eine entsprechende Lagerung der ausschlagfähigen, lebenden Baustoffe in fließendem Wasser problemlos möglich wäre. Außerdem besteht für dauernd feuchte oder wasserbenetzte Standorte die Ausnahme, auch in der Vegetationsperiode ausschlagfähige Gehölze zu gewinnen und ohne Zwischenlagerung sofort einzubauen (siehe auch Abschnitte 2.3.3 und 2.5.1).

3.2.1   Steckhölzer (Bilder 18 bis 20)

Baustoff: Steckhölzer, also unverzweigte, gesunde, ein- oder mehrjährige Triebe der geeigneten Pflanzenarten (siehe Tabelle B, Kapitel 7) mit 1 bis 5 cm Durchmesser und 25 bis 60 cm Länge.

Bauausführung: Die unten abgeschrägten Stecklinge werden von Hand, mit dem Fäustel oder maschinell mittels Kompressorhammer mit Vorsatzrohr, normal zur Böschungsoberfläche bis schräg in den Boden geschlagen. In schweren Böden werden die Löcher vorgeschlagen oder vorgebohrt. Das Steckholz darf nur wenig bis maximal zu einem Viertel seiner Länge aus dem Boden ragen, weil sonst Austrocknungsgefahr bestünde. Die Hölzer sollen nicht in Reihen, sondern unregelmäßig in die geeignetsten Stellen versetzt werden. Menge 2 bis 5 Stück/m^2. Das untere, dickere Ende gehört in den Boden!

Bauzeit: Vegetationsruhe, bei Lagerung im Wasser bis in die frühe Vegetationszeit.

Wirkung: Bodenstabilisierung setzt erst nach der Wurzelbildung ein.

Vorteil: Rascher Baufortschritt.

Kosten: Sehr billig, 2 bis 5 m^2/Stunde inklusive aller Vor- und Nebenarbeiten.

Einsatzgebiet: Vielfältig, in sämtlichen Zweigen der Ingenieurbiologie.

3.2.2   Flechtzaun und Flechtwerke (Bilder 21 und 22)

Baustoff: Möglichst lange, biegsame, flechtbare Ruten von ausschlagfähigen Gehölzen.

Bauausführung: Holzpflöcke von 3 bis 10 cm Durchmesser und 100 cm Länge oder entsprechende Stahlstäbe werden in Abständen von 100 cm in den Boden geschlagen. Zwischen diesen Pflöcken und Stäben sind im Abstand von ca. 50 cm kürzere Pflöcke oder Stäbe oder lebende Steckhölzer einzuschlagen. Die Pflöcke werden dann mit biegsamen, kräftigen Ruten ausschlagfähiger Holzarten umflochten. Jedes Rutenpaar ist nach dem Flechten niederzudrücken. Es sind 3 bis 7 Ruten übereinander anzubringen. Anstelle der Ruten können auch vorgefertigte Rutengeflechte an den Pfählen befestigt werden. Die Pfähle sollen nicht mehr als 5 cm über das Geflecht vorstehen und müssen mindestens zwei Drittel ihrer Länge fest im Boden stecken. Zumindest die unterste Rute und die Schnittflächen aller übrigen Ruten müssen in den Boden eingebettet sein, damit sie anwurzeln können. Ganz in den Boden versenkte Flechtzäune wachsen besser an als über die Bodenoberfläche herausragende. Die über dem Boden liegenden Ruten trocknen

3.2 Stabilbauweisen

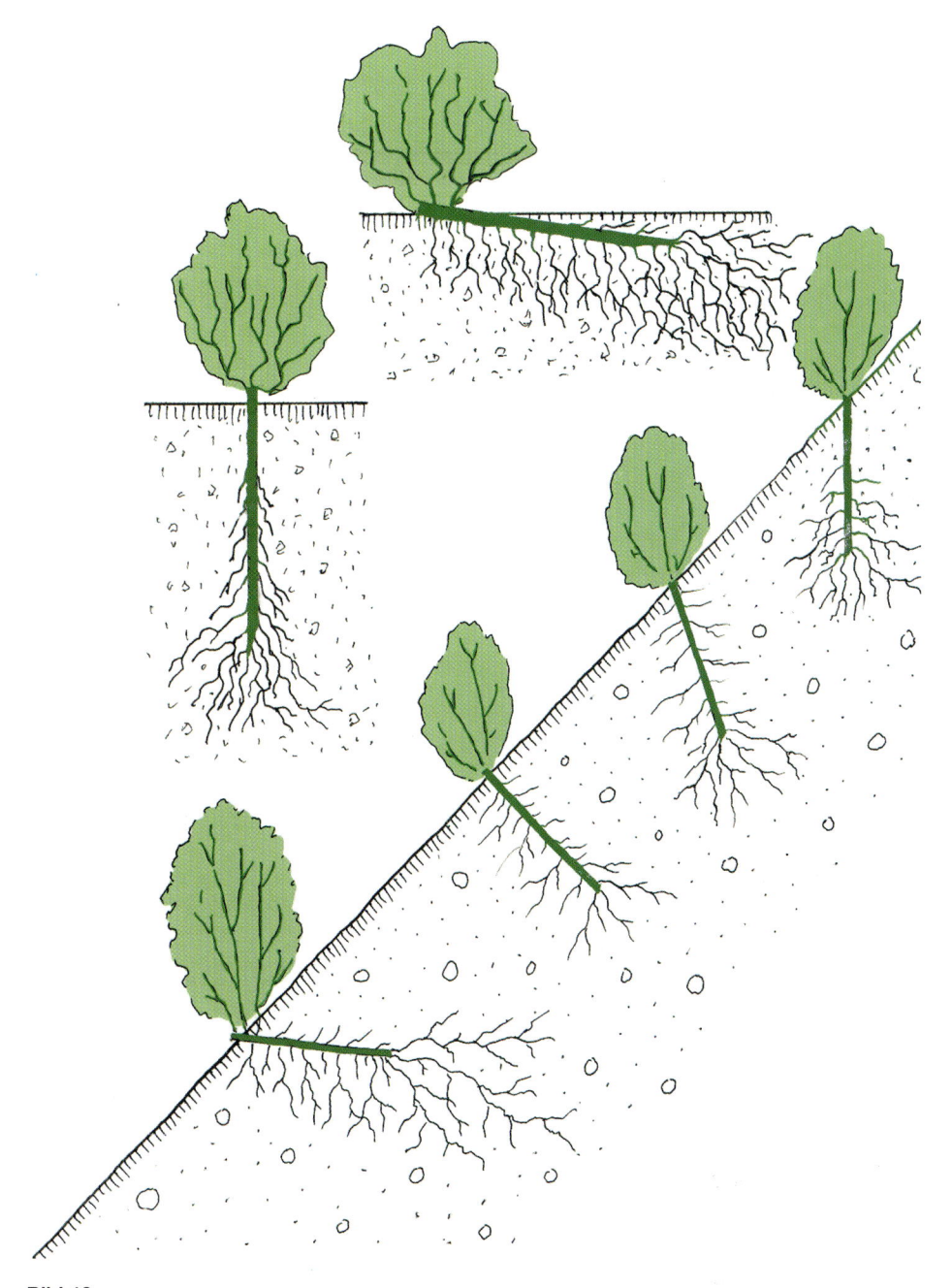

Bild 18
Einbringen von Steckhölzern in verschiedenen Winkeln zur Böschungsfläche

Bild 19
Begleitdamm und Umgehungsgerinne (Längsdränage) eines Flußkraftwerkes; Steinsätze im Umgehungsgerinne mit eingebauten Steckhölzern; Luftseite des Dammes mit Strauchpflanzung und Steckholzbesatz; Ende des ersten Vegetationsjahres

Bild 20
Vergleich zu Bild 19: Entwicklung der Anlage nach 5 Jahren

3.2 Stabilbauweisen 59

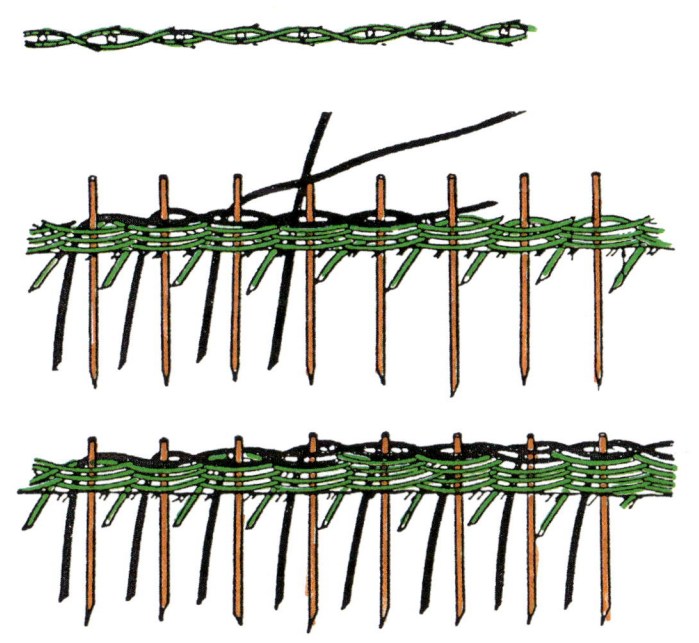

Bild 21
Bau eines lebenden Flechtzaunes

Bild 22
Flechtwerk aus Weidenruten beim Bau einer Dreiecksbuhne (Foto: H. Zeh, Worb, Schweiz)

aus und sterben ab. Die Anordnung der Flechtzäune am Hang kann in durchgehenden Reihen erfolgen oder als Diagonalflechtzaun in Rautenform.

Bauzeit: Nur in der Vegetationsruhe gebaute Flechtzäune wurzeln an.

Vorteil: Möglichkeit des sofortigen Bodenrückhaltes am Hang und Möglichkeit schmale Hangtreppen und Uferbegrenzungen zu bilden.

Nachteil: Hoher Verbrauch an biologischem Baustoff bei relativ geringem Bewurzelungseffekt, weil die Ruten vielfach ungenügend anwachsen. Nur lange, gut flechtbare Ruten sind geeignet, so daß viele wertvolle, standortgemäße Weidenarten, besonders in den Alpen, nicht brauchbar sind.

Kosten: 0,8 bis 1,5 Arbeitsstunden/Laufmeter. Kosten- und arbeitsintensive Bautype.

Einsatzgebiet: Flechtzäune sollten nur versenkt gebaut werden. Ihre Bedeutung werden sie nie ganz verlieren, und zwar besonders als Sofortmaßnahmen zum Mutterbodenrückhalt bei kleineren Rutschungen, wobei allerdings der Mutterboden nicht stärker als 10 cm hoch angedeckt werden sollte, sowie in Kombination mit anderen Bauweisen, z.B. bei Ufersicherungen und Entwässerungsmulden.

Neben dem Flechtzaun werden noch andere Flechtelemente, wie der einfache und verstärkte „Weidenzopf" im Uferverbau verwendet. Weitere, material- und arbeitsintensive Flechtwerke sind das einst an großen Flüssen in Deutschland gebräuchliche „Kammerflechtwerk" für Steilböschungen und der „lebende Pfahlrost" (auch „Fischerzaun" genannt), der bei den Verbauungen an der oberen Enns häufig eingesetzt wurde. Dieser lebende Pfahlrost ist eine sehr massive Bautype, die 0,5 m und mehr aus dem Boden ragt. Zur Sicherung gegen Auskolken wird das Flechtwerk auf eine Buschlage gestellt, die auf der Landseite des Pfahlrostes mit Steinen beschwert wird. Auf der Wasserseite müssen die Äste der Buschlage 0,5 bis 0,75 m über den Zaun hinausragen. Der Pfahlrost wirkt hydraulisch als Konzentrationsmittel, schützt das Hinterland vor Treibgut, ohne jedoch eine sanfte Durchströmung zu verhindern.

3.2.3 Lagenbau (Bilder 23 bis 25, Tabelle 6)

Innerhalb des Lagenbaus unterscheiden wir drei Bautypen:

- Heckenlage mit bewurzelten Pflanzen
- Buschlage mit ausschlagfähigem Astwerk
- Heckenbuschlage mit Pflanzen und Astwerk

Für den Hangverbau im allgemeinen und für den Verbau von Anschnittböschungen im besonderen gelten für alle drei Bautypen dieselben Kriterien bezüglich Konstruktion und Ausführung der vorbereitenden Erdbauarbeiten: In die Böschung werden Terrassen, Bermen oder Bankette mit einer Breite (Tiefe) von 0,5 bis 2,0 m gebaut, im Steilgelände werden Gräben 0,5 m tief eingeschlitzt. Mit dem Bau der Bermen wird am Böschungsfuß begonnen und fortschreitend mit dem Aushub der oberen Berme die untere, biologisch bereits bestückte, zugeschüttet. Das Planum der Bermen soll mit 10° hangeinwärts

3.2 Stabilbauweisen

geneigt sein. Der Lagenbau wird entweder horizontal in der Schichtenlinie ausgeführt, oder es erfolgt aus Gründen der Tag- und Sickerwasserabfuhr ein Abschwenken bis zu 60 Grad. Bei steilerem Winkel ist mit starker Arbeitserschwernis zu rechnen. Der Abstand der Bermen (Lagen) voneinander hängt von Hangneigung und Bodenklasse ab und beträgt im Regelfall 1,0 bis 3,0 m. Ein Reihenabstand von 1,0 m sollte wegen Nachbruchgefahr keinesfalls unterschritten werden. Die Erdarbeiten können in Handarbeit, mit (Schreit-)Baggern oder Kleinplanierraupen ausgeführt werden.

3.2.3.1 Heckenlage

Baustoff: Bewurzelte Pflanzen von verschüttungsresistenten Laubgehölzen mit Fähigkeit zu starker Adventivwurzelbildung (siehe Tabelle C, Kapitel 7). Bevorzugt verwendet werden kräftige, zwei- bis vierjährige Heister, bei raschwüchsigen Arten (Erlen) auch zweijährige Sämlinge. Wichtig ist das Verhältnis Sproß zu Wurzelkörper. Pflanzen mit massereichem Wurzelsystem bringen bessere Wuchsleistungen. Je nach Art sind 5 bis 20 Pflanzen/Laufmeter notwendig.

Bauausführung: Vorbereitung der Bermen von 0,5 bis 0,75 m Breite (Tiefe). Zur Bodenverbesserung kann auf das Bermenplanum eine dünne Schichte von humosem Oberboden, von Getreidestroh oder Kompost gestreut werden. Die bewurzelten Pflanzen werden dicht nebeneinander eingelegt, so daß sie mit einem Drittel ihrer Länge über die Böschungsfläche ragen.

Bauzeit: Frühjahr und Herbst mit wurzelnackten Pflanzen, während der Vegetationszeit mit Containerpflanzen.

Wirkung: Die Begründung einer Laubwaldgesellschaft ist ohne Vorkultur möglich. Es werden dazu die für die Schlußgesellschaft erwünschten Gehölze ausgewählt.

Vorteil: Sukzessionsbeschleunigung möglich.

Nachteil: Hoher Pflanzenbedarf. Nur auf günstigen Standorten einsetzbar.

Kosten: 1,0 bis 3,0 Arbeitsstunden/Laufmeter.

Einsatzgebiet: Heckenlagen können verwendet werden auf guten, nährstoffreichen Böden und auf Standorten, wo Weiden selten sind oder überhaupt nicht vorkommen oder nicht beschafft werden können.

3.2.3.2 Buschlage

Baustoff: Ausschließlich Äste oder Astteile (mit sämtlichen Abzweigungen) von ausschlagfähigen Gehölzen, vor allem Weiden (siehe Tabelle B, Kapitel 7). Menge: 20 Stück/Laufmeter.

Bauausführung: In die vorbereitete Berme oder Terrasse mit einer Breite (= Tiefe) von 0,5 bis 2,0 m wird das Astwerk nicht parallel zueinander, sondern überkreuz dicht verlegt. Dabei wird nicht nur eine Artenmischung durchgeführt, sondern auch innerhalb

Bild 23
Die drei Typen des Lagenbaues von oben nach unten: Heckenlage, Buschlage, Heckenbuschlage (ohne Maßstab)

3.2 Stabilbauweisen 63

Bild 24
Mit Geotextilbahnen kombinierter Buschlagenbau im Steilufer (Foto: R. Sotir, Marietta, Georgia, USA)

Bild 25
Buschlagenbau im Steilufer; Vergleich zu Bild 24 nach Fertigstellung der hanguntersten Lage
(Foto: R. Sotir, Marietta, Georgia, USA)

jener ein Wechsel von unterschiedlich starken und verschieden alten Ästen. Nach dem Einschütten sollen die Äste, unabhängig von der Länge, nicht mehr als 0,25 m herausragen.

Bauzeit: Vegetationsruhe bis frühe Vegetationsperiode bei Lagerungsmöglichkeit der Baustoffe in fließendem Wasser (vgl. Abschnitt 2.3.3).

Wirkung: Die Buschlage gehört zu jenen Stabilbauweisen, die bereits unmittelbar nach dem Einbau eine große, sicherheitstechnisch wichtige Tiefenwirkung bieten. Die Wahrscheinlichkeit, durch Hochwasser zerstört und abgetragen zu werden ist wegen der tiefen Einbindung und der Möglichkeit verschiedener Anstellwinkel der Lagen sehr gering.

Vorteil: Relativ einfache Durchführung der Arbeiten. Rascher Aufbau einer Boden-Wurzelmatrix. Auch herstellbar mit dem sparrigen Astwerk von niedrigen Strauchweiden der montanen und subalpinen Stufe (Gebirgswasserbau).

Kosten: 0,7 bis 2,0 Arbeitsstunden/Laufmeter.

Einsatzgebiet: Sicherung von Anbruchsgelände und bewegtem Boden, Ufersicherung, Sicherung von Einhängen zu Gewässern, Blaikenverbau im Rahmen der Wildbachverbauung und des Schutzwasserbaus.

3.2.3.3 Heckenbuschlage

Baustoff: Ausschlagfähiges Astwerk (siehe Buschlage) wird mit wurzelnackten Pflanzen (siehe Heckenlage) kombiniert verbaut. Mengen/Laufmeter: 10 Äste, 1 bis 5 Stück Pflanzen.

Bauausführung: In die vorbereiteten Flächen (Bermen) werden die Baustoffe alternierend eingelegt, so daß sowohl die Pflanzen als auch das Astwerk nach dem Zuschütten 0,20 bis 0,30 m über die Böschungsfläche herausragen.

Bauzeit: Während der Vegetationsruhe, frühe und späte Vegetationsperiode.

Wirkung: Durch die Mitverwendung bewurzelter Pflanzen wird eine Steuerung der Sukzession möglich (Beschleunigung, Verlangsamung oder Beeinflussung der Artenmischung). Durch die Artenmischung tritt auch eine raschere Standortverbesserung ein als bei Buschlagen [41].

Vorteil: In einem Arbeitsgang Einbau der Initial- und Folgevegetation.

Kosten: 0,8 bis 2,5 Arbeitsstunden/Laufmeter.

Einsatzgebiet: Gegenüber der Buschlage erweiterte Möglichkeiten für die Sicherung und Gestaltung von Gewässereinhängen und Uferböschungen. Der Bau von Heckenbuschlagen ist in all jenen Klimazonen möglich, wo Sträucher und Bäume wachsen können und von Natur aus vorkommen.

3.3 Kombinierte Bauweisen

Bauwerke zur Sohl- und Ufersicherung, zur Erosionsbekämpfung in Runsen und Gräben sowie zur Stützung labilen Geländes müssen keineswegs nur aus unbelebten Stoffen und Bauteilen errichtet werden, sondern können auch mit lebenden Baustoffen kombiniert sein.

Weil die kombinierten Bauweisen sowohl aus lebenden wie auch aus nicht lebenden Baustoffen errichtet werden, wirken sie sofort nach Fertigstellung. Mit dem Anwurzeln und Heranwachsen der mitverwendeten Pflanzen und Pflanzenteile steigt der Wirkungsgrad der Bauten mit zunehmenden Alter stetig. In der Regel werden die kombinierten Bauweisen zeitlich vor den ausschließlich aus lebenden Stoffen gebauten Stabil-, Deck- und Ergänzungsbauweisen errichtet.

3.3.1 Querwerke

In der Systematik der Querwerke schreiten wir so voran, daß der Anteil von unbelebten Baustoffen in den Bautypen steigt.

3.3.1.1 Profilüberspannende Querwerke

Der Einsatz von solchen Querwerken ist auf schmale Gerinne und Runsen mit geringer bis intermittierender Wasserführung beschränkt. Sie dienen der Konsolidierung oder/und zur Hebung der Sohle oder der Intensivierung der Geschiebeanlandung.

Runsen-(Runst-)Ausbuschung (Bilder 26 oben, 27 und 28)

Baustoffe: Lebendes, ausschlagfähiges Astwerk; Rundholz und Draht.

Bauausführung: Damit eine möglichst dicke und dichte Deckung entsteht und ein hoher Bewurzelungsgrad erreicht wird, werden die Runstbauten fischgrätartig, mit den Zweigspitzen nach außen hergestellt. Jede Zweiglage wird von den Rändern her derart mit Boden beschüttet, daß die unteren Astenden bedeckt sind. Die Beschüttung sollte nicht mächtiger als 0,5 m werden. Im Abstand von 2,0 m müssen Querbäume zur Fixierung der Astlage angeordnet werden. Solche Runstbauten vertragen periodische bis episodische Verschüttung bzw. einen Wechsel von Auf- und Abtrag gut.

Bauzeit: Nur während der Vegetationsruhe.

Wirkung: Die intensive Durchwurzelung sichert die Flanken und den Grund der Runsen.

Vorteil: Dauerwirkung wegen der Verwendung lebender Baustoffe.

Nachteil: Großer Bedarf an lebenden Ästen.

Kosten: Relativ billige Bautype unter der Voraussetzung, daß die Äste nahe der Baustelle gewonnen werden können.

Tabelle 7 Kombinierte Bauweisen

Baumethoden	Anwendung	Eignung ökol.	Eignung techn.	Vorteile	Nachteile	Bauzeit	Baukosten
Runsenausbuschung	Sanierung von Erosionsrunsen und Gräben	2	2	+ Dauerwirkung	– großer Mengenbedarf an lebenden Ästen	Vegetationsruhe	mittel
Palisaden	Sanierung tiefer, schmaler Runsen	2	2	+ rasch zu bauen + Sofortwirkung	– beschränkte Spannweiten und Höhen – nur für tiefe Lagen mit feinkörnigem Material	Vegetationsruhe	mittel
Lebende Sohlschwellen Buschschwelle	Querwerk für schmale Gerinne	2	3	+ einfache Herstellung + elastisch, teilbeweglich + leicht reparierbar + Kombinationsmöglichkeiten	– wenig stabil	Vegetationsruhe	niedrig
Faschinenschwelle	Querwerk für schmale Gerinne	2	3	+ einfache Herstellung + Sofortwirkung + Kombinationsmöglichkeiten + stabil wie Buschschwelle	– wenig stabil	Vegetationsruhe	mittel bis hoch

3.3 Kombinierte Bauweisen

				+	−		
Flechtzaunschwelle	Querwerk für schmale Gerinne	3	3	+ Sofortwirkung + Kombinationsmöglichkeiten	− viel Baustoff − geringe Tiefenwirkung − geringe Bewurzelung − empfindlich gegen Geschiebebetrieb − arbeitsintensiv	Vegetationsruhe	mittel
Drahtschotterschwelle	Wildbäche und -flüsse bis 10 m Sohlbreite	3	2	+ einfache Herstellung + Sofortwirkung + ortsständige Baustoffe + wasserdurchlässig	− arbeitsintensive Herstellung − nachträgliches Bestecken schwierig	Vegetationsruhe	mittel
Geotextilschwelle	bis 5 m breite Bäche der Niederungen	2	2	+ einfache Herstellung + Sofortwirkung + elastisch + gute Geländeanpassung	− wenig Erfahrung über Haltbarkeit	Vegetationsruhe	mittel bis hoch
Holzschwelle	Erosionsrunsen und schmale, steile Gerinne	2	1	+ Baustoffe vor Ort + einfache Herstellung + rasche Sicherung + elastisch	− keine	Vegetationsruhe für die lebenden Baustoffe	mittel

Tabelle 7 (Fortsetzung)

Lebende Sperren Krainerwand	Sohlkonsolidierung und Auflandung in der Wildbachverbauung	1	1–2	+ Baustoffe vor Ort + rasche Sicherung + elastisch + wasserdurchlässig	– nachträgliches Bestecken unmöglich	Vegetationsruhe	niedrig bis mittel
Drahtschottersperre	Sohlhebung und Sohlkonsolidierung in der Wildbachverbauung	2	2	+ Baustoffe vor Ort + Sofortwirkung + wasserdurchlässig	– nachträgliches Bestecken schwierig bis unmöglich – vorwiegend in den Kalkalpen	Vegetationsruhe	mittel
Blocksperre	Geschieberückhalt und Sohlkonsolidierung	2	1	+ Baustoffe vor Ort + unkomplizierter Bau + Sofortwirkung + sehr stabil	– Bau mit ausschlagfähigen Baustoffen nur in der Vegetationsruhe	Vegetationsruhe	mittel
ufernahe Querwerke Buhnen	ufernahe, strömungsablenkende Querwerke zur Uferstrukturierung	1	1	+ veränderbare, gewässerökologisch und hydraulisch günstige Bauwerke	– grosser Platzbedarf	vorwiegend Vegetationsruhe	mittel
lebende Bürsten	ufernahe Verlandung	1	3	+ einfache und rasche Herstellung + Kombinationsmöglichkeiten	– wenig stabil – nur im Flachwasserbereich einsetzbar	Vegetationsruhe bis frühe Vegetationszeit	sehr niedrig

3.3 Kombinierte Bauweisen

					Vegetationsruhe	
Buschbautraverse	Buhnenbauwerk, stark biologisch unterstützt, auch zur Sanierung von Uferanbrüchen	1	+ einfache Bauweise + rasche Wirkung + hohe Wirtschaftlichkeit + erweiterungsfähig + einfache Instandhaltung + Kombinationsmöglichkeiten	– für Gewässer mit schwerem Geschiebe untauglich	2	niedrig bis mittel
Gitterbuschbauwerk	Gestaltung neuer Uferlinien, Sanierung von Ufergroßabbrüchen	1	+ sofort wirksames und stabiles Bauwerk + Kombinationsmöglichkeiten + gute Ufergestaltung möglich	– sehr arbeitsintensiv – sehr hoher Baustoffverbrauch	1	Vegetationsruhe bis frühe Vegetationszeit	mittel
Rhizom-Boden-gemisch	ruhige und stehende Gewässer, Flachufer an Seen	1–2	+ technisch einfache Herstellung + ökonomisches Verfahren	– nur kurze Zeit ausführbar	2–3	Winterruhe	niedrig
Schilf-Halm-pflanzung	ruhige und stehende Gewässer, Flachufer an Seen	1–2	+ technisch einfache Herstellung + ökonomisches Verfahren	– nur kurze Zeit ausführbar	2–3	Mai/Juni	niedrig
Schwimmhalm-pflanzung	ruhige und stehende Gewässer, Flachufer an Seen	1–2	+ technisch einfache Herstellung + ökonomisches Verfahren	– nur kurze Zeit ausführbar	2–3	Hochsommer	niedrig

Tabelle 7 (Fortsetzung)

Schilf-Spreitlage	ruhige und stehende Gewässer, Flachufer an Seen	1–2	2–3	+ technisch einfache Herstellung + ökonomisches Verfahren	– nur kurze Zeit ausführbar	Mai/Juni	niedrig
Röhricht-Ballenbesatz	Ufersicherung an ruhigen bis lebendigen Fließgewässern und an Seen	1	2	+ unkomplizierte Baustoffgewinnung + einfacher Bau	– kurze, mögliche Bauzeit – Wirkung erst nach 2–3 Vegetationsperioden	Vegetationsruhe bis frühe Vegetationszeit, Mitte bis Ende April	niedrig bis mittel
Röhrichtwalze	Ufersicherung an Bächen und Flüssen der Niederungen, landwirtschaftlicher Vorfluter	1	1–2	+ Sofortwirkung + Aufwuchs eines dichten Ufersaums	– begrenzte Bauzeit – arbeitsintensiv – viel Baustoff	Vegetationsruhe Vorfrühling	mittel bis hoch
Steckhölzer und Steinpflaster	Unterstützung von massiven Uferdeckwerken	1	1	+ einfache Bauweise + Schaffung eines breiten Gehölzsaumes	– der Effekt des Buschwerkes wird erst nach 2–3 Vegetationsperioden spürbar	Vegetationsruhe	mittel
Astbettungen	Ufersicherung an lebendigen Fließgewässern und an Stillgewässern	1	1	+ Baustoffe vor Ort + verträgt Geschiebebetrieb + verträgt Eistrift	– Einbau von Ästen nach Fertigstellung des Steinwurfes nicht möglich	Vegetationsruhe bis frühe Vegetationszeit	mittel bis hoch

3.3 Kombinierte Bauweisen

lebende Faschine	Uferschutz an ruhigen bis lebendigen Fließgewässern und an Stillgewässern	1–2	2	+ einfache Herstellung + Kombinationsmöglichkeiten + Sofortwirkung	– Bau nur in der Vegetationsruhe möglich	Vegetationsruhe	niedrig bis mittel
Astpackung	Sanierung von Uferanbrüchen und Kolken, Sohlkonsolidierung	1	1	+ stabiles Bauwerk + Sofortwirkung + einfache Herstellung + ortsständige Baustoffe	– arbeitsintensiv – großer Bedarf an lebenden Baustoffen	Vegetationsruhe	mittel bis hoch
lebende Leitwerke Buschbauleitwerk	Uferliniensicherung	1	2	+ Herstellung einfach und rasch + Reparaturen problemlos + Kombinationsmöglichkeiten	– eingeschränkte Bauzeit	Vegetationsruhe bis frühe Vegetationszeit	mittel bis niedrig
Astlagen	Sanierung von Steilufern in Feinsedimenten	2	2	+ Herstellung einfach + ortsständige Baustoffe	– hoher Bedarf an lebenden und toten Biobaustoffen	Vegetationsruhe bis das gesamte Jahr bei Soforteinbau	mittel bis niedrig

Tabelle 7 (Fortsetzung)

Raumgitterelemente Krainerwand	Ufersicherung in Wildbächen und -flüssen	1	1	+ Herstellung einfach + Baustoffe vor Ort (in Waldgebieten) + geländeanpassbar + elastisch + Sofortwirkung + hangwasserdurchlässig + Einwachsen der Ufer	– eingeschränkte Bauzeit, weil nachträgliches Bestecken nicht günstig ist	Vegetationsruhe	mittel
Ufer-Hangrost	Sicherung von steilen und hohen Uferböschungen	1	2	+ Sofortwirkung + flächenhafte Wirkung + unsichtbar + Kombinationsmöglichkeiten + Einwachsen der Böschungen	– keine	Astwerk und Steckhölzer Vegetationsruhe, Berasung und Pflanzung in der Vegetationszeit	mittel
Drahtschotterkörper	Ufersicherung von Wildflüssen und -bächen	2	1	+ Baustoffe vor Ort + Sofortwirkung + geländeanpassbar + hangwasserdurchlässig	– Vegetation behält Pioniercharakter – Nachträgliches Bestecken schwierig bis unmöglich – Bauzeit eingeschränkt	Vegetationsruhe	mittel

3.3 Kombinierte Bauweisen

Geotextilraumkörper	Ufersicherung an ruhigen bis lebhaften Fließgewässern und an Stillgewässern	1	1–2	+ einfache Herstellung + geländeanpassbar + elastisch + Sofortwirkung + Einwachsen der Ufer	− wenig Langzeiterfahrung über die Haltbarkeit der Geotextilien	Astwerk und Steckhölzer Vegetationsruhe, Berasung und Pflanzung in der Vegetationszeit ganzjährig	mittel bis hoch
Elastische Uferverbauung	Ufersicherung an lebhaften bis stürmischen Flüssen und (Wild-)Bächen	2	1	+ sehr elastisch + Sofortwirkung	− Herstellung arbeitsintensiv		mittel

Eignung: 1 = sehr gut geeignet, 2 = gut geeignet, 3 = bedingt geeignet

74 3 Die ingenieurbiologischen Bauweisen und Bautypen im Wasserbau

Bild 26
Bautypen für Runsenverbauungen
Oben: Runsenausbuschung mit lebenden, ausschlagfähigen Ästen
Unten: Runsenausgrassung mit nicht (mehr) ausschlagfähigem Astwerk, auch von Nadelhölzern

3.3 Kombinierte Bauweisen

Bild 27
Erosionsrunse in feinkörnigem Lockersediment mit günstiger Form für eine Ausbuschung oder Ausgrassung

Bild 28
Fertiggestellte Ausgrassung und damit Erosionsberuhigung

Einsatzgebiet: Sanierung von bis zu 3,0 m tiefen Runsen ohne oder mit intermittierender Wasserführung. Gutes Konsolidierungsbauwerk zur Bekämpfung der schleichenden Erosion.

Palisaden (Bilder 29 und 30)

Baustoffe: Ausschlagfähige, möglichst gerade, durchmesserstarke Äste, Weidenruten, Rundholz und Stahldraht.

Bauausführung: Lebende, unten zugespitzte, oben gerade abgeschnittene, möglichst gleichmäßig gewachsene Pfähle schlägt man dicht nebeneinander etwa ein Drittel ihrer Länge in den Boden und befestigt sie mit geglühtem Stahldraht oder Weidenruten an einem gut in die seitlichen Runsenwände eingebundenen Querbaum.

Bauzeit: Nur während der Vegetationsruhe.

Wirkung: Die Palisade wirkt sofort nach dem Einbau – also noch vor dem Anwachsen – als Sperre sohlenfixierend und auflandend. Diese Wirkung erhöht sich nach dem Anwachsen. Hinzu kommt die pumpende Wirkung durch den Wasserverbauch der Gehölze.

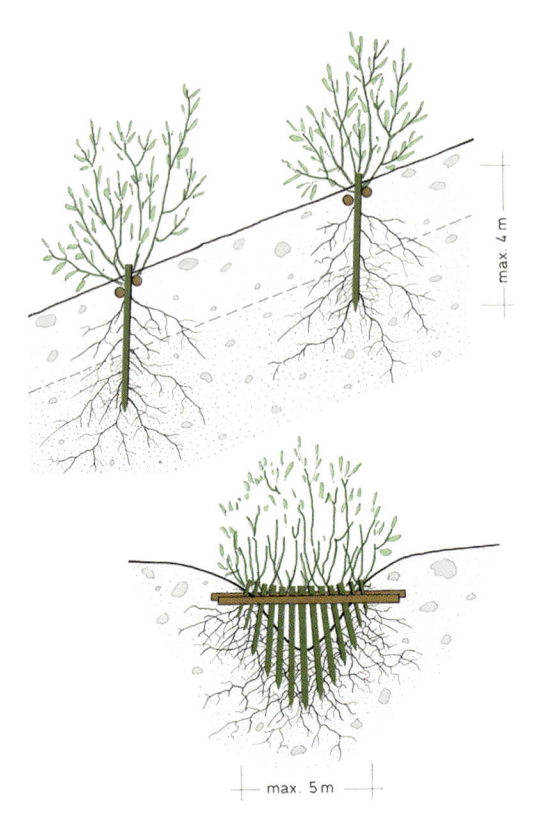

Bild 29
Bau von lebenden Palisaden aus Weidenpfählen (Schema ohne Maßstab)

Bild 30
Verbauung eines schmalen Gerinnes mit Palisaden

Vorteil: Rasch zu bauen, sofort wirksam, sehr gut verwachsend. Einfache und wirkungsvolle Möglichkeit, tiefe und steile V-Runsen mit lebenden Elementen abzutreppen.

Nachteil: Nur beschränkte Spannweiten von ca. 5,0 m und Werkshöhen von ca. 2 bis 4 m möglich. Der erforderliche Baustoff, gerade gewachsene, mehrere Meter lange, kräftige Stangen, ermöglicht nur in günstigen Wuchsgebieten den Einsatz der Palisadenwand.

Kosten: Relativ billig bei Baustoffgewinnung vor Ort.

Einsatzgebiet: Zur Abtreppung tiefer und steiler V-Runsen in tieferen Lagen und wüchsigen Gebieten, z.B. Auen. Besonders geeignet zur Sanierung von Erosionsrunsen in weichen und/oder feinkörnigen Böden (Ton, Lehm, Löß, Sand).

Lebende Sohlschwellen

Lebende Sohlschwellen werden je nach den örtlichen Verhältnissen und dem Ziel der Verbauung, wie Sohlensicherung, Sohlhebung, Anlandung und Geschieberückhalt, ausgeführt. Je steiler die Runsen, bzw. das Gerinne sind, desto enger müssen die Werksabstände gewählt werden. Es kann bis zu einer geschlossenen Abtreppung kommen.

3.3 Kombinierte Bauweisen

Buschschwelle (Bilder 31 und 32)

Die Buschschwelle ist die einfachste der lebenden Querwerke.

Baustoff: Kräftige, 1,50 bis 2,0 m lange, ausschlagfähige Weidenäste; alternativ Bruchsteine, Drahtschotter- oder Geotextilwalze, Rundholz, Faschinenbündel; Pflöcke.

Bauausführung: Quer zur Gewässersohle hebt man einen Graben mit dreieckigem Querschnitt aus. Auf die flachere, talseitige Grabenböschung verlegt man eine dichte Buschlage aus Weidenästen, so daß etwa ein Drittel bis zur Hälfte der Astlänge im Boden liegt. Abschließend wird die Buschlage mit Steinen, Drahtschotter- oder Geotextilwalzen, Faschinen oder Rundhölzern beschwert und der Graben wieder mit dem Aushub verfüllt. Die ursprüngliche Sohlenhöhe muß dabei wieder erreicht werden und nur die elastischen Äste dürfen über die Sohle emporragen. Wo Bruchstein in unmittelbarer Nähe vorhanden ist, kann die Buschschwelle auch die Form einer lebenden Sohlrampe bzw. eines versenkten, mit Weidenästen bestückten Blockwurfes erhalten (Bild 33). Die Böschungen des Wasserlaufes sind an den Anschlußstellen der Buschschwelle mit einer durch Pflöcke und Drahtverspannung gesicherten dichten Lage aus Weidenästen und -zweigen besonders zu schützen. Buschschwelle und Astlage müssen lückenlos ineinander übergehen, um eine seitliche Umspülung und Zerstörung des Bauwerkes zu verhindern.

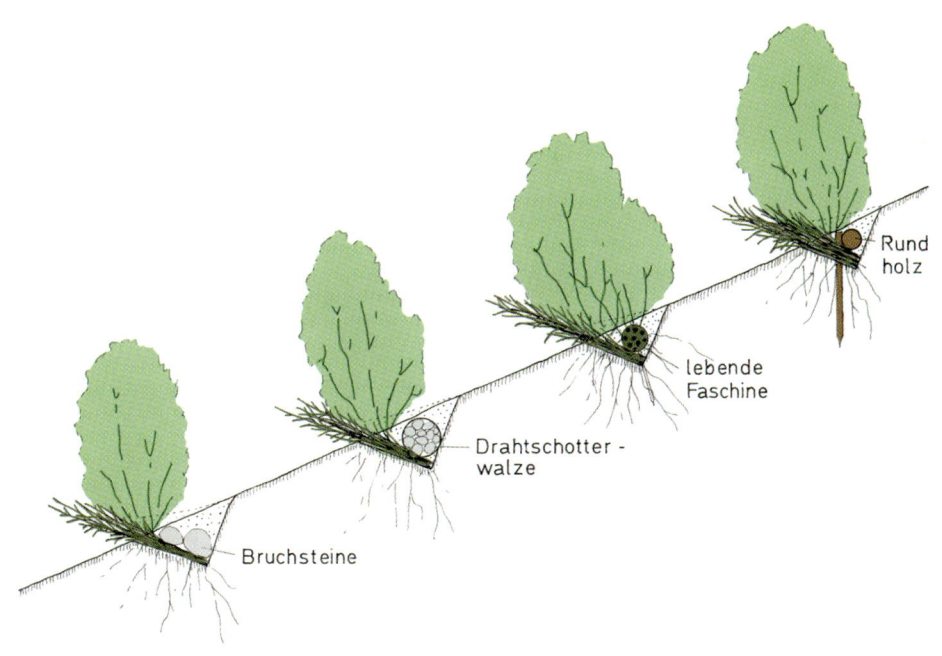

Bild 31
Verschiedene Typen von Buschschwellen (Schema ohne Maßstab)

78   3 Die ingenieurbiologischen Bauweisen und Bautypen im Wasserbau

Bild 32
Lebende Buschschwelle auf einer breiten Hochwasserberme

Bild 33
Lebende Blockschwelle (Schema ohne Maßstab)

3.3 Kombinierte Bauweisen

Bauzeit: In der Vegetationsruhe.

Wirkung: Die Schwellen begrenzen die Sohleintiefung. Der dichte Aufwuchs der Äste führt zur Geschiebeablagerung. Dadurch verlanden die Sohlschwellen rasch. Ein Teil des Astwerks liegt bei Wasserüberströmung am Boden auf, so daß eine Unterkolkung verhindert wird. Verlandete Sohlschwellen bilden neue Adventivtriebe und -wurzeln.

Vorteil: Einfache und rasche Herstellung.

Nachteil: Verwendung ist auf wenig oder nicht ständig wasserführende, schmale Gerinne mit geringem Gefälle eingeschränkt.

Kosten: Billige Bautype.

Einsatzgebiet: Buschschwellen stellen keine sehr stabilen Querbauten dar. Sie halten nur in geringem Maße Boden und kaum größere Steine zurück. Sie mindern aber recht gut Strömung und Schleppkraft des Wassers und fördern somit die Sedimentation von Feinmaterial. Buschschwellen sind daher besonders für die Verlandung von Hinter- und Nebenrinnen mit schwachem Gefälle, für die Verbauung von zeitweilig wasserführenden Gerinnen und in Wildbächen als Sekundärwerke zur endgültigen Sohlenhebung und -fixierung geeignet.

Faschinenschwelle (auf Buschlage) (Bild 34)

Baustoffe: Lebende Faschine mit 10 bis 15 cm Durchmesser, durchmesserstärkere Faschinen sind mit toten Ästen und Schotter zusätzlich gefüllt; ausschlagfähiges Astwerk für die Buschlage.

Bauausführung: Die einfache Faschinenschwelle besteht aus einer Faschine. Sie wird in einem, quer über die Sohle gezogenen, Graben bis zur Hälfte oder bis zu zwei Dritteln ihres Durchmessers versenkt. Ihre Wirkung kann durch eine Buschlage erhöht werden. Diese wird zunächst in einen Graben mit dreieckigem Querschnitt auf die vordere talseitige Böschung gelegt und mit dem Grabenaushub bedeckt. Anschließend wird die Buschlage durch die Faschine bedeckt und beschwert. Es handelt sich also um eine Kombination von Busch- und Faschinenschwelle.

Eine sofortige stärkere Abtreppung der Sohle kann durch doppelte Faschinenschwellen erreicht werden. Hierbei sind zwei Faschinen versetzt übereinander zu legen. Ihre Wirksamkeit kann ebenfalls durch eine zwischen den beiden Faschinen eingebaute Buschlage verstärkt werden. Darüber hinaus ist auch der Bau von Faschinenschwellen möglich, die aus drei und mehr Faschinen bestehen.

Die Faschinen sind in Abständen von etwa 50 cm mit mindestens 100 cm langen Metallstäben oder Holzpfählen auf der Sohle zu befestigen. Besondere Sorgfalt ist auf ihre seitliche Verankerung zu legen, um eine seitliche Umspülung und Auflösung des Bauwerkes zu verhindern. Zu diesem Zwecke werden an den Böschungen Einschnitte ausgeführt, in die die Faschinenenden gelegt und verpfählt werden. Nach Zufüllung der Einschnitte können die Verbindungsstellen durch Lagen lebender Weidenzweige, die

Bild 34
Lebende Faschinenschwellen (Schema ohne Maßstab)

neben der Faschine in die Sohle gesteckt werden und auf den Böschungen wie eine Spreitlage aufliegen, zusätzlich gesichert werden.

Bauzeit: Vegetationsruhe.

Wirkung: Stabiler als die Buschschwelle; durch Bau auf Buschlage kolksicher.

Vorteil: Herstellung einfach.

Nachteil: Wie die Buschschwelle nicht allzu stabil.

Kosten: Billig.

Einsatzgebiet: Faschinenschwellen sind gegenüber Geschiebetrieb und -einstoß empfindlich, sie festigen jedoch die Sohle und geben den Feinfraktionen gute Anlandungsmöglichkeiten. Besonders geeignet zum Bau von Schwellen in schmalen, höchstens 5,0 m breiten Gerinnen mit ruhigem Wasser. In der Wildbachverbauung als Sekundärwerke zur endgültigen Sohlhebung und -fixierung verwendbar.

3.3 Kombinierte Bauweisen

Flechtzaunschwelle (Bild 35)

Baustoffe: Ausschlagfähige, flechtbare Weidenruten; Pflöcke.

Bauausführung: Flechtzaunschwellen werden im allgemeinen als einfache oder doppelte Flechtzaunschwellen gebaut. Die Geflechte müssen bis etwa zur Hälfte ihrer Höhe in die Sohle versenkt werden, um eine Unterspülung zu vermeiden. Sie sind mit mindestens 100 cm langen Metallstäben bzw. mit lebenden oder toten Pfählen im Abstand von mindestens 50 cm zu verankern. Durch ein bergseits angebrachtes engmaschiges Drahtgeflecht können sie zusätzlich gegen Zerreißen und Schurf geschützt werden. Seitlich sollten die Flechtzäune etwas an den Böschungen hochgezogen und die Flechtzaunenden in die Böschungen eingelassen werden, um eine Umspülung und Zerstörung des Bauwerkes zu verhindern.

Diese Anschlußstellen können durch Zweiglagen (siehe „Faschinenschwellen") zusätzlich gesichert werden.

Flechtzaunschwellen können mit Buschschwellen und Faschinenschwellen kombiniert werden. Bei der Kombination mit Buschschwellen werden über den Buschlagen vor der Zufüllung des Grabens Flechtzäune hergestellt, so daß diese nach der Verfüllung teilweise im Boden eingesenkt sind. Eine Verstärkung der Flechtzaunschwellen kann auch dadurch erreicht werden, daß vor den Flechtzäunen, also talseitig, in die Sohle eine oder mehrere Faschinen eingebaut werden.

Einsatzgebiet: Flechtzaunschwellen können in schmalen, ruhigen Bächen oder landwirtschaftlichen Vorflutern ohne Risiko gebaut werden. Feinsedimente finden hinter ihnen eine gute Anlandungsmöglichkkeit und sichern derart die Sohle. In der Wildbachverbauung sind Flechtzaunschwellen eingeschränkt einsetzbar zur Verbauung von geröllarmen Seitenrunsen, keinesfalls dürfen sie in murstoßfähigen Gerinnen zur Verwendung kommen.

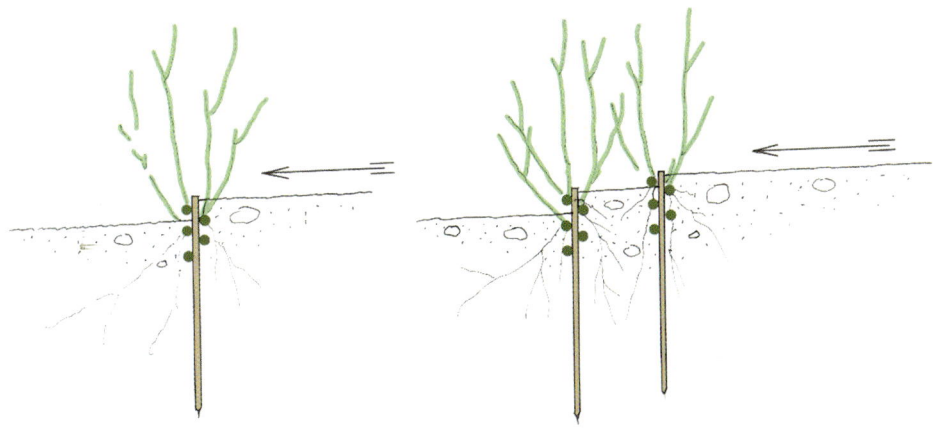

Bild 35
Lebende Flechtzaunschwellen (Schema ohne Maßstab)

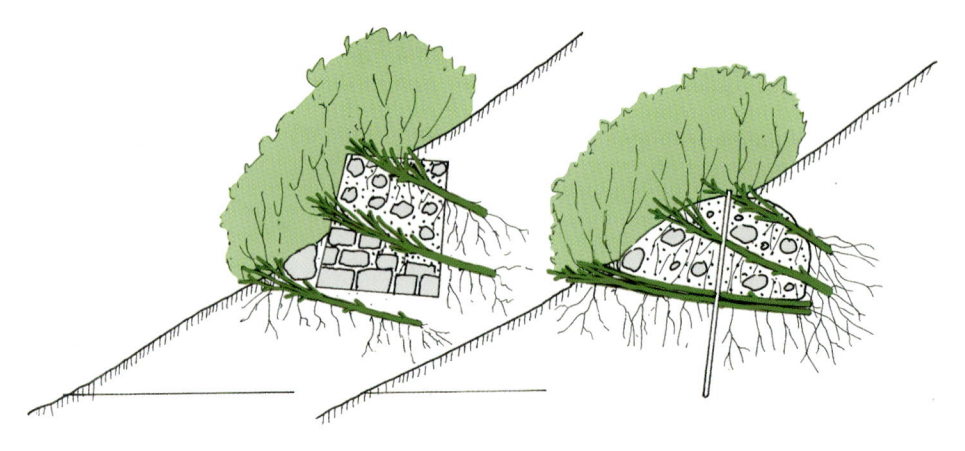

Bild 36
links lebende Drahtschotterschwelle, rechts Geotextilschwelle (Schema ohne Maßstab)

Drahtschotterschwelle (Bilder 36 links, 37 und 38)

Baustoffe: Drahtgitter mit einer Maschenweite von 50 mm, Grobschotter, Steine, Stückgut aus Schutthalden, Bindedraht, Pflöcke; ausschlagfähige Weidenäste.

Bauausführung: Engmaschige Drahtgitter legt man auf ebener Fläche am Einbauort aus, beschüttet sie mit vorhandenem grobem Schotter schichtweise, wobei gleichzeitig lebendes Astwerk und allenfalls bewurzelte Gehölzpflanzen eingelegt werden. Damit die Pflanzen richtig eingebettet werden können, muß man das Gitter immer wieder anheben und die Äste durch die Maschen stecken. Zum Schluß zieht man das Gitter zusammen und vernäht es mit geglühtem, starkem Draht, so daß ein walzenförmiger, dem Gelände angepaßter Körper entsteht. Die dicken Enden der Äste müssen tiefer liegen als die in Fließrichtung weisenden Spitzen. Außerdem müssen die Äste beiderseits aus dem Drahtschotterkörper ragen, auch bergseits, wo die Astbasis mit vegetationsfähigem Boden zu beschütten ist, damit das Anwachsen garantiert wird.

Im allgemeinen eignen sich sackartige Drahtschotterkörper beim Gewässerausbau besser, als streng prismatische. Um ein Auskolken am Fuß der Schwelle zu verhindern, können die Drahtschotterkörper mit Asteinlage auf eine Buschlage gebaut werden, wie auch die Krone der Schwelle durch eine Buschlage geschützt werden kann, vorausgesetzt die Schwelle wird hinterfüllt. Aus Stabilitätsgründen sind die Drahtschotterbehälter etwas in die Sohle und seitlich in die Böschung einzusenken. Bei Bedarf muß ein Fundament aus einem Rost von Rundhölzern oder dgl. gebaut werden. Seine Zwischenräume sollten ebenfalls mit Ästen in der Weise ausgefüllt werden, daß deren Spitzen talseitig den Boden am Fuß des Drahtschotterbehälters vor Erosion sichern.

Bauzeit: Nur während der Vegetationsruhe, weil der nachträgliche Einbau der lebenden Baustoffe schwer möglich ist.

Wirkung: Stabiler Riegel in steilen, wasser-, geröll- und geschiebeführenden Gerinnen.

3.3 Kombinierte Bauweisen

Bild 37
Fertigung einer Drahtschotterschwelle

Bild 38
Biologisch gestützte, sieben Jahre alte Drahtschotterschwelle

Vorteil: Relativ einfache Herstellung aus ortsständigen Baustoffen; biologisch gestütztes Bauwerk.

Nachteil: Arbeitsintensive Herstellung. Nachträgliche Begrünung schwierig.

Kosten: Wenig unter jenen für Hartbauten.

Einsatzgebiet: In Wildbächen und Wildflüssen mit Sohlbreiten von höchstens 10,0 m, als niederes, sperrenähnliches Anlandungsbauwerk zur Sohlstabilisierung und Gefällsminderung. Unempfindlich gegen Geschiebetrieb; Murstöße werden ertragen. Bevorzugt in kalkalpinen Gebieten.

Anmerkung: Das System der Verwendung von sogenannten Drahtschotterkörben stammt aus den italienischen Berggebieten und zwar von Lokalitäten, wo für den Baubetrieb keine mauerbaren Baumaterialen wie große Steine und Blöcke gewonnen werden konnten. Schutt und Schotter wurden daher in vernähte Drahtbahnen gefüllt. Die Originalbezeichnung lautet „il gabbione" (Mehrzahl: i gabbioni), im Englischen als „hard gabions" bezeichnet.

Geotextilschwelle (Bild 36 rechts)

Aus mit Kies gefüllten Geotextilkörpern ist der Bau von lebenden Sohlschwellen ebenfalls möglich. Solche Geotextilkörper besitzen gegenüber den Drahtschotterkörben den Vorteil, daß sie ohne Schwierigkeiten in allen möglichen Formen herstellbar sind und dadurch eine gute Geländeanpassung möglich wird. Die lebenden Baustoffe werden als ausschlagfähige Äste zwischen die Lagen aus wurstähnlichen Geotextilkörpern eingebaut oder, ungünstiger, als Steckhölzer durch das Geotextil eingestoßen. Die Wirkung und das Einsatzgebiet dieses sehr elastischen Baukörpers entsprechen denen der Drahtschotterschwelle.

Holzschwelle (Bild 39)

Baustoffe: Rundholz (Kantholz), Nägel, Kies und Steine; ausschlagfähige Äste und/oder Steckhölzer von Weiden.

Bauausführung: Nach dem Prinzip der einfachen Krainerwand werden niedere (1,0 bis 1,5 m) Querwerke, auf einen Rost fundiert, gebaut. Zwischen die Läufer (Querhölzer) werden die Äste (1 bis 5 Stück/lfm) jeweils im Verlauf des Füllvorganges zusammen mit dränfähigem Material eingelegt. Die Höhe der Schwelle richtet sich danach, wo die mit ca. 15° nach hinten (gerinneaufwärts) geneigten Äste in den gewachsenen oder geschütteten Boden einbinden (Bewurzelung!).

Bauzeit: In der Vegetationsruhe, wenn die Äste zugleich eingebaut werden, Holzkasten das ganze Jahr über und nachträglicher Einbau von Steckhölzern in der Vegetationsruhe.

Wirkung: Stabiles, elastisches, biologisch gestütztes Bauwerk. Lebensdauer des Holzes 25 bis 30 (40) Jahre.

3.3 Kombinierte Bauweisen

Bild 39
Lebende Holzschwelle
(Schema ohne Maßstab)

Bild 40
Leichter Holzschwellenverbau zur Ausschaltung von Runsenerosion

Vorteil: Baustoff vor Ort gewinnbar, rascher Bau. Die lebenden Baustoffe kompensieren die Alterung der Totbaustoffe und übernehmen später deren Funktion.

Kosten: Preisgünstig.

Einsatzgebiet: Abtreppung feingeschiebeführender Erosionsrunsen und schmaler, 3 bis 5 m, (Steil-) Gerinne. Die Stabilität der Holzschwelle wird erhöht, wenn sie als kastenförmige, doppelte Krainerwand gebaut werden kann.

Lebende Sperren

Krainerwand (Bilder 41 bis 45)

Unter einer Krainerwand verstehen wir ein doppelwandiges, kastenförmiges Stützelement (Raumgitterelement), das mit Holz oder vorgefertigten Bauteilen aus Beton gefügt und mit dränfähigem, verdichtbarem Boden verfüllt wird. Dieser rein technische Stützkörper wird durch das Einlegen von ausschlagfähigem Astwerk und/oder bewurzelten Laubholzpflanzen zu einem ingenieurbiologisch gestützten Bauwerk. Der Name leitet sich von der Talschaft Krain (Kranj) in Nordslowenien ab, wo solche Bautypen von altersher üblich waren.

Baustoffe: Rundholz (oder Kantholz) mit 15 bis 20 cm Durchmesser, Betonfertigteile, Nägel, Schrauben, Stahlbänder, kiesig-sandig-steiniges Füllgut; Äste mit Längen von 1,5 bis 2,0 m von ausschlagfähigen Gehölzen, vorzüglich Weiden.

Bauausführung: Es werden abwechselnd Rundhölzer („Querhölzer") quer zur Längsachse der Sohle und im rechten Winkel dazu Pfähle („Zangen") übereinander gelegt und miteinander verbunden. Diese Raumgitterelemente werden als doppelwandige Baukörper

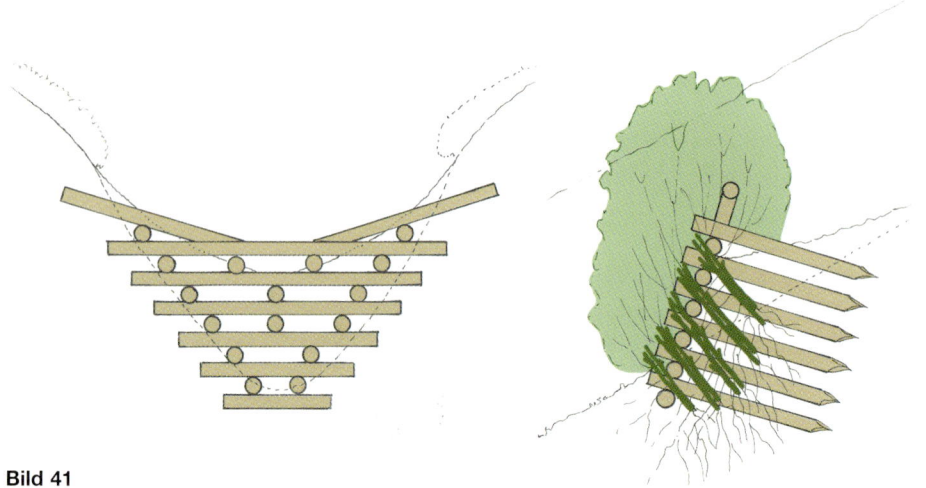

86   3 Die ingenieurbiologischen Bauweisen und Bautypen im Wasserbau

Bild 41
Lebende Holz-Krainerwand (Schema ohne Maßstab)

Bild 42
Mittelschwere Holz-Krainerwandelemente für den Verbau von aktiven Wildbachrunsen und -gerinnen

Bild 43
Schweres Holz-Krainerwandsystem (Steinkasten) als Wildbachsperre in dauernd wasser- und geschiebeführenden Gerinnen

3.3 Kombinierte Bauweisen

Bild 44
Detail eines lebenden Krainerwand-Systems nach einer Vegetationsperiode
(Foto: Centro Sperimentale Valanghe e Difesa Idrogeologica, Arabba, BL, Italien)

Bild 45
Gut eingewachsene, lebende Krainerwand-Holzsperren in einem erosionsprogressiven Sekundärgerinne; 5 Jahre alt

mit entsprechendem Anzug hergestellt. Wenn erforderlich, sind sie auf einen Schwerboden zu stellen. Fundierung und Flankeneinbindung entsprechen den Vorschriften des Wildbachsperrenbaus. Während des Baues wird der Krainerwandkasten mit dränfähigem, kiesig-steinigem Material verfüllt bzw. mit Steinen ausgeschlichtet (Steinkasten).

Zugleich wird dabei ausschlagfähiges Astwerk zwischen den Läufern eingelegt und die Sperre hinterfüllt, damit das Anwachsen des Astwerkes gesichert ist. Diese lebenden Bauteile dürfen nicht waagrecht zu liegen kommen, sondern müssen nach außen mit rund 10 Grad ansteigend gebaut werden. Die Äste und Pflanzen sollen etwa 0,25 m aus der Krainerwand ragen und bis in den gewachsenen Boden reichen.

Bauzeit: Vegetationsruhe. Sollte wegen des Bauzeitplanes die Errichtung der Krainerwand in die Vegetationszeit fallen, können die lebenden Baustoffe nachträglich, allerdings nicht mehr in idealer Weise, eingebracht werden. Statt Astwerk werden dann Steckhölzer verwendet, deren Einbau jedoch schwierig ist und deren Aufwuchs sowie die Durchwurzelung des Füllkörpers wesentlich geringer sind als beim Astwerk.

Wirkung: Ausschalten von Tiefen- und Seitenschurf, Sohlkonsolidierung. Geschiebetrieb und Murstöße werden verkraftet. Frischgeschlagenes und verbautes Rundholz beginnt nach 30 bis 40 Jahren zu morschen. Sperren aus imprägniertem Rundholz weisen eine Lebensdauer von 50 bis 60 Jahren auf. Mit Hilfe der biologischen Unterstützung wird es möglich, auch nach Schwächung des Holzkörpers zumindest in periodisch wasserführenden Steilgerinnen eine intakte Abtreppung zu erhalten. Es entwickeln sich so biologisch armierte, kleine Erddämme. Bei Betonbalkensperren besteht der Sinn der Asteinlage zusätzlich darin, durch das Aufwachsen des Buschwerkes ökologisch wertvolle Biotope in den Gerinnen zu entwickeln.

Vorteil: Bei Verwendung nicht imprägnierten Holzes ist der Baustoff vor Ort beschaffbar. Herstellung unkompliziert und relativ rasch möglich.

Kosten: Kostengünstiger als Hartbauten.

Lebende Sperren stellen Staffelungs-(Abtreppungs-)Bauwerke zur Gefälleverminderung (Sohlhebung und -konsolidierung) dar und sind als Geschiebestausperre nicht einsetzbar. Bauhöhen über 5,0 m sind möglich.

Unter Einsatz von erweiterten und modifizierten „Krainerwandsystemen" wurden etwa bis in die vierziger Jahre des vorigen Jahrhunderts stattliche Bauwerke für die Holztrift, die Klausen sowie Wehranlagen für den Wassereinzug zum Betrieb von Mühlen, Sägewerken und Turbinen errichtet.

Drahtschottersperre (Bild 46)

Die in den italienischen Kalk/Dolomit-Südalpen entwickelten gabbioni (Drahtschotterbehälter) wurden auch für den Bau von Weg- und Straßenquerungen durch Bäche und Torrente (zeitweilig trockenfallender Fluß) benutzt. Dabei wurden so viele prismatische gabbioni aneinandergereiht und übereinandergesetzt, wie es die örtliche Situation erforderte. Die Lagen wurden in der Längsachse gegeneinander versetzt, die gesamte

3.3 Kombinierte Bauweisen

Bild 46
Drahtschottersperre im Bau

Sperre erhielt einen entsprechenden Anzug. Diese Bauten wirkten wie profilüberspannende Querwerke. Daraus entwickelten sich die Drahtschotterkörper, auch Drahtskelettkörper genannt, als Sperrenbauwerke. Die Kantenlänge der Basisfläche der Prismenkörper beträgt in der Regel 1,0 bis 1,5 m, die Länge 3,0 bis 5,0 m. Die Gesamthöhe solcher Sperrenbauten soll 3,0 m nicht übersteigen. Für entsprechende Fundierung und Flankeneinbindung ist Sorge zu tragen.

Baustoffe: Verzinkter Maschendraht, Weite 50 mm, Bach- und Flußgeschiebe, Stückgut aus Schutthalden, Bindedraht; ausschlagfähige Weidenäste, Setzstangen, bewurzelte Heisterpflanzen.

Bauausführung: Wird nur ein Drahtskelettkörper gelegt, erfolgt der Einbau der Gehölze wie bei der Drahtschotterschwelle. Werden mehrere Skelettkörper übereinander gesetzt, werden die Gehölze zwischen den einzelnen Elementen eingelegt. Die Gehölze sollen an der Luftseite nicht mehr als 0,25 m herausragen und müssen mit ihren Enden (Wurzeln) bis in den Boden hineinragen, mit dem die Sperre hinterfüllt wird.

Bauzeit: Vegetationsruhe (Niederwasser), weil ein nachträglicher Einbau der lebenden Baustoffe nicht entsprechend und dabei nur unter hohen Kosten erfolgen könnte.

Wirkung: Massiges und doch elastisches, murstoßverträgliches Bauwerk für Anlandung, Geschieberückhalt und Sohlkonsolidierung.

Vorteil: Totbaustoffe sind vor Ort oder in der Nähe vorhanden und beschaffbar. Ausbesserungsarbeiten sind problemlos.

Nachteil: In Gebieten mit Kristallingesteinen von eher untergeordneter Bedeutung.

Kosten: Geringer als von Hartbauten.

Einsatzgebiet: Querwerk zur Sohlabtreppung und -aufhöhung in Bächen und Torrenten. Dauernd begeh- und befahrbare Querungen von Fließgewässern.

Blocksperre (Bild 47)

Blockschlichtungen oder Trockenmauern aus Naturstein werden mit Anzug errichtet. Fundierung und seitliche Einbindung werden nach den Kriterien des Sperrenbaus durchgeführt. Selbst Sperren mit mehr als 5,0 m Höhe werden heute von der Wildbachverbauung problemlos gebaut.

Baustoffe: Blockwerk und Bruchstein, Boden (Sand-Feinkies); ausschlagfähiges Astwerk und/oder bewurzelte Heisterpflanzen, bewurzelte Containerpflanzen, Rasensoden und/oder Vegetationsstücke aus Naturbeständen, Grassamen.

Bauausführung: Die lebenden Baustoffe, wie Äste und Heister werden im Zuge des Aufziehens der Mauer in die Fugen verlegt. Dabei sind die für die Drahtschottersperre geltenden Richtlinien zu beachten. Die Fugen werden mit einem Sand-Kies-Gemisch verfüllt. Ebenso können Containerpflanzen sowie Rasen- und Vegetationsstücke in die Fugen verlegt werden.

Bild 47
Blocksperre in einem Wildbacheinzugsgebiet an der Waldgrenze

Bauzeit: Nur während der Vegetationsruhe Bau mit ausschlagfähigen Ästen und nacktwurzeligen Heistern. Containerpflanzen, Rasen- und Vegetationsstücke können auch in der Vegetationszeit eingebaut werden.

Wirkung: Sehr massives, geschiebetrieb- und murstoßverträgliches Bauwerk für den Geschieberückhalt und die Sohlkonsolidierung.

Vorteil: Einsetzbar in allen Gesteinsregionen, wo Grobblockwerk von widerstandsfähigen Gesteinstypen beschafft werden kann. Baustoffgewinnung vor Ort.

Kosten: Günstiger als für Hartbauten.

Einsatzgebiet: Steinsperren stellen die stabilsten Querwerke dar. Sie können starken Beanspruchungen ausgesetzt werden und sind in der Lage, größere Bodenmassen, Geröll und Geschiebe zurückzuhalten. Sie können deshalb gut zum Verbau größerer, steilerer Runsen sowie in Wildbächen als Querwerk erster Ordnung zur Aufhöhung der Sohle verwendet werden.

3.3.1.2 Ufernahe Querwerke

Ufernahe Querwerke dienen unter anderem dem Schutz der Ufer durch das Umlenken oder Abweisen der Strömung und die Umwandlung der Strömungsenergie. Ufernahe Querwerke finden in der Regel in Fließgewässern mit Sohlbreiten über 10,0 m Anwendung.

Buhnen (Bilder 48 bis 54)

Buhnen sind quer zum Flußlauf angelegte dammartige Bauwerke, die vom Ufer aus vorgebaut werden, um ein einheitliches Abflußgerinne zu schaffen. Das flußseitige Ende der Buhne (an der Streichlinie) ist der Buhnenkopf, das landseitige Ende ist die Buhnenwurzel. Im Gegensatz zu den Parallelwerken begrenzen Buhnen die Streichlinien nur punktförmig. Das Feld zwischen den Buhnen (Buhnenfeld) bleibt für die Verlandung offen. Spätere Korrekturen der Streichlinie sind im Bedarfsfall durch Verlängerung oder Verkürzung der Buhnen möglich. Die Neigung der Buhnen zur Fließrichtung kann stromabwärts (deklinant), rechtwinklig oder stromaufwärts (inklinant) gerichtet sein. Stromabwärts geneigte Buhnen finden nur noch selten Anwendung. Sobald sie bei höheren Wasserständen überströmt werden, wirken sie wie Überfallwehre. Das Wasser strömt dann rechtwinklig von der Buhne ab in Richtung auf das Ufer, wo es zu Schäden kommen kann. Bei stromaufwärts gerichteten, inklinanten Buhnen beträgt der Winkel gegen die Fließrichtung in der Regel 70° bis 85°. Diese Neigung hat den großen Vorteil, daß die Buhnen bei Überströmung aufgrund ihrer wehrartigen Wirkung das Wasser zur Flußmitte leiten. Das ist wichtig, weil die Gefahr für die Ufer bei steigenden Wasserständen zunimmt. Bei beidseitiger Anordnung von Buhnen sollten sich die Buhnenköpfe gegenüberliegen. Wo das nicht der Fall ist, pendelt die Strömung in die Buhnenfelder hinein [28].

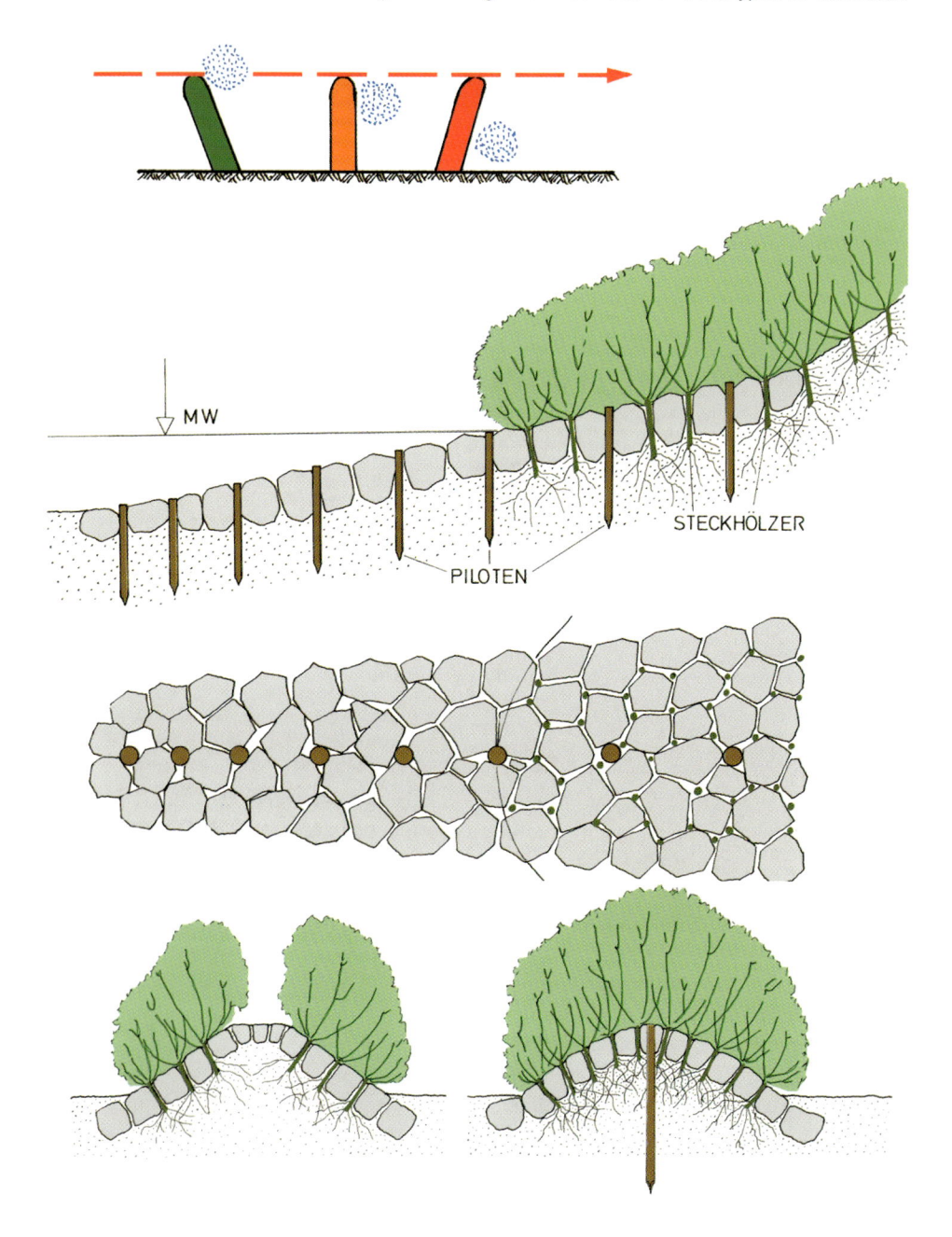

Bild 48
Anlage von Buhnen (stromauf, senkrecht, stromab) und Kolkvarianten; „Tauchbuhne" als pilotierter und abgepflasterter Kieskörper; Fugen oberhalb der Mittelwasserlinie mit vegetationsfähigem Boden verfüllt und mit Weidensteckhölzern besetzt; unten links Buhne mit Trapezprofil, unten rechts abgerundete Höckerbuhne (Schema ohne Maßstab)

3.3 Kombinierte Bauweisen

Bild 49
Aus Bruchsteinen gebaute Mittelwasserbuhne mit Asteinlage nach Bauabschluss;
Beruhigung von Steilufererosion (Foto: H. P. Bruni, St.Gallen, Schweiz)

Bild 50
Etwa 100 Jahre alter Buhnenverbau am Innenbogen eines großen Gebirgsflusses

Bild 51
Der Verbau mit langen Buhnen führte bereits nach wenigen Jahren zu initialer Entwicklung von Auen

Bild 52
Dicht verwachsener Steinkasten-Buhnenverbau an einem Gebirgsfluß mit starker Geschiebeführung

3.3 Kombinierte Bauweisen

Bild 53
Ruhigwasserbereiche in den Buhnen-Zwischenfeldern

Bild 54
Kurze, buhnenähnliche Steinrippen ließen bei Hochwasser besonders turbulente Strömungen entstehen, wodurch es zu Schäden an den Uferböschungen der Zwischenfelder kam
(Foto: F. Florineth, Wien)

Für den Abstand der Buhnen gilt allgemein, daß dieser Abstand geringer sein sollte, als der Abstand der Streichlinien an den Buhnenköpfen. Ragen die Buhnen bei Nieder- und Mittelwasser heraus, so bilden sich in den Buhnenfeldern walzenförmige Strömungen aus. Diese entstehen dadurch, daß der von zwei gegenüberliegenden Buhnen zusammengehaltene Wasserstrom sich unterhalb ausbreitet. Die Begrenzungslinie ist der Ablösungsstrahl. Dieser trifft auf die nächstfolgende Buhne landseitig vom Buhnenkopf. Damit wird ein Teil des Wassers in das Buhnenfeld gedrückt, was zur Walzenbildung führt. Im Buhnenfeld sind die Fließgeschwindigkeiten in der Walzenströmung geringer als im Flußbett, so daß sich die mitgeführten sedimentierbaren Stoffe dort absetzen können, wobei die Kreisbewegung zu einer gleichmäßigen Verteilung führt.

Der Ablösungsstrahl verläuft vom Buhnenkopf mit einem Winkel von 6° von der Fließrichtung in das Buhnenfeld hinein [28]. Daraus folgt, daß dort, wo Uferlinien und Streichlinien nahe beieinanderliegen und die Buhnen dementsprechend kurz sind, die Buhnen enger stehen. Werden die Buhnen zu kurz, so sind Längswerke wirtschaftlicher und wirksamer. Die Oberkante der Buhnen wird in der Regel auf Mittelwasser gelegt. Da sie bei höheren Wasserständen überströmt werden, müssen die Krone und die Böschungen gut gesichert werden. Die oberwasserseitige Böschungsneigung beträgt 1:2 bis 1:3, die unterwasserseitige 1:3 bis 1:4. Die Neigung des Buhnenkopfes zur Gewässermitte hin ist für die einzelnen Gewässer verschieden und liegt zwischen 1:4 und 1:10.

Buhnen werden auf vielfältige Weise hergestellt. Als Baustoffe kommen Stahlbetonspundwände, Stahlspundwände, Drahtgeflechte, Holzspundwände, Pfahlreihen, Sinkstücke, Packwerk, Schüttsteine, Pflaster, Blockwerk, Gabbioni für sich oder in Kombination zum Einsatz. Sämtliche dieser Schwerbauweisen können biologisch gestützt ausgeführt werden.

Ursprünglich wurde der Buhnenbau entwickelt, um damit die ehemals weit mäandrierenden Flußläufe einzuengen und damit hochwasserfreies Nutzland gewinnen zu können. Dazu baute man oft sehr lange Riegel und zwar in der Regel aus den ortsständigen Baustoffen wie Stein und Kies, Holzpfähle und Astwerk der Augehölze. Seit etwa 100 Jahren wird der Buhnenbau vorwiegend zur Ufersicherung und bei der Sanierung von Uferanbrüchen eingesetzt.

Voraussetzung für einen auch ökologisch wirksamen Buhnenbau ist vor allem die Verfügbarkeit ausreichender Grundflächen. Gegenwärtig wäre der Buhnenbau als Kompromiß zwischen einer, meist aus Platzmangel nicht mehr ausführbaren, Mäandertrasse und einem Längsverbau aufzufassen.

Baustoffe: Naturstein (Blöcke, Steine, Schotter), Rundholz, Senkfaschinen; Astwerk ausschlagfähiger Gehölze als lebender Baustoff.

Bauausführung: Die Ausführung der Buhnen hängt weitgehend von den örtlich verfügbaren, landschaftsgebundenen Baustoffen ab. Es gibt heute zwei wichtige Bautypen: die Steinkastenbuhne und die Blockbuhne. Steinkästen sind aus Rund- oder Kanthölzern zusammengefügte, krainerwandartige Kästen, die man zum Schutz gegen Aufschwimmen und aus Stabilitätsgründen mit Bruchsteinen füllt. In die nicht dauernd unter Wasser befindlichen Teile dieser Steinkästen legt man zusätzlich Äste ausschlagfähiger Gehölzarten ein, die ausreichend mit Feinschotter unterbaut und beschüttet werden, damit sie anwurzeln können. Um das Abschwemmen von Feinmaterial zu verhindern, können Geotextilpackungen hergestellt werden.

Blockbuhnen bestehen aus Steinsetzungen oder -würfen verschiedenen Typs. In die Steinschüttung werden während des Baus in der Vegetationsruhe lange Äste ausschlagfähiger Gehölze oberhalb des unteren Mittelwasserspiegels eingelegt. In Deckwerke und Pflaster werden Steckhölzer in die Fugen eingebracht. Sowohl aus hydraulischen als auch optischen Gründen sollten Blockbuhnen nicht scharfkantig, sondern gerundete Formen erhalten (Bild 48).

Sowohl Steinkästen als auch Blockbuhnen sollten gegen das Ufer hin höher, gegen die Gewässermitte hin niedriger sein. Zur Vermeidung einer Kolkwirkung können sie als Tauchbuhnen oder als gewölbte Dreiecksbuhnen ausgebildet werden.

Dabei wird der Buhnenrücken gegen die Wasserseite hin gleichmäßig fallend gebaut (eventuell bis zur Flußsohle hin), sodaß bei jedem Wasserstand ein Teil der Buhne überströmt wird. Die strömungshemmende Bestückung mit ausschlagfähigen Ästen, Steckhölzern oder auch Röhrichtpflanzen erfolgt bis in den unteren Mittelwasserbereich.

Bauzeit: Niederwasser und damit vorwiegend die Vegetationsruhe.

Wirkung: Buhnen können Längswerke ersetzen, dürfen aber – auch aus Kostengründen – nicht zu kurz projektiert sein. Die Buhnen wirken strömungsablenkend. Von Hochwasser werden die Buhnen überströmt, wobei mit zunehmendem Wasserstand der Bewuchs auf den Buhnen die Fließgeschwindigkeit reduziert und die Strömungsenergie umwandelt. Durch die Buhnen erhält das Fließgewässer zwar eine Führung, jedoch keine kanalartige wie bei Längsverbauungen. Zwischen den Buhnen – also in den Buhnenfeldern – entstehen Quer- und sogar Gegenströmungen, durch die eine Sedimentation von Feinkorn und Erosion im Wechsel möglich wird. Die Buhnenfelder sind daher durch eine sonst nur in Seitenarmen erreichbare Standortvielfalt ausgezeichnet, die zwar geringer als in unverbauten Fließgewässern, aber bedeutend größer als in längsverbauten ist. Buhnenfelder sind nicht nur wichtige Lebensräume für zahlreiche Pflanzen und Tiere, sondern außerdem eine gute und ungefährliche Zutrittsmöglichkeit für Erholungssuchende, besonders Wassersportler. Sehr naturnahe und ökonomische Bauweise mit hohem ökologischen Wirkungsgrad.

Vorteil: Veränderbare Bauwerke, bei Bedarf können Verlängerungen oder Verkürzungen mit vertretbarem Aufwand ausgeführt werden. Bei hoher Lebensdauer sind Pflege und fällige Sanierung kostengünstig. Die Ufer in den Buhnenfeldern können weitestgehend ungesichert bleiben, bzw. brauchen sie nur leicht mit lebenden Baustoffen gesichert werden. Buhnenfelder bilden lokale Räume für eine fließende Retention.

Nachteil: Bei höheren Wasserständen kann es zu Querströmungen und zu Ablösungswirbeln kommen. Durch Kolke an den Buhnenköpfen werden fallweise größere Instandsetzungsarbeiten notwendig. Der Platzbedarf ist größer als bei Längsverbauungen.

Kosten: Billiger als durchgehender Schwerverbau.

Einsatzgebiet: Ökologisch und technisch wirkender Uferschutz an Fließgewässern mit Mindestsohlbreiten von 10,0 m. Erhöhung der Strukturvielfalt am und im Gewässer.

Lebende Bürsten (Bilder 55 bis 58)

Lebende Bürsten werden in erster Linie in Verbindung mit Buschbautraversen eingesetzt. Sobald der Kolk durch die Buschbautraversen teilweise oder vollständig etwa bis auf Höhe des sommerlichen Mittelwassers verlandet ist, werden zwischen die Traversen parallel zu ihnen verlaufende Reihen von Steckhölzern gesetzt. Da die Sedimentation nicht selten mit zunehmender Entfernung zum Abbruchufer in Richtung Flußbett abnimmt, können die Steckholzreihen zunächst nur in Ufernähe eingebracht und müssen mit dem Fortschreiten der Auflandung verlängert werden.

Baustoffe: Äste, Steckhölzer oder Setzstangen ausschlagfähiger Gehölze.

Bauausführung: Die lebenden Äste und/oder Steckhölzer werden mit einem Abstand von 10 bis 15 cm in Reihen mit gegenseitigem Abstand von 1,0 m oder buschlagenartig (Bild 55) eingebaut. Die lebenden Baustoffe ragen 10 bis 20 cm aus dem Boden. Die Anordnung erfolgt quer zur Fließrichtung und zwar gegen den Stromstrich um bis zu 30 Grad abgedreht und leicht flußabwärts geneigt.

Bauzeit: Vegetationsruhe. Bei Lagerungsmöglichkeit in fließendem Wasser auch noch frühe und späte Vegetationszeit.

Wirkung: Verminderung der Schleppkraft, dadurch Förderung der Verlandung. Nach dem Anwachsen schützt der Wurzelverbund vor Bodenabtrag.

Vorteil: Einfache und rasch herstellbare Bautype.

Nachteil: Nur in flachen Überflutungsbereichen anwendbar. Für sich alleine wenig stabil.

Kosten: Sehr billiges Verfahren.

Einsatzgebiet: Für sich alleine angewandt, erreichen lebende Bürsten nicht die Wirksamkeit und Widerstandsfähigkeit gegenüber Beanspruchung wie Buschbautraversen. Sie unterstützen jedoch die Wirkung der Buschbautraversen erheblich zu dem Zeitpunkt, an dem die Auflandung des Kolkes vollständig oder teilweise bis etwa Sommermittelwasserlinie fortgeschritten ist. Lebende Bürsten werden deshalb in der Regel in Kombination mit Buschbautraversen zur endgültigen Verlandung größerer Kolke eingesetzt.

3.3 Kombinierte Bauweisen

Bild 55
Buschlagenähnliche, lebende Bürsten zur Förderung der Verlandung (Schema ohne Maßstab)

Bild 56
Bau von lebenden Bürsten in Anlehnung an das Schema in Bild 55
(Foto: H. P. Bruni, St.Gallen, Schweiz)

Bild 57
Die lebenden Bürsten in Bild 56 nach 5 Jahren (Foto: H. P. Bruni, St.Gallen, CH)

Bild 58
Vergleich zu den Bildern 56 und 57: die lebenden Bürsten nach 10 Jahren
(Foto: H. P. Bruni, St.Gallen, Schweiz)

3.3 Kombinierte Bauweisen

Buschbautraverse nach *Keller* [26] (Bilder 59 bis 61)

Es handelt sich um ein Buhnenbauwerk, das als eine sehr massive Variante der lebenden Buschschwelle bezeichnet werden kann.

Baustoff: Bruchsteine, Schotter, Drahtschotterwalzen, Faschinenwalzen, Holzpfähle und Astwerk ausschlagfähiger Gehölze, vorwiegend Weiden und Pappeln, 1,0 bis 1,5 m lang.

Bauausführung: Es werden ca. 0,5 m breite und tiefe, asymmetrische Gräben (abwärts flacher geböscht) ausgehoben, in die 1,0 bis 1,5 m lange lebende Weidenäste, in Fließrichtung geneigt, dicht an dicht, eingelegt werden. Die Lagen können soweit verdichtet werden, bis eine geschlossene, in sich verflochtene Astwand entstanden ist. Lücken sind unbedingt zu vermeiden, da sich hier infolge der beschleunigten Durchströmung einmal Rinnen bilden können, die zu einer Beschädigung oder Zerstörung der Traverse führen. Um die Adventivwurzelbildung der Weidenäste zu fördern, können die Gräben nach Fertigstellung der Astwand bis zu einem gewissen Grade mit vegetationsfähigem Boden verfüllt werden. Zur Beschwerung der Äste werden abschließend in die Gräben Lagen größerer Steine oder verpflockte Drahtsenkwalzen (Drahtschotterwalzen) eingebracht.

Besonders sorgfältig sind die Anfangs- und Endpunkte der Traverse zu sichern. Dort, wo die Traverse ans Abbruchufer stößt, ist ein tiefer Einschnitt auszuheben und derart mit größeren Steinen zu verfüllen, daß diese Steinfüllung Anschluß an die Beschwerungssteine oder die Drahtsenkwalze der Astwand bekommt. Zwischen den letzten Steinen in Richtung des Abbruchufers sind Weidenäste so einzustoßen, daß sie Verbindung zur Astwand erhalten und das Abbruchufer fächerförmig bedecken. Das wasserseitige Ende wird durch große Steine besonders gesichert. Da hier infolge Wirbelbildung Ausspülungen entstehen können, sind unter die letzten Steine Weidenäste fächerförmig quer zur Strömungsrichtung zu legen. Die Äste müssen lückenlos in die Astwand der Traverse übergehen.

Die Verlandung von Kolken wird durch ein System von Traversen erreicht. Dabei wird die erste, also flußaufwärtige Traverse am Kolkanfang, im spitzen Winkel zur geplanten Uferlinie angelegt. Die nächsten Traversen werden senkrecht und die letzte im stumpfen Winkel zur geplanten Böschungslinie errichtet, so daß eine gleichmäßige Sedimentation und Auflandung verursacht wird (Bild 60). Der Abstand der einzelnen Traversen beträgt in der Regel das ein- bis anderthalbfache ihrer Länge.

Bauzeit: Vegetationsruhe, das ist meist auch die Niederwasserperiode.

Wirkung: Die hydraulische Wirkung wird ausschließlich von den elastischen Ästen der Traverse gesteuert. Durch sie wird die Energie umgewandelt und die Schleppkraft des Wassers abgemindert, so daß eine entsprechende Sedimentation erfolgen kann.

Die Zahl hintereinander gebauter Buschbautraversen erhöht ebenso den Umfang der Sedimentation und bietet außerdem noch Gelegenheit für eine Sortierung des Geschiebes nach Korngrößen derart, daß am flußabwärtigen Ende der Verbauung das Feinkorn in der Verlandungsstrecke dominiert. Das eingewachsene Astwerk sorgt für eine Wirksamkeit bis zur vollständigen Verlandung.

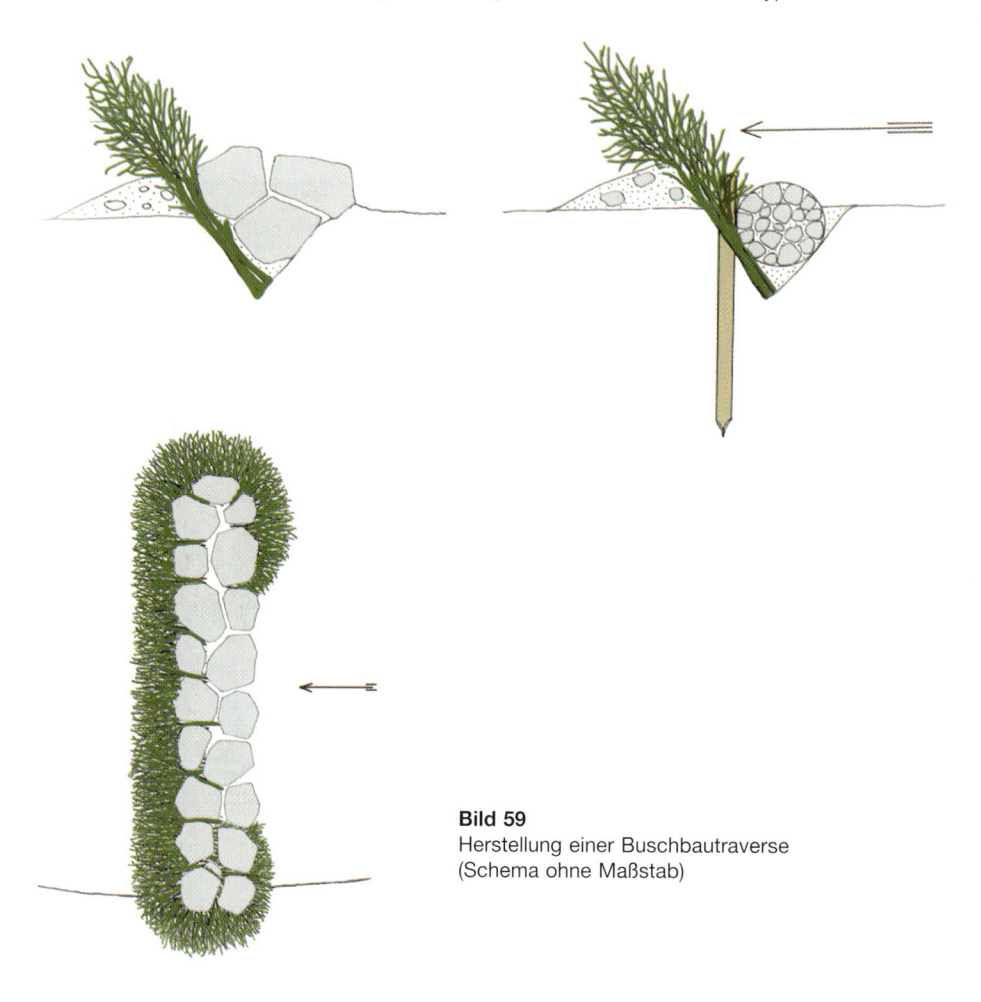

102　　　　　3 Die ingenieurbiologischen Bauweisen und Bautypen im Wasserbau

Bild 59
Herstellung einer Buschbautraverse
(Schema ohne Maßstab)

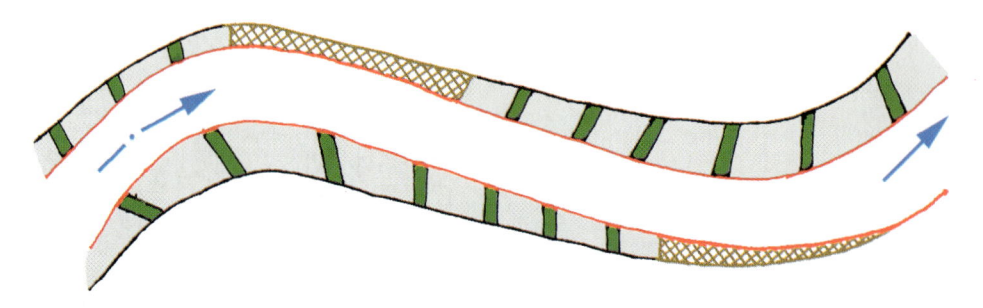

Bild 60
Für eine stromauf gerichtete Anordnung von Buschbautraversen (grün) oder Buhnen im weitesten Sinne und von Astpackungen (braun schraffiert) (Schema ohne Maßstab)

3.3 Kombinierte Bauweisen

Bild 61
Buschbautraversen nach dem Bauabschluß

Vorteil: Einfache Bauweise, rasche Wirkung, hohe Wirtschaftlichkeit, problemlose Wartung und Instandhaltung, erweiterungsfähiges (verlängerbares) Bauwerk.

Nachteil: Nicht geeignet für Wildbäche, die schweres Geschiebe führen. Nur während der Vegetationsruhezeit ausführbar.

Kosten: Eine der preisgünstigsten Bautypen zum Erzielen einer Verlandung und damit auch zur Instandsetzung von Uferanrissen.

Einsatzgebiet: Zur Ufersicherung und Sanierung von Uferanbrüchen in Bächen und Flüssen mit mittlerer Geschiebefracht. Einsatz im Bereich zwischen Niederwasser und mittlerem Hochwasser.

An Flachufern von Seen einsetzbar zur Steuerung von Umfang und Mächtigkeit der Sedimentation in Abhängigkeit von natürlichen und künstlichen Strömungen (Schiffahrt und Wassersport).

Bei Wasserläufen mit starker Angriffskraft können Buschbautraversen auch in Kombination mit dem Gitterbuschbauwerk errichtet werden [34]. Das Gitterbuschbauwerk wird dabei im flußabwärtigen Bereich des Kolkes eingebaut (siehe Bild 63).

Ist die geplante Uferlinie, wie z.B. in Außenkurven, sehr starken Wasserangriffen ausgesetzt, so kann sie zusätzlich durch Wolfbau fixiert und gesichert werden. Hierbei werden in der vorgesehenen Uferlinie in ca. 200 bis 300 cm Abstand Pfähle eingeschlagen, an denen Latten, Stangen oder dgl. in vertikalem Abstand von etwa 20 bis 30 cm befestigt werden. Die untere Latte sollte in Höhe des Niederwassers liegen, während die oberste über Sommermittelwasserlinie hinausragen muß. Der Wolfbau hat die Aufgabe, das Wasser mit verminderter Strömungsgeschwindigkeit in den Kolk hineinfließen zu lassen, den Stromstrich in das geplante Flußbett zu lenken sowie Geschiebe oder Treibgut fernzuhalten, das die Traversen beschädigen könnte.

Gitterbuschbauwerk nach *Prückner* [34] (Bilder 62 bis 65)

Baustoffe: Holzpfähle (Piloten), plattiger Bruchstein, nicht ausschlagfähiges Astwerk und Jungbäume (für die unterste Lage); ausschlagfähiges Astwerk für die oberen Lagen.

Bauausführung: Als erstes wird entlang der geplanten Uferlinie eine Pilotenreihe gesetzt. Der Abstand der Piloten sollte 2,0 bis 3,0 m betragen. In die durch die Piloten markierte und das Abbruchufer gebildete Fläche werden nicht ausschlagfähiges Astwerk und auch kleine Bäume möglichst dicht, senkrecht zur geplanten Uferlinie gelegt. Während die dickeren Enden der Äste landeinwärts zum Anbruch weisen, müssen die Spitzen 0,5 bis 0,75 m, als Kolkschutz, über die Pilotenlinie hinaus in das Flußbett ragen. Die Mächtigkeit dieser untersten Totlage richtet sich nach der Wassertiefe an der Schadstelle. In gleicher Richtung werden dann zwischen die Astlage lebende Weidenäste dicht schräg in den Boden gesteckt. Aus Gründen der Stabilität des Bauwerkes sind die Äste im Bereich der Pilotenreihe besonders tief und dicht zu stecken. Der Astbesatz ist mit größeren, etwa im Abstand von 1,0 bis 1,5 m gelegten Steinen zu beschweren. Senkrecht zur ersten Lage, also parallel zur geplanten Uferlinie, wird eine weitere Lage ausschlagfähiger Äste eingebaut. Diese Äste sollten in Fließrichtung geneigt sein. Bei Mangel an lebendem Astwerk kann die sonst dichte, komplette, matratzenähnliche Astlage auch aufgelöst oder in die Parallelreihen gebaut werden. Auch diese zweite, obere Lage ist mit flachen Bruchsteinen zu beschweren. Besonders sorgfältig sollte der Beginn (der Kopf) des Bauwerkes mit Steinen gesichert werden, weil hier die Gefahr einer Beschädigung durch Wasser am größten ist. Die beiden Astlagen zusammen sollten mit der Oberfläche rund 1,0 m über Niederwasser reichen.

Abschließend ist das beschädigte Ufer durch dicht an dicht in den Boden gesteckte lebende Weidenäste, also ähnlich wie durch eine Spreitlage, vor weiteren Abbrüchen zu sichern. Bei größeren Kolken ist es meist nicht erforderlich, die gesamte aufzulandende Kolkfläche durch Gitterbuschbauwerk zu sichern. In einem Außenbogen wird dann das flußab gelegene, untere Drittel der Abtragsfläche mit einem Gitterbuschbauwerk saniert, während die übrigen Bereiche mit einer Kombination aus Buschbautraversen und lebenden Bürsten gesichert werden (Bild 63).

Bauzeit: Vegetationsruhe bis frühe oder späte Vegetationszeit; Niederwasserperiode.

Wirkung: Als sehr stabiles Bauwerk dient das Gitterbuschbauwerk in erster Linie der Sanierung von schweren Uferschäden, auch großen Umfangs. Diese Bautype ist ebenfalls einsetzbar zur Entwicklung neuer Uferlinien und -strukturen. Standfestigkeit gegenüber auch schweren Hochwässern. Durch Verminderung der Fließgeschwindigkeit wird eine rasche Verlandung hervorgerufen.

3.3 Kombinierte Bauweisen

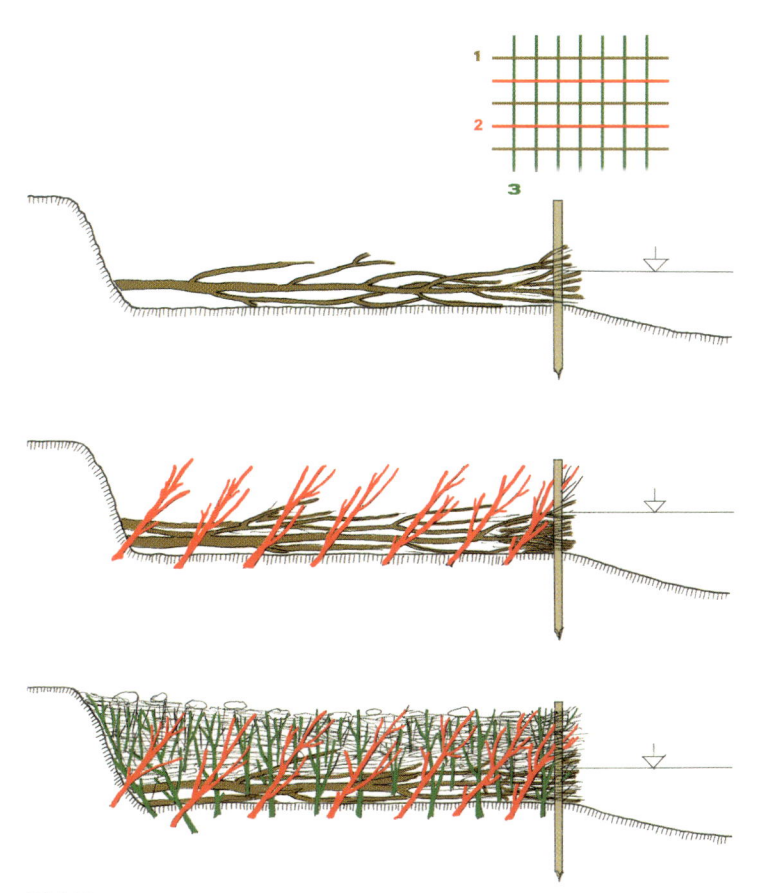

Bild 62
Herstellung eines Buschbauwerkes (Schema ohne Maßstab)

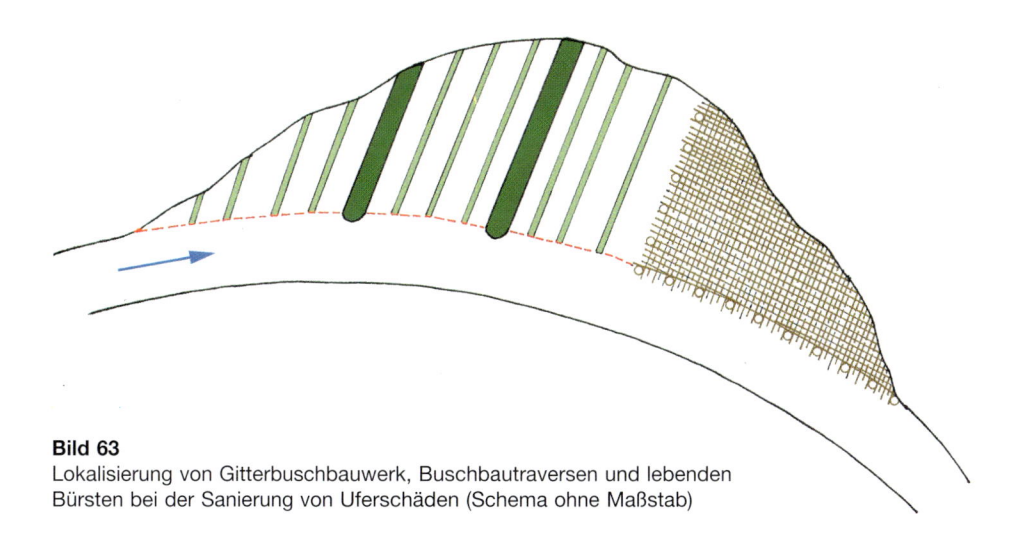

Bild 63
Lokalisierung von Gitterbuschbauwerk, Buschbautraversen und lebenden Bürsten bei der Sanierung von Uferschäden (Schema ohne Maßstab)

Bild 64
Uferabbruchsanierung durch Errichtung eines Gitterbuschbauwerkes; 1. Bauphase

Bild 65
Gitterbuschbauwerk unmittelbar nach Einbau der Gehölze, vor der abschließenden Übererdung

3.3 Kombinierte Bauweisen

Vorteil: Sofort wirksame, sehr stabile Bautype.

Nachteil: Sehr arbeitsintensive Bautype.

Kosten: Liegen im Mittelfeld, so um 25–50 % entsprechender Hartbauweisen.

Einsatzgebiet: Sanierung großer Uferanbrüche und Kolke, besonders an schnell fließenden Bächen und Flüssen mit starker Spiegelschwankung und mittelgroßer Geschiebeführung. Für Wassertiefen bis zu 3,0 m einsetzbar.

3.3.2 Längswerke

Von Längswerken wird die Ufersicherung vor allem dort übernommen, wo das Platz- und Raumangebot für andere Regulierungs- und Gestaltungsmaßnahmen nicht ausreicht. Der naturfremde bis -ferne Eindruck von Hartbaulängswerken wird durch eine entsprechende ingenieurbiologische Unterstützung gemildert. Dies zu zeigen, wird in den folgenden Abschnitten versucht.

3.3.2.1 Röhrichtbauten

Röhrichtbauten eignen sich besonders für Seen, Stauhaltungen, Kanäle und langsam fließende Gewässer und können dort sehr wirksam zum Uferschutz gegen Wellenschlag eingesetzt werden.

Bewährt haben sich als lebende Baustoffe: Schilf, Rohrglanzgras, Sumpfbinse, Rohrkolben und verschiedene Riedgräser (Seggen). Siehe dazu Abschnitt 1.3, wo die Pflanzen und ihre Standorte beschrieben werden. Röhrichte können als Halm-, Rhizom- und Ballenpflanzung verwendet oder zu einer Röhrichtwalze geformt, eingebaut werden.

Am weitaus häufigsten werden die klassischen Röhrichtbauten aus Schilf (*Phragmites australis*) hergestellt und errichtet. Neben dem Schilf spielen die in Abschnitt 1.3 besprochenen anderen Röhrichte eine eher untergeordnete Rolle mit lokaler Bedeutung.

„Die Initiierung von Schilfbeständen unter Wasser ist nicht möglich, da die Rhizome verfaulen, wenn Wasser in die Halme eindringt. Ein Schilfbestand kann daher immer nur von geeigneten Uferbereichen ausgehen, wird sich aber rasch in die angrenzenden Wasserbereiche ausdehnen, sofern die Böschungsneigung und der Nährstoffgehalt des Gewässers geeignet sind. Die Ansaat von Schilf ist uns bisher nie gelungen, da sich Schilf auch in natürlichen Beständen hauptsächlich vegetativ vermehrt." (Mündliche Mitteilung Frau *Dr. Goldschmid*, Wien).

Der lebende Baustoff Schilf kann in folgenden Bautypen initiiert, vermehrt und verbaut werden.

Rhizom-Boden-Gemisch (Bild 66)

Baustoff: Rhizomhaltiger Boden.

Bauausführung: In einem gut entwickelten Schilfbestand wird eine etwa 0,5 m mächtige, durchwurzelte Bodenschicht mit einem kleinen Schaufelbagger abgezogen. Vorher können die Halme mit einer Motorsense abgemäht werden.

Das Erde-Rhizom-Gemisch kann leicht mittels LKW transportiert werden und wird am neuen Standort in einer ca. 30 cm starken Schicht verteilt. Wesentlich ist, daß am neuen Standort das Erde-Rhizom-Gemisch zwar feucht bleibt, aber nicht von Wasser überstaut ist, da es dann zu verfaulen beginnt. Bereits im Frühjahr treibt der Schilfbereich neu an. Es darf immer nur soviel Schilf am alten Standort entnommen werden, daß der Bestand nicht gefährdet wird. Bei dieser Methode bekommt man auch viele Pflanzenarten mit, die im Schilfbestand ebenfalls vorkommen, z. B. Uferwinde (*Calystegia sepium*), Sumpfvergißmeinnicht (*Myosotis palustris*), Sumpflabkraut (*Galium palustre*), Wasserminze (*Mentha aquatica*) etc. und deren Saatgut und/oder Wurzelstöcke ebenfalls im abgeschobenen Erde-Rhizom-Gemisch vorhanden waren.

Bauzeit: Vegetationsruhe.

Wirkung: Rasche, unmittelbar flächenwirksame Abdeckung der behandelten Fläche. Initiierung eines dichten Aufwuchses und einer intensiven Durchwurzelung des Bodenkörpers. Der Natur nachgeahmte Entwicklung eines Schilfbestandes.

Bild 66
Aufwuchs von Schilfhorsten nach Einbringen von Rhizom-Erdgemisch; 2 Jahre alt

3.3 Kombinierte Bauweisen

Vorteil: Baustoff unempfindlich gegenüber möglichen Verletzungen. Gleichzeitige Mitgewinnung von Begleitpflanzen und Schilfsoden (Schilfballen) möglich. Bildung eines dichten Jungpflanzenteppichs bereits ab dem Frühjahr. Einfache und damit preisgünstige Methode.

Nachteil: Wie bei allen Röhrichtbauten geringe Schattenverträglichkeit.

Kosten: 1,0 bis 2,0 Std/m² je nach Erreichbarkeit von Gewinnungs- und Einbauort.

Einsatzgebiet: Gut belichtete Flachböschungen und Flachufer an stehenden oder ruhig fließenden Gewässern mit geringem Wellenschlag.

Schilf-Halmpflanzung (Bilder 67 bis 69)

Baustoffe: Natursteinrollierung oder -schüttung; Halmstecklinge, die an den Halmknoten Adventivwurzeln bilden.

Bauausführung: Auf der Landseite vorhandener Röhrichte werden junge, blattarme (maximal 5 Blätter), kräftige, ungefähr 80 bis 120 cm lange Halme dicht unter der Bodenoberfläche ausgestochen. Um Austrocknung und Beschädigung der empfindlichen Halme zu vermeiden, werden sie gebündelt und abgedeckt zur Baustelle transportiert. Dort werden sie ein- bis mehrreihig zu 3 bis 5 Stück, im Abstand von etwa 0,25 bis 0,50 m mit einem Pflanzeisen oder dem von *H. Bittmann* entwickelten Schilfrohrpflanzer, bis zur halben Länge in den Boden eingebracht. Es erwies sich als günstig, die Halme schräg einzubringen, so daß sie nahezu auf der Uferböschung aufliegen.

Durch diese Maßnahme wird zum einen die Gefahr des Abknickens der Halme durch Wellenschlag und Wind gemindert, zum anderen werden Trieb- und Adventivwurzelbildung gefördert. Die Halme werden in knöcheltiefes Wasser, bzw. etwa 10 bis 15 cm unter der sommerlichen Mittelwasserlinie, eingebaut. Der Halmstecklingsbesatz kann sowohl an unbefestigten als auch mit Steinrollierung oder -schüttung befestigten Uferböschungen ausgeführt werden. Bei Rollierungen können die Halme, mit Geschick, durch die Schüttung hindurch in den Boden gesteckt werden. Bei Steinschüttungen oder noch schwereren Deckwerken wird es notwendig, die Halme in einen mit Sand und Feinkies gefüllten Graben einzubringen (Bild 67 oben). Dabei wird günstigerweise ein wasserseitiger Schutzwall ausgeformt.

Bauzeit: Die Zeit für den Halmstecklingsbau ist relativ kurz und reicht von etwa Anfang Mai bis Mitte Juni.

Wirkung: Die elastischen Halme und deren Blätter wandeln die Energie von strömendem Wasser und Wellenschlag gut um und helfen so das Ufer vor radikaler Erosion zu bewahren. Die Wurzeln festigen den Boden im Uferbereich. Feinsedimentation im Bereich der Röhrichte, im Innenbogen oft unerwünscht starke Anlandung. Eine volle Wirkung wird erst 2 bis 3 Jahre nach der Anlage erreicht.

Vorteil: Einfache und ökonomische Herstellung möglich, wenn der Gewinnungsort nahe der Baustelle liegt.

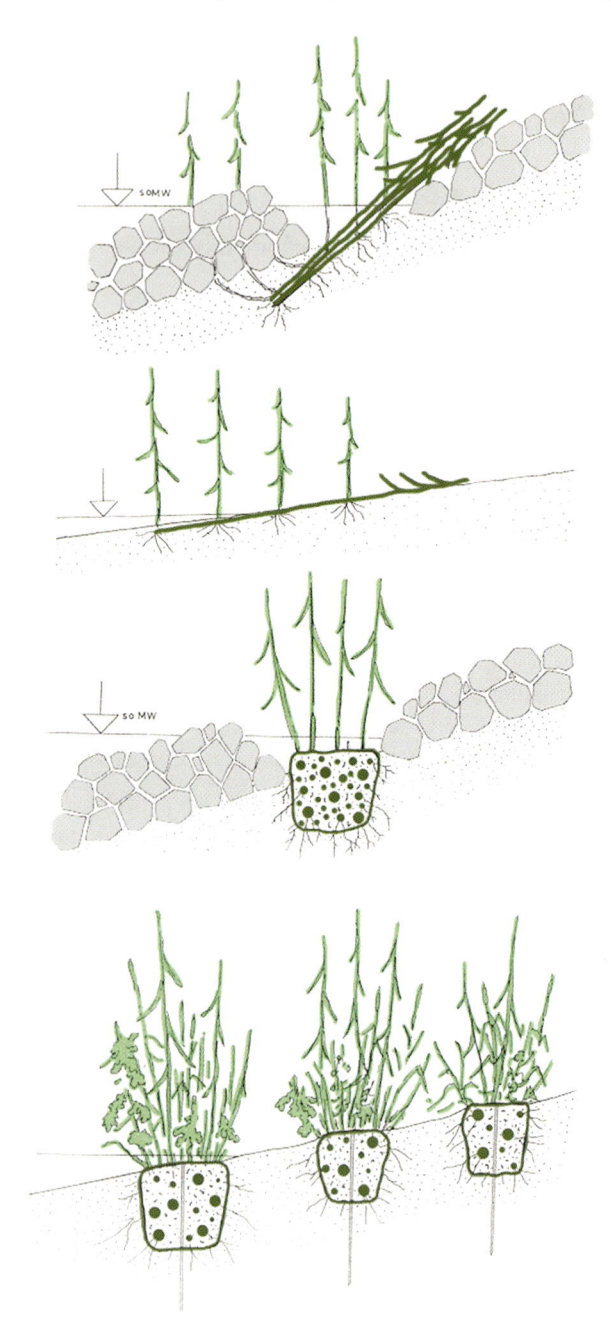

Bild 67
Röhrichtbauten
Von oben: Schilf-Halmpflanzung zwischen Hartverbau, Schilf-Spreitlage,
Schilf(Röhricht)-Ballenpflanzung in Kombination mit Hartverbau
und in Erdböschungen (Schema ohne Maßstab)

3.3 Kombinierte Bauweisen

Bild 68
Ausführung einer Schilf-Halmpflanzung

Bild 69
2 Jahre alter Bestand aus einer Schilf-Halmpflanzung (Foto: W. Begemann, Lennestadt)

Nachteil: Die volle Wirkung wird erst 2 bis 3 Jahre nach der Anlage erreicht. Schonende Halmbehandlung (Schädigung des Aerenchymsystems vermeiden!) erschwert Gewinnung, Transport und Einbau.

Kosten: 1,5 bis 3,0 Std/m².

Einsatzgebiet: Ansiedlung und Verdichtung von Röhrichtgesellschaften an und in ruhig fließenden oder stehenden Gewässern, wie Flachuferbereiche an Seen. Gut besonnte Standorte mit schluffig-sandigem Substrat werden bevorzugt. Einbau an wellenreflektierenden Ufern problematisch.

Schwimmhalmgewinnung und -pflanzung

Baustoff: Teile von Schwimmhalmen.

Bauausführung: Schilfbestände bilden im Hochsommer häufig lange Schwimmhalme aus. An den Nodien dieser, an der Wasseroberfläche treibenden Halme entwickeln sich kräftige Jungpflanzen mit Wurzeln. Die Schwimmhalme können vom Boot aus geerntet, in den Internodien zerschnitten und die so gewonnenen Halmteile eingesetzt werden. Von einem einzigen Halm können wir bis zu 15 Jungpflanzen erhalten. Dies stellt eine sehr sinnvolle Methode dar, Schilfeinzelpflanzen zu gewinnen und zu setzen. Im Gegensatz zu diesen stabilen Jungpflanzen fallen adulte Schilfpflanzen, genauso wie der Rohrkolben, leicht um.

Bauzeit: Hochsommer Juli/August.

Wirkung: Energieumwandlung strömenden Wassers; Feinsedimentbindung; Biotopentwicklung für Faunen.

Vorteil: Zahlreiche Gewinnung von stabilen Jungpflanzen.

Nachteil: Die volle Wirkung setzt erst etwa nach 2 bis 3 Jahren ein.

Kosten: 2,0 Std/m².

Einsatzgebiet: Neuanlage und Verdichtung von Schilf-(Röhricht-)Beständen an Stillgewässern und Altarmen.

Schilf-Spreitlage (Bild 67)

(auch als Schilf-Halmlage bezeichnet)

Baustoffe: Sandig-kiesige Feinplanie; Schilfhalme.

Bauzeit: Vor Blühbeginn (Mai/Juni).

Bauausführung: Schilf wird vor Blühbeginn geschnitten und gebündelt. Die Garben werden sogleich an den neuen Pflanzstandort geliefert. Dort werden die Halme einlagig so auf das vorbereitete Planum gebreitet, daß die Schnittstellen Anschluß an den Wasserkörper haben. In stark windigen Gegenden wird empfohlen, die Halme mit Schnüren

3.3 Kombinierte Bauweisen

oder Draht niederzubinden, damit ein Verwehen ausgeschaltet wird. Die Auflagefläche ist – mittels Sprinklern – feucht zu halten.

Nach etwa 14 Tagen beginnen die Halme an den Nodien Sprosse und Wurzeln zu entwikkeln. Diese Methode funktioniert ausschließlich vor der Schilfblüte und nur dann, wenn sichergestellt wird, daß Wasservögel (Enten und Schwäne) die Jungtriebe nicht abfressen.

Wirkung: Widerstandsfähiges, flächenhaftes Decksystem mit gutem Schutz vor Flächenerosion.

Vorteil: Rasche Sproß- und Wurzelbildung bereits 14 Tage nach Einbau.

Nachteil: Gefährdung der Jungtriebe durch Schwimmvögel.

Kosten: Je nach Böschungsgestaltung und Aufwand für die Gewinnung des Baustoffes 1,0 bis Std/m^2.

Einsatzgebiet: Flachböschungen und Flachwasserzonen mit feinkörnigem Substrat an Stillgewässern und ruhigen Fließgewässerbereichen.

Röhricht-Ballenbesatz (Bilder 67, 70 und 71)

Baustoffe: Natursteinschüttung oder -rollierung; Ballen, Soden, Vegetationsstücke von standortgeeigneten Röhrichtpflanzen, vor allem Schilf.

Gewinnung: Aus Röhricht- und Seggenbeständen werden von Hand oder mit Kleingeräten Vegetationsstücke im Format 30/30/30 cm oder größer geworben. Gewinnungszeiten sind die Vegetationsruhe oder bei übergreifendem, raschen Wiedereinbau auch die gesamte Vegetationszeit. Die günstigste Ansiedlungszeit liegt jedoch bei sämtlichen Arten vor dem Austrieb im Frühjahr, also ungefähr zwischen Anfang März und Mitte April (siehe Bild 9).

Bauausführung: Beim Transport der Vegetationsstücke zur Baustelle sind Beschädigungen der jungen Halmspitzen zu vermeiden. Die Ballen werden je nach Menge des zur Verfügung stehenden Pflanzgutes dicht an dicht oder bis zu einem Abstand von etwa 50 cm an dem zu sichernden Ufer in Gräben oder einzelne Vertiefungen eingesetzt. Während die Ballen von Schilf, Teichbinse, Wasserschwaden und Rohrkolben mit ihrer Oberkante eben unter der Sommermittelwasserlinie liegen sollten, sind die Ballen der Seggen und des Rohrglanzgrases etwas oberhalb zu setzen.

Aus Flachwasserbereichen von Seen gewonnene Ballen müssen in Jute oder anderen organisch abbaubaren Geweben samt dem schluffig-sandigen Seeboden eingeschlagen werden, wobei die Halme jedoch herausragen müssen.

Der Ballenbesatz erfolgt sowohl an hartverbauten als auch an unbefestigten Ufern. Bei Hartverbau ist zu beachten, daß die Ballen Kontakt mit dem gewachsenen oder einem geschütteten, vegetationsfähigen Boden haben müssen. Die Ballen dürfen also nicht direkt in den Steinsatz eingebracht werden. Es ist daher günstig, die Schüttung vor

3 Die ingenieurbiologischen Bauweisen und Bautypen im Wasserbau

Bild 70
Röhricht-Ballenpflanzung mit Ufer-Segge
(*Carex riparia*)

Bild 71
8 Jahre alte Schilf-Ballenpflanzung

dem Setzen der Ballen soweit fortzuräumen, daß ein schmaler Graben entsteht, und dann die Ballen in diesen Graben einzubringen. Um den Austrieb nicht zu sehr zu behindern, sollten die Ballen anschließend nicht vollständig mit Steinen abgedeckt, sondern nur leicht mit einzelnen Steinen beschwert werden. Das überschüssige Schüttmaterial wird zur Anlage eines Schutzwalles verwendet, der etwas über die sommerliche Mittelwasserlinie herausragt.

Bauzeit: Vegetationsruhe, am besten vor dem Austrieb im Frühling, bei schonendem Transport Mitte bis Ende April.

Wirkung: Röhrichtballen schützen Ufer unmittelbarer und rascher als Halmpflanzungen. Die nachschaffende Kraft der Ballen ist auch größer. Sind die Röhrichte angewachsen und entwickelt, besitzen sie ähnliche Wirkungsfelder wie jene aus Halmpflanzungen entstandenen Formationen. Die volle Wirkung wird zwei bis drei Jahre nach der Anlage manifest.

Vorteil: Baustoffgewinnung aus Naturbeständen, unkomplizierte Gewinnung und Bauausführung. Ballengewinnung und Rhizomwerbung zugleich möglich.

Nachteil: Relativ kurze mögliche Bauzeit; hohe Transportkosten wegen des Gewichtes der Ballen; keine Schattenverträglichkeit.

Kosten: 2,0 bis 4,0 Std/m^2.

Einsatzgebiet: Ansiedlung von Röhrichtgesellschaften an schnell und langsam fließenden Gewässern, Schiffahrtsstraßen und stehenden Gewässern, jedoch hier nicht vor wellenreflektierenden Uferstrecken. An nicht schiffbaren Wasserläufen sind Röhrichte besonders an den dem Angriff des Wassers ausgesetzten Prallufern anzusiedeln. Gleitufer sollten freigehalten werden, da Gefahr besteht, daß Sedimentation und Auflandung zu schnell fortschreiten, der Stromstrich dadurch zu sehr an das ohnehin schon gefährdete gegenüber liegende Prallufer verlagert und dieses noch stärker angegriffen wird. Schiffbare Wasserläufe und Kanäle sollten dagegen beidseitig einen durchgehenden Röhricht- oder Seggengürtel erhalten, um die Ufer vor dem stark erodierenden Wellenschlag der Schiffe zu schützen.

Röhrichtwalze (Bilder 72 bis 74)

Baustoffe: Ballen verschiedener Größe, vorwiegend von Schilf, aber auch von Teichbinse, Wasserschwaden, Kalmus, Wasserschwertlilie, Mädesüß, Drachenwurz sowie von Riedgräsern; Holzpfähle, Maschendraht, Kokosmatten, Geotextilien, Schotter, Bretter.

Bauausführung: In Höhe der sommerlichen Mittelwasserlinie werden 1,0 bis 1,5 m lange Holzpfähle im Abstand von 1,0 bis 1,5 m entlang der Uferlinie geschlagen. Die Pfähle sollen ungefähr noch 0,30 m aus dem Wasser ragen. Hinter den Pfählen wird ein 0,4 bis 0,5 m tiefer und ebenso breiter Graben ausgehoben. Die Grabenwände werden dann, wenn Nachbruchgefahr besteht, mit Brettern gestützt. In diesen Schlitz werden 1,20 bis 1,60 m breite Maschendrahtgitter eingelegt. Durch das Gitter wird Aushubmaterial gesiebt, damit die Zwickel zwischen Walze und Grabenwände aufgefüllt sind. Wird

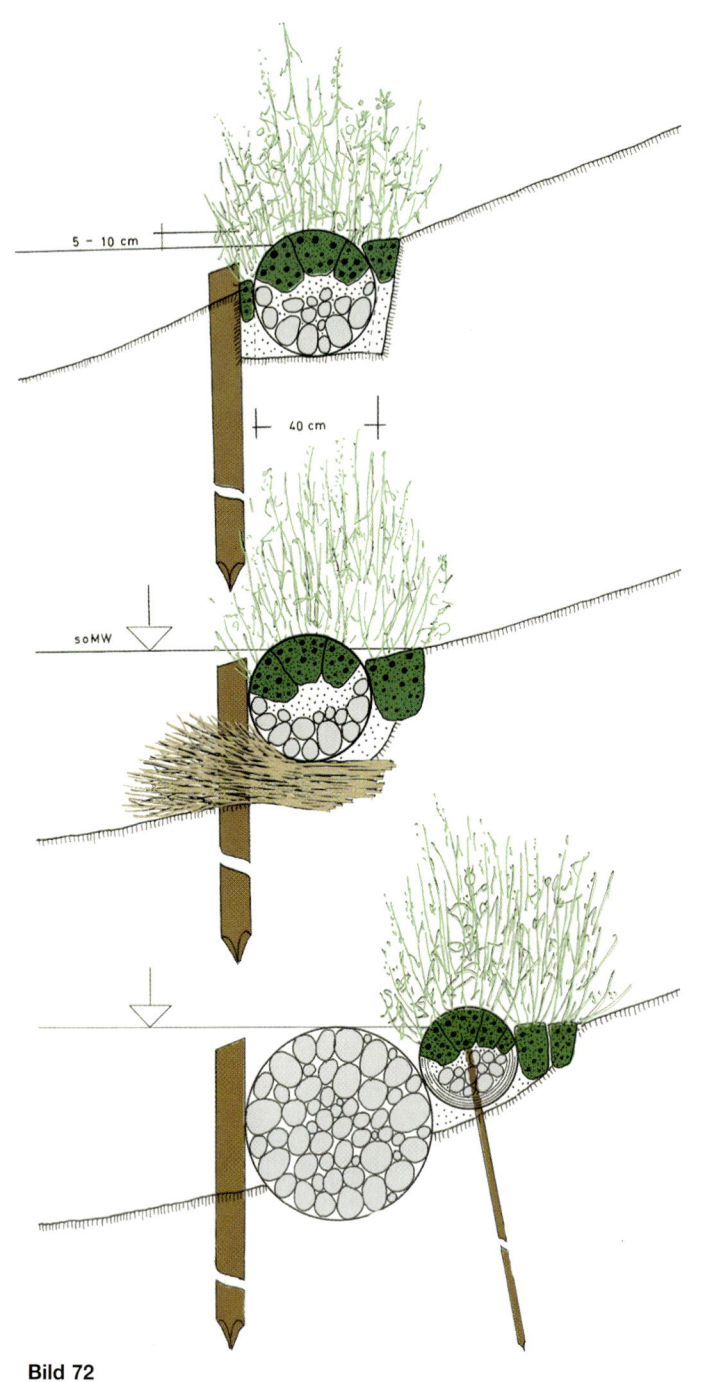

Bild 72
Bau einer Röhrichtwalze
Von oben: ohne Kolksicherung, mit Kolksicherung durch Buschlage oder durch Vorbau einer Drahtschotterwalze (Schema ohne Maßstab)

3.3 Kombinierte Bauweisen

Bild 73
Bau einer Röhrichtwalze an einem Tieflandfluß

Bild 74
Eingewachsene Röhrichtwalze 5 Monate nach Bauabschluß; Vergleich zu Bild 73

Bild 75
Mittels Rhizom- und Halmpflanzung aufgebauter Schilfgürtel an einem Stillgewässer. Zur Abminderung des Wellenschlages wurde eine schwimmende Barriere aus Rundholz vorgesetzt

der Grund des Gitters mit Reisig abgedichtet, kann in das untere Fünftel auch Aushub gefüllt werden. Ansonsten erfolgt die Füllung mit einem Gemisch aus Grobkies (20 bis 60 mm ⌀) und Schotter (60 bis 120 mm ⌀) sowie Kleinresten aus der Ballengewinnung. Die Kalotte, das obere Fünftel bis Drittel, wird mit Röhrichtballen abgedeckt und die Drahtbahnen werden mit Draht straff zu einer Walze vernäht. Die Bretter werden anschließend gezogen, Lücken mit Füllmaterial oder Ballen geschlossen und die Pfähle bis knapp unter den Walzenscheitel nachgeschlagen. Nach der Fertigstellung soll die Röhrichtwalze 5 bis 10 cm aus dem Wasser ragen. Röhrichtwalzen haben Durchmesser zwischen 30 bis 40 cm. Bei stärkeren Uferanrissen oder steil unter Wasser abfallenden Ufern wird wasserseitig eine Senkfaschine oder ein Steinsatz vorgelegt.

Bauzeit: Vegetationsruhe; am günstigsten im Vorfrühling vor dem Austrieb der Röhrichte und Riedgräser.

Wirkung: Technisch stabilste Bautype unter den Röhrichtbauten. Schutz vor Ufererosion.

Vorteil: Schutzwirkung bereits unmittelbar nach dem Einbau.

Nachteil: Begrenzte Bauzeit. Arbeits- und materialintensive und daher unter den Röhrichtbauten die teuerste Type.

Kosten: 4 bis 6 Std/lfm.

Einsatzgebiet: Sicherung schmaler Uferbereiche an Wiesenbächen und kleinen Flüssen mit geringer Wasserspiegelschwankung und mit ausschließlich Feingeschiebeführung (Ton bis Feinkies). Sicherung von unterspülungsgefährdeten Schilfbeständen und Neupflanzungen von Röhrichten an stehenden Gewässern. Sicherung der Ufer von landwirtschaftlichen Vorflutern.

3.3.2.2 Bauten mit ausschlagfähigen Gehölzen

Steckholzbesatz von Natursteinpflaster (Fugenbepflanzung)
(Bilder 76 bis 80)

Baustoffe: Unregelmäßige Pflastersteine; Steckhölzer von ausschlagfähigen Gehölzen, 0,5 bis 1,0 m lang, je nach Mächtigkeit des Deckwerkes. Füllmaterial.

Bauausführung: Schon zu Beginn der Pflasterung soll der zukünftige Besatz mit den Steckhölzern berücksichtigt werden. Das Pflaster wird zwar engfugig verlegt, jedoch müssen oberhalb der sommerlichen Mittelwasserlinie, in unregelmäßigen Abständen von ca. 0,3 bis 0,5 m, mehrere Zentimeter große Öffnungen zur Aufnahme der Steckhölzer ausgespart werden. Die Setzlöcher für die Stecklinge werden, wenn notwendig, mit einem Spitzeisen vorgeschlagen. Die Verwendung von kräftigen, durchmesserstarken, schräggeschnittenen Steckhölzern garantiert ein gutes Anwurzeln und ein problemloses Nachschlagen mit dem Fäustel. Die Steckhölzer müssen in den Boden unter dem Deckwerk eingesenkt sein und dürfen die Pflasterung nicht mehr als 5 bis 10 cm überragen.

Zu weit herausragende Exemplare müssen entsprechend nachgeschnitten werden. Verbleibende Hohlräume sind mit Boden zu verfüllen.

Bauzeit: Wenn der Bau des Pflasters in die Vegetationsruhe fällt, können die Steckhölzer auch gleichzeitig mit dem Fortschreiten der Pflasterung gesetzt werden. In einem zweiten Arbeitsgang ist jedoch der Steckholzbesatz nur während der Vegetations-Ruhezeit möglich.

Wirkung: Die reichliche Durchwurzelung des Bodenkörpers erfolgt relativ rasch. Mit Hilfe von Sproß und Wurzel der angetriebenen Steckhölzer entsteht eine quasi Bewehrung der Pflasterung. Damit steigt auch die Widerstandskraft des Deckwerkes, zumal der Angriff des Wassers auf die Pflasterung durch das Buschwerk stark abgeschwächt wird. Derart biologisch gestützte Schwerverbaue könnten deshalb auch mit wesentlich leichteren Steinen ausgeführt werden. Eine immer wieder befürchtete Schädigung und damit Schwächung von Pflasterverbauungen durch die Fugenbepflanzung konnte bisher nicht schlüssig nachgewiesen werden. Vielmehr scheint durch das Dickenwachstum der Sträucher und die Entwicklung des Wurzelsystems eine Art Verbund und damit Festigung zu entstehen. Nach wenigen Jahren ist das Natursteinpflaster nicht mehr zu erkennen, durch abgefallenes Laub und auch Schwemmgut bildet sich eine Humusschicht, aus der initialen Fugenbepflanzung entwickelt sich ein geschlossener Gehölzbestand mit standortentsprechenden Arten (Bild 80) und damit auch ein neuer Lebensraum für Tiere.

Steckhölzer wachsen in trockenem Klima in den Fugen besser an als in offenen Böschungen ohne Pflasterung. Durch Hochwasser kann die Ausschwemmung von Feinmaterial aus den Fugen im ersten Jahr zu stärkeren Ausfällen führen. Insgesamt muß mit einem Ausfall von 30 (50)% gerechnet werden. Das Ausschwemmen der Fugen unterhalb der sommerlichen Mittelwasserlinie wird durch den Einbau von Bauvliesen oder anderen Geotextilien abgemindert bis ausgeschaltet.

Vorteil: Bautype von hohem technischen und ökologischen Wirkungsgrad. Einfache Herstellung unter Verwendung ortsständiger lebender Baustoffe.

Nachteil: Die biologische Stützung und der ökologische Wirkungsgrad werden erst nach einigen Jahren manifest.

Kosten: Für die Fugenbepflanzung selbst werden 2 bis 5 Arbeitsstunden je Quadratmeter, einschließlich der Steckholzbeschaffung und sämtlicher Nebenarbeiten, veranschlagt.

Einsatzgebiet: Massive, stabile Sicherung von Uferböschungen entlang von Fließgewässern mit hoher Strömungsenergie und Geschiebetrieb und starker Wellenbildung durch die Schiffahrt. Seeuferschutz in sturmgefährdeten Regionen und in Gebieten mit starkem Schiffs- und Motorbootverkehr.

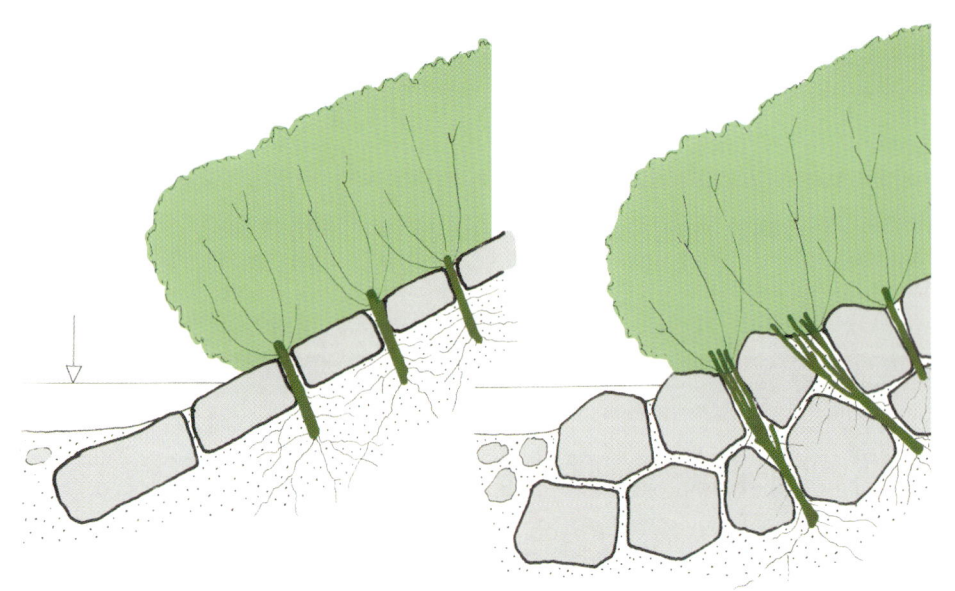

3 Die ingenieurbiologischen Bauweisen und Bautypen im Wasserbau

Bild 76
Mit ausschlagfähigen Gehölzen bestückte Ufer-Deckwerke
Von links: Pflaster mit Fugen-Steckhölzern, Steinwurf mit Weiden-Asteinlage
(Schema ohne Maßstab)

Bild 77
Steinpflaster-Uferdeckwerk mit 3 Jahre alter Fugenbepflanzung aus Weiden-Steckhölzern

3.3 Kombinierte Bauweisen 121

Bild 78
Ein Jahr alter Weiden-Fugenbesatz

Bild 79
20 Jahre alte Fugenbepflanzung mit Weidensteckhölzern im Unterlauf eines Wildbaches

Die Bepflanzung der Fugenzwickel in Pflasterungen oder Steinpackungen kann auch mit bewurzelten Container- und Ballenpflanzen erfolgen. Die dafür vorgesehenen Fugen, Öffnungen und Zwickel sind dazu mit vegetationsfähigem Boden auszukleiden. Die Bepflanzung erfolgt bevorzugt im Frühjahr oder Herbst, selten die ganze Vegetationszeit über. Der Vorteil solcher Bepflanzungen liegt in der Erhöhung der Artenvielfalt gegenüber den aus dem Steckholzbesatz entstandenen, mehr oder weniger reinen Weidenbeständen.

Astbettungen (Bilder 76 rechts und 81)

Baustoffe: Natursteine und -blöcke; ausschlagfähiges Astwerk von Strauchweiden, Länge 1,0 bis 1,5 m.

Bauausführung: Das Astwerk wird in Steinschüttungen, aber auch in Steinwürfen, synchron mit dem Schüttvorgang eingelegt. Das Astwerk soll 0,3 bis 0,5 m in den gewachsenen Uferboden eingebunden werden und etwa einen halben Meter über das Steinpackwerk ragen. Die Äste werden schräg gegen das Flußbett hin und in Fließrichtung geneigt eingebaut. Die untersten Äste reichen bis unter das sommerliche Mittelwasser. Die Äste sollten zwischen den Steinen gut verklemmt werden, so daß ein Herausziehen und -reißen ausgeschlossen werden kann.

Bauzeit: Vegetationsruhe. Bei Lagerung des Astwerks in fließendem Wasser bis in die frühe Vegetationszeit.

Wirkung: Sehr stabile Bautype, die durch Kombination unregelmäßiger Steinmantel und herausragendes Astwerk eine große Rauhigkeit aufweist und sofort nach der Herstellung einen sehr guten Uferschutz bietet. Alle weiteren Wirkungen, von der gegenseitig günstigen Beeinflussung der Tot- und Lebendbaustoffe bis hin zur Entwicklung neuer Biotope, laufen in ähnlicher Form ab, wie sie schon für die Fugenbepflanzung besprochen wurden.

Vorteil: Bautype von hohem technischem und ökologischem Wirkungsgrad. Einfache Herstellung unter Verwendung ortsständiger lebender Baustoffe.

Nachteil: Der Einbau von Astwerk ist nach Fertigstellung der Steinschüttung oder des Steinwurfes nicht mehr möglich. Es kann dann nur mehr mit Steckhölzern, sehr eingeschränkt, nachgearbeitet werden.

Kosten: Preisgünstiger als Pflasterdeckwerk mit Fugenbepflanzung. Kosten insgesamt ca. 4,0 bis 6,5 Std/m^2.

Einsatzgebiet: Sicherung von Ufern schnellfließender Gewässer mit starken Wasserspiegelschwankungen und Geschiebetrieb, wie sie Gebirgsbäche und -flüsse häufig aufweisen. Sanierung von Uferanbrüchen und Kolken. Sicherung von stark wellenschlaggefährdeten Ufern an stehenden Gewässern. Vorsatz bei Ufermauern.

3.3 Kombinierte Bauweisen

Bild 80
Aus einer Fugenbepflanzung hervorgegangener, etwa 40 Jahre alter Auensaum

Bild 81
Steinwurf mit Asteinlage; 3 Jahre alt

Lebende Faschine (Bilder 82 bis 85)

Baustoffe: Ausschlagfähige Ruten und Äste von Strauch- (Baum-)weiden, Länge 1,0 bis 3,0 m; nicht ausschlagfähige Gehölzteile, Bindedraht oder -bänder.

Bauausführung: Allgemein werden die Faschinen vor Ort auf einem sogenannten Faschinenbock (1,20 m hohes Gerüst aus überkreuzverbundenen Stangen) gefertigt. Auf diesem Gerüst legt man zwischen die oberen Kreuzholme Ruten und Äste derart ein, daß eine Mischung dünner Ruten und dickerer Äste erfolgt. Dieses Paket wird im Abstand von 0,3 bis 0,5 m mit Weidenruten, Spanndraht oder -seil, Stahl- oder Kunststoffbändern zu 2,0 bis 3,0 m langen Faschinenbündeln geformt. Die Ruten und Äste können auch mit Maschendraht oder Geotextilien umhüllt zur Faschine werden, wofür die Kosten bedeutend höher sind. Aus den Einzelfaschinen könnten nach Bedarf sogenannte Endlosfaschinen gefertigt werden. An der Baustelle werden die Faschinen, welche einen Durchmesser zwischen 15 bis 30 cm aufweisen, in vorbereitete Mulden, etwa auf Höhe des sommerlichen Mittelwassers, gelegt, so daß sie zur Hälfte bis zu zwei Drittel ihres Durchmessers im Boden bzw. im Wasser liegen und mit dem Rest sich über dem Mittelwasser befinden. Die Faschinen werden mit lebenden oder toten 0,75 m langen Pflöcken, die in Abständen von 1,0 m durch das Bündel in den Boden getrieben werden, befestigt. Wenn nicht genügend lebende, ausschlagfähige Ruten und Äste für den Faschinenbau zur Verfügung stehen, kann auch totes Astwerk miteinbezogen werden. Die nicht ausschlagfähigen Ruten und Äste bilden dann den Kern der Faschine. Zum Schutz gegen Wellenschlag und zur Sicherung vor Unterspülung wird diese einfache Faschine auf eine Buschlage gebettet und wird derart zur „kolksicheren Uferfaschine". Die Zweigspitzen der Buschlage ragen 0,50 bis 0,75 m über die Faschine hinaus in das Gewässer. Steht ein höherer Uferbereich zur Sicherung an, können auch mehrere Faschinen übereinander zu einer Faschinenwand gefügt werden.

Bauzeit: Vegetationsruhe.

Wirkung: Sofort nach dem Einbau besteht Schutz vor Wellenschlag und Strömungsangriff. Die austreibenden, elastischen Äste legen sich bei ansteigendem Wasserspiegel oder böigem Wellenschlag schützend vor das Ufer. Nach der Entwicklung des Wurzelsystems wird der Uferboden gefestigt und Ausspülungen werden vermindert. Faschinenbauten entwickeln wie andere ingenieurbiologisch ausgerichtete Bauwerke wertvolle Lebensräume für Wasser- und Landtiere.

Vorteil: Rasche und einfache Herstellung. Viele Kombinationsmöglichkeiten.

Nachteil: Bau nur in der Vegetationsruhe möglich.

Kosten: 2,0 bis 6,0 Std/lfm.

Einsatzgebiet: Zum Uferschutz an fließenden und stehenden Gewässern werden lebende Faschinen für sich oder in Kombination mit anderen Bauweisen und -typen verwendet, wie für die Fußsicherung von Spreitlagen, Steckholzbesätzen, Fertigrasen und -matten sowie Rasenbauten. Faschinen finden auch Verwendung zur Sicherung lebender Buschschwellen und für den Bau einfacher oder doppelter Faschinenschwellen (siehe Abschnitt 3.3.1.1).

3.3 Kombinierte Bauweisen

Bild 82
Bau von lebenden Uferfaschinen (Schema ohne Maßstab)

Bild 83
Fertigung einer Uferfaschine in Handarbeit

126 3 Die ingenieurbiologischen Bauweisen und Bautypen im Wasserbau

Bild 84
Maschinelle Fertigung von Uferfaschinen (Foto: R. Sotir, Marietta, Georgia, USA)

Bild 85
Mit Jutenetzen umhüllte und damit gegen
Auswaschung gesicherte Uferfaschine
(Foto: R. Sotir, Marietta, Georgia, USA)

Die früher häufig im Flußbau eingesetzte *Sinkwalze* besteht im Kern aus einer Grobschotterfüllung, umgeben von einer Hülle aus Weidenruten, die ausschlagfähig sein sollen. Durch Zusammenziehen mit Bindeketten, Hebeln und Kettenspannern und durch Binden mit Stahldraht entstehen walzenförmige Körper. Die Walzen werden vor Ort in Stücken von verschiedener Länge hergestellt und in das Flußbett abgerollt. Am etwas vertieften Böschungsfuß werden sie durch zuvor in die Flußsohle gerammte Vorsteckpiloten fixiert. Die Sinkwalzen sollen bis zum Spiegel des sommerlichen Mittelwassers reichen, auch bis zu einem Viertel darüber. Wirkung, Vorteil und Einsatzgebiete entsprechen jenen der lebenden Faschine. Der Nachteil liegt in einer geringen Uferstrukturierung unmittelbar nach dem Einbau sowie in den hohen Lohnkosten, aber auch in der für den Bau notwendigen reichen Erfahrung und Sachkenntnis.

Ast- und Zweigpackung (Bilder 86 bis 88)

Ast- und Zweigpackungen werden in sehr vielen Varianten ausgeführt und sind vor allem als „Rauhpackung", „Rauhwehr" und „Buschmatratze" bekannt. Diese Begriffe werden jedoch unterschiedlich gebraucht. Einmal bezeichnen gleiche Begriffe verschiedene Bauweisen, und zum anderen werden verschiedene Bezeichnungen für die gleichen oder nur unwesentlich von einander abweichenden Methoden benutzt. Da allen die Verwendung einer oder mehrerer Schichten lebender Weidenäste und -zweige zur Beseitigung von Schadstellen gemeinsam ist, werden sie hier als „Ast- und Zweigpackungen" zusammengefaßt.

Baustoffe: Ausschlagfähiges Astwerk von einheimischen Strauch- und Baumweiden; nicht ausschlagfähiges Buschwerk und Totholz, Pflöcke und Holzpfähle.

Bauausführung: Bei kleineren, flachen, nicht weit ins Land zurückreichenden Abbrüchen werden zunächst etwa 60 bis 80 cm lange Pfähle im 1 m-Verband etwa 40 bis 60 cm tief in das Ufer geschlagen. Zwischen die Pfähle wird eine dicke Schicht von Weidenästen und -zweigen in der Weise auf den Abbruch gelegt bzw. gepackt, daß sich die Spitzen oben befinden und die Enden möglichst ins Wasser hineinragen. Durch Drahtverspannung und Einschlagen der Pfähle wird die Packung bis auf etwa 10 cm zusammengepreßt und auf den Boden der Schadstelle gedrückt. Die Astpackung ist anschließend mit Erde so stark zu überrieseln, daß alle Hohlräume zwischen den Ästen ausgefüllt sind. Größere, weiter ins Land hineinreichende Uferabbrüche werden ebenfalls zunächst verpfählt und dann mit mehreren Ast- und Zweigschichten ausgefüllt. Sie werden aber im Gegensatz zu der eben beschriebenen Bauweise nicht schräg vertikal, sondern horizontal gepackt. Dabei können die Äste in verschiedenen Richtungen zur Uferlinie liegen:

- Die Äste werden unregelmäßig ohne bestimmte Richtung aufeinander gepackt.
- Sie werden in einer Richtung gepackt. Sie sollten dann am besten senkrecht zur Uferlinie liegen, so daß die Astenden zum Abbruchufer und die Spitzen zum Flußbett weisen.

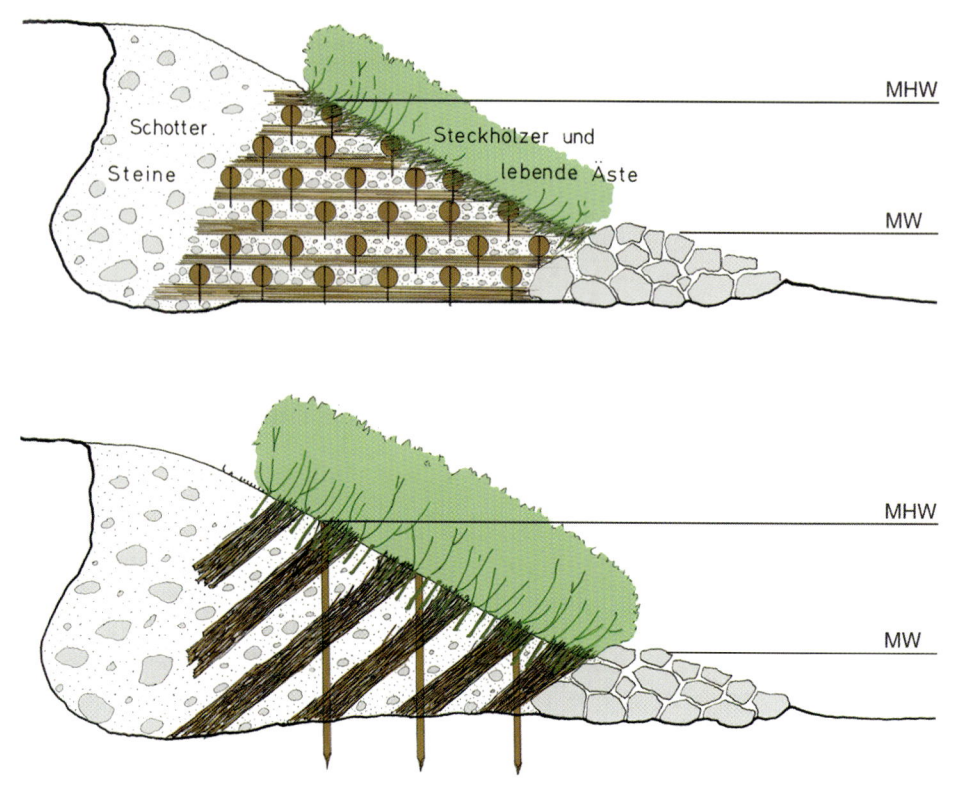

Bild 86
Systemskizzen von Astpackungen (ohne Maßstab)
Oben: Klassische Bautype mit gitterartig verlegten Totfaschinen
Unten: Einfache Bautype als Packung mit alternierend lebendem und totem Astwerk

- Verschiedene Schichten verlaufen rechtwinklig zueinander. Die Äste der einen Schicht liegen senkrecht zur Uferlinie und diejenigen der nächsten verlaufen parallel zu ihr.
- Es können wechselweise und senkrecht zueinander Ast- und Faschinenschichten gepackt werden.

Die einzelnen Schichten sind sorgfältig mit Boden zu überschütten. Hohlräume zwischen den Ästen dürfen nicht zurückbleiben, damit spätere Sackungen im Bauwerk vermieden werden. In diesem Zusammenhang hat sich auch das Beschweren der Schichten mit größeren Steinen als günstig erwiesen.

Bei der Herstellung der Packung ist darauf zu achten, daß das Bauwerk wasserseitig mit der gleichen Böschungsneigung hergestellt wird, wie sie das seitlich an die Schadstelle angrenzende unbeschädigte Ufer aufweist. Nach Fertigstellung der Astpackung sind die Pfähle mit Draht zu verspannen und so tief in den Boden zu schlagen, daß die Packung zusammengepreßt wird und nicht mehr federt.

3.3 Kombinierte Bauweisen 129

Bild 87
Astpackung; klassische Bautype mit gitterartig verlegten Faschinen
(Foto: R. Sotir, Marietta, Georgia, USA)

Bild 88
Astbettung mit lebenden Baustoffen und Totholz am Ufer eines Stausees

Stehen nicht genügend bewurzelungsfähige Weidenäste zur Verfügung, so ist auch totes oder nicht bewurzelungsfähiges lebendes Material verwendbar. Es werden dann bei mehrschichtigen Packungen die tieferen, unter der Sommerwasserlinie liegenden Lagen aus totem Astwerk hergestellt oder bei einschichtigen Packungen tote und lebende Baustoffe gemischt. Im letzteren Falle sollte mindestens 25 % des Astwerkes bewurzelungsfähig sein.

Bauzeit: Vegetationszeit.

Wirkung: Sofortige Sicherung neuaufgebauter Böschungen. Fließgeschwindigkeit und Schleppkraft werden durch die heranwachsenden Triebe stark gemindert, womit die Böschungen nicht mehr erosionsgefährdet sind.

Vorteil: Einfach und rasch mit vorhandenen Baustoffen herstellbar. Bei benachbarten Pflegeschnitten anfallende Baustoffe finden Verwendung.

Nachteil: Großer Mengenbedarf an Baustoffen.

Kosten: Sofern das Astwerk in der Nähe beschafft werden kann, preisgünstige Bautype. Bezogen auf 4,0 m: 0,5 bis 5,0 Std/m^2.

Einsatzgebiet: Astpackungen stellen sehr massive und stabile Bautypen dar, die nicht nur einen sofortigen guten Uferschutz gewährleisten, sondern auch im Verlauf der Entwicklung der Pflanzen ein neues widerstandsfähiges Ufer schaffen. Sie sind daher für die Beseitigung von Uferabbrüchen an stehenden, langsam und schnell fließenden Gewässern geeignet. Die Wahl der einen oder anderen Variante hängt vor allem von der Art der Schadstelle, den Strömungs- und Wasserstandsverhältnissen und der vorgesehenen Böschungsneigung ab.

3.3.3 Lebende Leitwerke

Leitwerke dienen der Ufersicherung dort, wo die Bewältigung eines schadlosen, raschen Abflusses und starken Geschiebetransportes notwendig wird. Lebende Leitwerke sind, wie Längswerke ganz allgemein, auch dort einzusetzen, wo der Platzbedarf für andere Maßnahmen nicht erfüllbar ist, wie z.B. in Ortsgebieten. Fließgeschwindigkeit und Geschiebetrieb bestimmen die Ausführung der Leitwerke.

Buschbauleitwerk nach *Prückner* [34] (Bild 89)

Baustoffe: Bruchsteine; ausschlagfähiges Astwerk von heimischen Strauchweiden.

Bauausführung: Bei der einfachsten Ausführung wird, in der Länge auf die Böschungshöhe abgestimmt, ausschlagfähiges Astwerk dicht an dicht gegen die Bruchwand gelehnt und in den Boden des Bettes eingestoßen. Diese Astwand wird mit kurzen Weidenästen, die schräg nach hinten zur Astwand und normal zum Stromstrich orientiert sind, unterbaut. Dadurch wird eine Kolksicherung erreicht. Abschließend werden die Basis der Astwand und die Kolksicherung mit einer Steinberollung oder Steinlage beschwert. Bei der stabileren Ausführung wird am Fuß der Steilböschung ein Spitzgraben von 0,3–0,5 m

3.3 Kombinierte Bauweisen

Bild 89
Buschbauleitwerk nach [34]
(Schema ohne Maßstab)

Breite und Tiefe ausgehoben, wobei die wasserseitige Böschung flacher gestaltet wird. Als nächster Arbeitsschritt wird die Astwand gebaut, wobei die unteren, dicken Enden in den Graben gestellt werden. Auf die flache Grabenböschung wird ausschlagfähiges Astwerk entsprechender Länge, über Kreuz, eingelegt. Beide Astelemente werden erst mit dem Grabenaushub bedeckt und abschließend mit Bruchsteinen oder einer Drahtschotterwalze beschwert. Diese Ausführung stellt eine Kombination aus einer sehr steilstehenden Spreitlage mit einer Buschbautraverse, deren Längsachse uferparallel verläuft, dar.

Bauzeit: Vegetationsruhe, bei Lagerung der Äste im fließenden Wasser bis in die frühe Vegetationszeit.

Wirkung: Dominant biologisch ausgelegte Ufersicherung. Das Hochwasser wird bereits durch die Kolksicherung gebremst und trifft mit verminderter Geschwindigkeit und Schleppkraft die Astwand, welche die Energie weiter umwandelt. Hinter der Astwand nachrieselndes Böschungsmaterial sammelt sich hinter jener, kann nicht mehr abgeschwemmt werden und bietet den Ästen ein gutes Wuchsbett. Mit der Zeit bildet sich derart ein dichter Rutenwall, der die Steilböschung dauernd und zuverlässig schützt.

Vorteil: Rasche und technisch einfache Herstellung mit ortsständigen, lebenden Baustoffen. Fällige Reparaturen und die Erhaltungspflege sind problemlos. Einsetzbar dort, wo Wasserbausteine nicht vorhanden sind.

Nachteil: Nur in der Vegetationsruhe bis max. frühen Vegetationsperiode ausführbar.

Kosten: Weitaus preisgünstiger als entsprechende Hartbauweisen.

Einsatzgebiet: Sicherung von Steilufern mit geringer Höhe und scharfer Terrassenkante. Dort, wo Hartverbaue mit Steinen absolut naturfremd bis naturfern wären.

Ast- und Rutenlagen

Für die Sanierung von hohen, sehr steilen bis senkrechten, auch unterspülten Steilufern in feinkörnigen Sedimenten, hat *H. Oizinger* (gestorben 1996 in Graz) eine Methode entwickelt, die sich gedanklich ein wenig an dem Buschleitwerk von *Prückner* [34]orientierte. Der aktuellen Uferlinie vorgesetzt stehen noch die Piloten einer alten Sinkwalzenverbauung. Der Raum zwischen den Piloten und dem extrem erosionsgefährdeten Steilufer wird mit Lagen von ausschlag- und nicht ausschlagfähigen Ästen und Ruten dicht gefüllt. Die Längsachse dieser Ast- und Rutenlagen verläuft parallel zum Stromstrich bzw. zur Uferlinie. Mit Hilfe dieser Methode wird sehr ökonomisch zunächst ein unmittelbarer technischer Effekt zur Ufersicherung erreicht Das Einwachsen eines Teiles der Astlagen wird die Steilufer in Zukunft stabilisieren helfen. Die ökologische Wirkung entsteht durch die Einleitung einer Sukzession hin zur Auenvegetation.

Raumgitterelemente (Bilder 90 oben, 91 bis 93)

Ein Vertreter der Raumgitterelemente ist die in der Forst- und Bauwirtschaft bekannte Krainerwand. Die technische Ausführung von solchen einfachen oder doppelten Krainerwänden wurde bereits im Abschnitt 3.3.1.1 beschrieben. Raumgitterelemente können auch bei Bau und Gestaltung von Leitwerken eingesetzt werden.

Baustoffe: Rundholz oder Kantholz (ist verwitterungsanfälliger), alternativ mögliche aber teurere Fertigteile aus Beton oder Stahl; Nägel, Schrauben, Binder, Kies, Schotter und Steine; ausschlagfähiges Astwerk (siehe Tabelle B, Kapitel 7, und Tabelle 8, Abschnitt 6.3).

Bauausführung: Wir bevorzugen Krainerwände aus Rundholz, weil mit ihnen auch geschwungene, dem Gelände gut angepaßte Formen gebaut werden können. Je stärker der Anzug der Leitwerke ist, desto naturnaher wirken sie. Fundierung auf Rost. Das Astwerk muß bergseits bis in den gewachsenen Boden reichen, damit das Anwurzeln gesichert wird. Die Äste dürfen nicht zu dicht gepackt werden und müssen von ausreichend Feinmaterial sandwichartig umhüllt sein, damit sie in ihrer Gesamtlänge, auch im Krainerwandkörper bewurzeln können. Es erweist sich als günstig, wenn das Astwerk mit etwa 25 Grad nach außen ansteigend eingebaut wird. Die Astspitzen brauchen nicht mehr als 0,25 bis 0,50 m aus dem Leitwerkskörper ragen.

Bauzeit: Vegetationsruhe.

Wirkung: Sehr gute Sofortwirkung, die durch den Aufwuchs sowohl in technischer als auch ökologischer Hinsicht rasch und erheblich verstärkt wird. Das Endergebnis sind geschlossene, stabile Gehölzsäume aus Sträuchern und Bäumen oder aus Mischbeständen. Diese Gehölzformationen übernehmen schlußendlich die seinerzeitige Funktion der Krainerwand als Stützelement, wenn dieses im Verlauf mehrerer Jahrzehnte verrottet sein wird.

Vorteil: Technisch unproblematisch und rasch herstellbar. Baustoffe vor Ort in Waldgebieten beschaffbar.

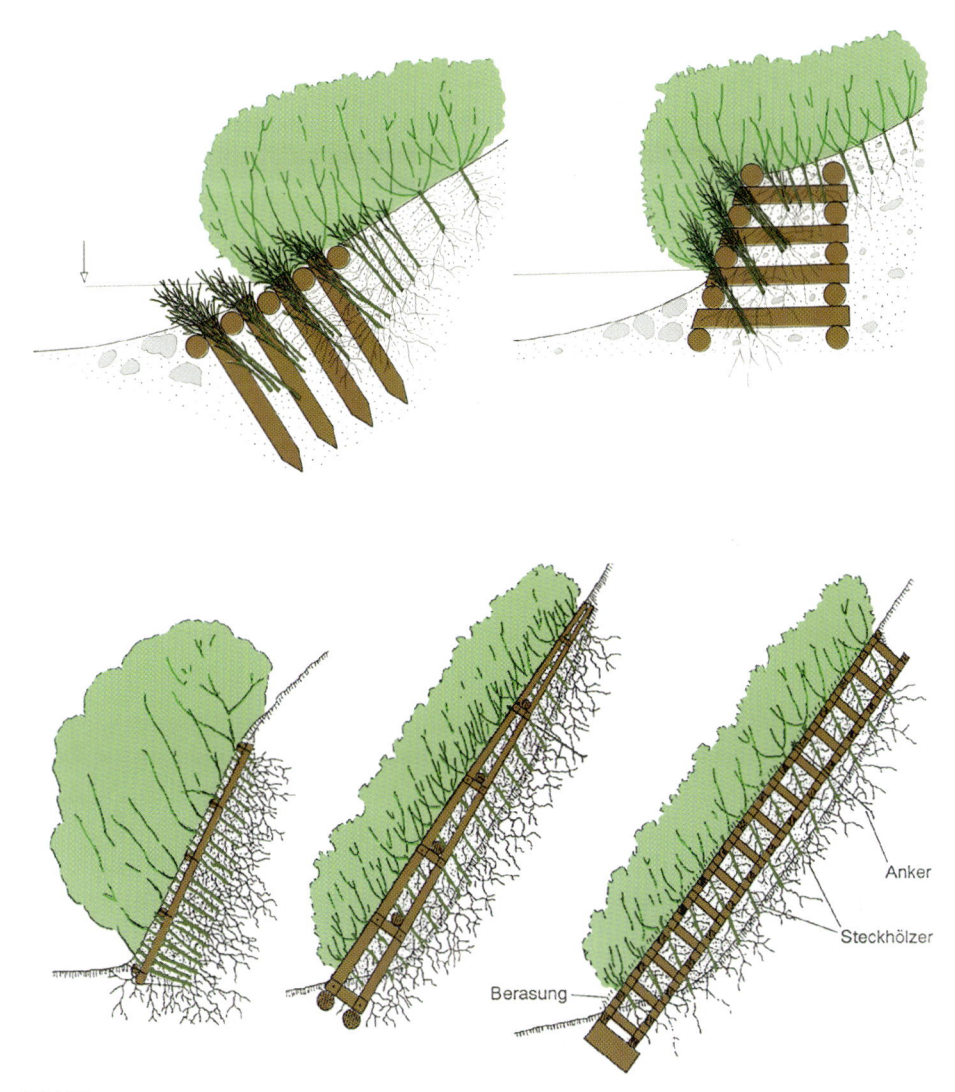

3.3 Kombinierte Bauweisen 133

Bild 90
Oben: Mit lebenden Baustoffen bestücktes Holzleitwerk als einfaches oder doppeltes Krainerwand-Element
Unten: Einfache und kastenförmige Hangrostsysteme (Schemata ohne Maßstab)

Bild 91
Massives, lebendes Holzleitwerk am Steilufer im 1.Vegetationsjahr (Foto: F. Florineth, Wien)

Bild 92
Bau eines schweren, lebenden Holzleitwerkes mit dichten Astlagen in einem Rundholzrost
(Foto: R. Sotir, Marietta, Georgia, USA)

3.3 Kombinierte Bauweisen

Bild 93
Entwicklung der ingenieurbiologischen Bauwerke nach 2 Jahren in einer Flußstrecke, die mit lebenden Leitwerken gesichert und reguliert wurde (Foto: R. Sotir, Marietta, Georgia, USA)

Nachteil: Bau nur in der Vegetationsruhe möglich. Unbefriedigende Ergebnisse bei nachträglichem Besatz mit Steckhölzern oder Pflanzen. Imprägniertes Holz muß zugeliefert werden.

Kosten: Bei Gewinnung des Rundholzes in Nadelwaldgebieten sehr ökonomische Bautype. Je nach Ausführung 6,0 bis 10,0 Std/m^2.

Einsatzgebiet: Ufersicherung vor allem in Wildbächen und Wildflüssen mit stark schwankender Wasser- und Geschiebeführung, was besonders in den Kalkalpen der Fall ist.

Lebender Ufer-Hangrost (Bilder 90 und 94)

Der schon aus dem Erdbau her bekannte und bewährte Hangrost, findet ebenso Verwendung bei der Sicherung oder Wiederherstellung von Ufern an Fließ- und Stillgewässern. Der Hangrost ersetzt hier das sehr arbeitsaufwendige und kostenintensive Kammerflechtwerk.

Baustoffe: Bevorzugt Rundholz (roh oder imprägniert); dauerhafte, aber teure Fertigteile aus Beton, Metall oder Kunststoff; Schrauben, Nägel, Binder, dränfähiges Füllmaterial und vegetationsfähiger Boden; ausschlagfähiges Astwerk und/oder Steckhölzer, bewurzelte Pflanzen, Gras- und Leguminosensamen.

Bild 94
Bau eines massiven, lebenden Hangrostes in einem Steilufer (Foto: H. Zeh, Worb, Schweiz)

Bauausführung: Im Regelfall werden gitter- oder leiterartige Stützkörper errichtet. Diese Stützkörper werden mit dränfähigem Boden verfüllt und ingenieurbiologisch verbaut. Räumliche, also doppelt ausgelegte Hangroste benötigen den meisten lebenden Baustoff. Hier wird nämlich der gesamte gestützte Bodenkomplex im Bereich des schrägliegenden Raumgitterelementes Hangrost mit Steckhölzern, durch Lagenbauten und Bepflanzungen oder mittels Berasungen zusätzlich gesichert. Dort, wo lebende Stangen in entsprechender Dimension gewonnen werden können (Auenwälder), werden kleinere Hangroste vollständig daraus gefertigt. Hangroste benötigen eine stabile Aufstandsfläche am Böschungsfuß.

Bauzeit: Bei Verwendung lebender Äste oder Gehölzpflanzen nur während der Vegetationsruhezeit, Ansaaten oder Vegetationsstücke während der Vegetationszeit, ebenso Container- oder Ballenpflanzen.

Wirkung: Lebende Hangroste wirken sofort nach ihrer Fertigstellung bodenhaltend und abstützend. Nach Anwachsen der lebenden Baustoffe verstärkt sich diese Wirkung infolge der Bewehrung des Bodenkörpers durch die Pflanzenwurzeln, so daß ein Unterspülen und Nachbrechen der Uferböschung verhindert wird. Der dichte Bewuchs innerhalb der Hangrostfelder übernimmt später insgesamt die Funktion des Raumgitterelementes.

Vorteil: Viele Variations- und Kombinationsmöglichkeiten, sofortige Wirkung, gute Einfügung des Bauwerkes in das Landschaftsbild.

Einsatzgebiet: Alle „normalen", aber auch aggressiven Fließgewässer. Ebenso stehende Gewässer mit wellenschlaggefährdeten Uferböschungen. Für flächenhafte Sanierung labiler, steiler Ufereinhänge, die aus Platzmangel nicht rückgeböscht und damit nicht abgeflacht werden können. Für die Sanierung von seichten, nicht tiefgreifenden Uferanbrüchen. Die Grenzhöhen für Hangroste liegen bei ungefähr 15 bis 20 m.

Drahtschotterkörper (Bilder 37, 38 und 46)

Drahtschotterkörper werden auch Drahtskelettkörper oder gabbioni (ital.) genannt. Die Herstellungstechnik wurde bereits im Abschnitt 3.3.1.1 erläutert, so daß auf eine Wiederholung hier verzichtet wird. Beim Bau von Uferleitwerken gelten sämtliche der dort bereits beschriebenen Kriterien.

Ganz besonders ist beim Leitwerkbau jedoch darauf zuachten, daß das ausschlagfähige Astwerk bergseits unbedingt in den gewachsenen Boden eingebunden werden muß, weil sonst die Bewurzelung nicht den Erwartungen entsprechen kann.

Den allmählichen, langzeitigen Verfall der Drahtskelette kompensiert zum Teil der Aufwuchs der lebenden Baustoffe, wobei jedoch schon vom Substrat her vorbestimmt der Pioniercharakter länger als nach dem Zerfall von Raumgitterelementen aus Holz bestehen bleiben wird oder auch sekundäre Dauergesellschaften sich entwickeln.

Die Haupteinsatzgebiete dieser gabbioni liegen in Kalk/Dolomit-Gebirgen.

Geotextilraumkörper (Bilder 95 und 96)

Mit Hilfe mehr oder weniger unverrottbarer Geotextilien, aber auch mit Naturfaserbahnen sind wir in der Lage, verschieden geformte, mit einem Kies-Sandgemisch gefüllte Baukörper herzustellen. Die Formenpalette reicht von prismatischen über walzen- und wurstähnlich ausgebildeten bis zu matratzenähnlichen, flachen Elementen. Die mögliche Formenvielfalt weist auf die hervorragende Verwendbarkeit dieses Baustoffes im Landschaftswasserbau hin, womit recht stabile und größer dimensionierte Leit- und Stützwerke erstellt werden können [53, 54].

Die Verwendung von Geotextilien ist die konsequente, moderne Fortführung des alten „Sandsacksystems", das zur Katastrophenabwehr entwickelt wurde. In ähnlicher Weise wie schon Krainerwände und Drahtschotterkörper werden die Geotextilstützkörper mit lebenden Baustoffen kombiniert. Dafür gelten sämtliche dort bereits festgelegten Vorschriften (siehe Abschnitt 3.3.1.1). Der Vorteil der Geotextilkörper liegt nun darin, daß nicht nur zwischen die einzelnen Körperfugen ausschlagfähiges Astwerk verlegt werden kann, sondern auch in den Körper selbst, durch Aufschlitzen desselben, Steckhölzer oder bewurzelte Pflanzen eingebaut werden können. Dies geschieht außerdem ohne kritischen Stabilitätsverlust der Geotextilkörper, wie z.B. bei Geotextilmatratzen, die als Uferdeckwerke Verwendung finden. Durch das Verwachsen dieser an sich nicht gerade ästhetischen Baukörper, wird außer der technischen und ökologischen Komponente auch jene der Landschaftsgestaltung berücksichtigt und erfüllt.

138   3 Die ingenieurbiologischen Bauweisen und Bautypen im Wasserbau

Bild 95
Durch Einlage ausschlagfähigen Astwerkes biologisch gestützte Geotextilraumkörper nach Bauabschluß (Foto: H. Zeh, Worb, Schweiz)

Bild 96
Bau von biologisch gestützten Geotextilraumkörpern (Foto: R. Sotir, Marietta, Georgia, USA)

3.3 Kombinierte Bauweisen

Biologisch gestützte Geotextilkörper sind teilelastisch und für eine landschaftsorientierte Gestaltung von Leitwerken zur Ufersicherung hervorragend geeignet. Sie überstehen stark wechselnde Wasserstände genauso wie starken Geschiebetrieb. Der Nachteil liegt vorderhand noch in den wesentlich höheren Kosten im Vergleich zu Bautypen mit ähnlicher Wirkung.

Elastische Uferverbauung nach *Watschinger* [51] (Bilder 97 bis 99)

Bei der Wildbachverbauung in Südtirol wendet man seit 40 Jahren mit Erfolg diese Baumethode (siehe [51]) an, die sich gut in die Landschaft einfügt und infolge ihrer Flexibilität den Veränderungen der Wasser- und Geschiebeführung standzuhalten vermag.

Der Böschungsfuß wird durch einen Steinsatz gesichert, bei dem die einzelnen, 300 bis 500 kg schweren, Steine durch Drahtseile miteinander und zusätzlich an Piloten befestigt werden. In steinarmen Gebieten verwendet man anstelle des Steinsatzes Drahtschotterwalzen (gabbioni).

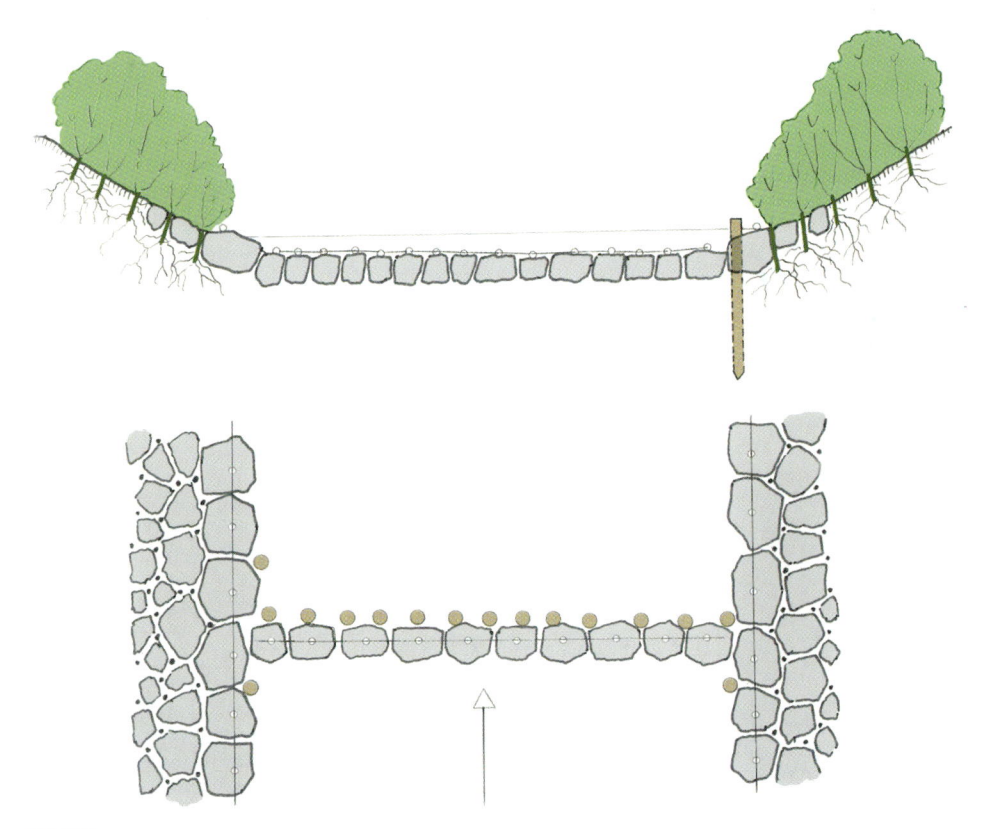

Bild 97
System der elastischen Uferverbauung mit zusätzlichen Sohlschwellen-Elementen nach [51] (Schema ohne Maßstab)

Bild 98
Detail einer elastischen Uferverbauung, ein Jahr nach Errichtung

Bild 99
Gehölzentwicklung aus einer elastischen Uferverbauung im Unterlauf eines Wildbaches; 10 Jahre alt

Zur Verhinderung der Eintiefung werden bei Bedarf Sohlschwellen derselben Bauart angeordnet, die sich auf eine Reihe massiver Piloten abstützen.

Steinsatz oder Drahtschotterwalzen werden mit ausschlagfähigen Ästen oder Steckhölzern kombiniert, und die darüber liegenden Uferböschungen werden mit Spreitlagen oder Versetzen von Steckhölzern gesichert. Dieses System der elastischen Uferverbauung stellt eine Wiedereinführung des bei den österreichischen Flußbauern bekannten „Rosenkranzes" dar.

3.4 Ergänzungsbauweisen

Zweck der Ergänzungsbauweisen ist es, die geschaffene Initialvegetation zu bereichern und in ihrem Bestand zu sichern sowie für die gewünschte Weiterentwicklung und damit für die Erreichung des angestrebten Zieles zu sorgen.

3.4.1 Versetzen von Ballen-, Topf- oder Containerpflanzen

Das Verpflanzen wurzelnackter Pflanzen hat sich bei ingenieurbiologischen Arbeiten selten bewährt, weil hierfür die Standortverhältnisse in der Regel zu extrem sind. Wurzelnackte Pflanzen – wie sie etwa bei Aufforstungen in Waldböden üblich sind – sollten deshalb nur unter besonders günstigen Boden- und Klimaverhältnissen verwendet werden.

Bei Pflanzen, deren Wurzelsystem beim Versetzen unversehrt bleibt, ist der „Verpflanzungsschock" erheblich geringer, weshalb die Ausfallsrate bei Ballen-, Topf- oder Containerpflanzen geringer als bei wurzelnackten Pflanzen ist. Dadurch ist die Verwendung solcher Pflanzenqualitäten bei ingenieurbiologischen Arbeiten meist wirtschaftlicher. Die Anzucht in Töpfen oder Containern verschiedenster Art bewährte sich auch für die Vermehrung von Gräsern und Kräutern (nicht nur von Gehölzen), deren Aussaat im Freiland keinen Erfolg bringen würde.

Bauausführung: Ballen-, Topf- oder Containerpflanzen werden in vorbereitete Pflanzlöcher gesetzt. Je nach Standort und Pflanzenart können die Pflanzlöcher von Hand oder auch maschinell, z.B. mit Pflanzlochbohrern, hergestellt werden. Schlepper sind nur in flachem Gelände einsetzbar. Auf steilen Böschungen und Hängen sind nur tragbare Pflanzlochbohrer oder Handarbeit möglich.

Vielfach ist es auch erforderlich, im Pflanzloch enthaltene Steine zu entfernen und durch vegetationsfähigen Oberboden oder Kompost zu ersetzen. Zur Wuchsförderung ist es zweckmäßig, die Pflanzscheiben bzw. die unmittelbare Umgebung der versetzten Pflanzen frei von anderem Bewuchs zu halten. Dies kann durch Abdecken mit Folien oder Mulchmaterial (z.B. Rinde, Stroh, Häcksel etc.) geschehen. Die Verwendung von Chemikalien für diesen Zweck ist abzulehnen. Eine Bewässerung unmittelbar nach der Pflanzung ist zweckmäßig und verbessert den Anwuchserfolg erheblich.

Bauzeit: Das gesamte Jahr über mit Ausnahme der Frostperioden. Günstigste Zeit ist der Übergang von der Vegetationsruhe zur Vegetationszeit.

Kosten: Je nach verwendeten Pflanzenarten und Standortverhältnissen, weshalb die Kosten für jede Baustelle kalkuliert werden müssen.

Arbeitsleistung: 10 bis 25 Pflanzen/Arbeitsstunde bei Pflanzlochherstellung von Hand; 35 bis 60 Stück bei Verwendung von Pflanzlochbohrern.
2-Mannpartie: 200 bis 500 bzw. 700 bis 1200 Pflanzen/Tag.

3.4.2 Transplantation (Bilder 100 bis 102)

Unter Transplantation verstehen wir die Übertragung zusammenhängender, mehrere Quadratmeter großer, Vegetationsdecken von einem Landschaftsteil auf einen anderen [21].

Baustoff: Möglichst große Stücke der ortsständigen, gewachsenen Vegetation mit dem durchwurzelten Boden, dessen belebte Horizonte möglichst wenig gestört werden sollten. Solche Transplantationseinheiten sind Pflanzengesellschaften aus Rasen, Stauden, Zwergsträuchern (-heiden) und Gebüschen, aber auch kleine Bäume oder Baumgruppen können mitverpflanzt werden.

Bauausführung: Die Entnahme bzw. das Ausheben der Vegetation geschieht mittels Bagger. Der Transport an den neuen Wuchsort erfolgt mit Hilfe von Radladern, das

Bild 100
Gewinnung von Vegetationsstücken aus einem Naturbestand

3.4 Ergänzungsbauweisen   143

Bild 101
Mittels Transplantation von Rasen- und Strauchgesellschaften gesicherte und gestaltete Uferbereiche eines KW-Zwischenspeichers

Bild 102
Durch Transplantation geschaffene Ufervegetation in einem Dränagegraben

möglichst rasche Einsetzen in vorbereitete Pflanzmulden durch geeignete Geräte wie z. B. Bagger und/oder Schubraupen.

Bauzeit: Am besten während der Vegetationsruhezeit.

Wirkung: Durch das Versetzen von Pflanzengesellschaften samt dem Boden werden auch in sehr großen, vegetationslosen Flächen Inseln (Ökozellen) geschaffen, von denen aus die Weiterbesiedelung mit Pflanzen und Tieren, auch der Kleinlebewelt, rascher vor sich geht.

Kosten: Nur wenn innerhalb einer Baustelle oder in deren Nähe geeignete natürliche Bestände entfernt werden müssen, ist die Transplantation ökonomisch.

Einsatzgebiet: Vor allem für die Wiederbesiedelung großer Flächen, wo natürliche Vegetationsbestände im Zuge des Baugeschehens anfallen und wo der erforderliche Maschinenpark vorhanden ist.

3.4.3   Versetzen geteilter Wurzelstöcke und -horste

Baustoff: Alle Pflanzen, also Gräser, Kräuter aber auch Gehölze, die unterirdisch einen mehrachsigen Wuchs besitzen und sich daher in mehrere Stücke zerteilen lassen (z. B. *Brachypodium sp., Achillea millefolium, Deschampsia caespitosa, Carex*-Arten, *Petasites sp.,* Röhrichtpflanzen).

Bauausführung: Geeignete Pflanzen werden entweder am natürlichen Standort oder in eigens dafür angelegten Muttergärten ausgegraben und so zerteilt, daß ein gutes und rasches Anwachsen der Stücke sicher ist. Die einzelnen Stücke pflanzt man unter Zugabe von Oberboden oder Kompost aus. Für Berasungen mit niedrigen Gräsern in Trockengebieten kann auf die Oberbodengabe meist verzichtet werden.

3.4.4   Versetzen von Rhizomen

Baustoff: Lebende Rhizomstücke geeigneter Pflanzenarten wie z. B. *Phragmites, Iris, Petasites, Typha, Acorus calamus*. Länge der Rhizomstücke und Pflanzendichte hängen von der verwendeten Art und dem Begrünungszweck ab. Im allgemeinen genügt eine Dichte von 3 bis 5 Stück je m². Rhizomhäcksel gewinnt man durch Ausgraben, Aushakken oder maschinelles Schälen am natürlichen Standort.

Bauausführung: Einzelne Rhizomstecklinge (Wurzelstöcke) verpflanzt man, indem man ca. 10 bis 15 cm lange Rhizomstücke in seichte Pflanzmulden versetzt und etwas mit Erde bedeckt. Pfahlförmige Rhizome können wie Triebstecklinge senkrecht verpflanzt werden, so daß gerade noch der oberste Teil aus dem Boden ragt. Auf steinigen, nährstoffarmen, kiesigen Böden muß Oberboden oder Kompost zugegeben werden, der vor der Pflanzung mit dem mineralischen Boden zu vermischen ist.

Bauzeit: Die Vermehrung durch Rhizomstecklinge ist von einem inneren Vegetationsrhythmus abhängig, der artspezifisch ist. Dieser Vegetationsrhythmus ist jedoch nicht so stark ausgeprägt wie bei Stecklhölzern. Während der Vegetationsruhe versetzte Rhizomstecklinge wachsen am besten an. Rhizomstecklinge müssen sofort nach der Gewinnung verarbeitet werden oder sind – kühl gehalten bzw. in feuchtem Sand gebettet – kurzfristig zu lagern.

Vorteil: Einfache Möglichkeit, rasch aufbauende Pflanzenarten einzubringen, deren Samen im Handel nicht erhältlich sind.

Kosten: Abhängig von Gewinnungsmöglichkeit, verwendeter Pflanzenart, Dichte und Standort.

3.5 Sonderbauten

3.5.1 Ausgrassung (Bilder 26 unten, 27 und 28)

Kleine flache Runsen können einfach gesichert werden, indem man einzelne Äste oder Bündel von Ästen mit dem dicken Ende nach oben in die Runse legt und mit Steinen beschwert.

Tiefe und steile Erosionsrunsen füllt man mit Graß, also mit mehrere Meter langem, totem Astwerk (möglichst von Nadelhölzern) aus. Die dickeren Teile der Äste liegen am Runsengrund und zwar hangauf gerichtet (siehe Bild 15). Das Astwerk wird durch gut eingebundene Querhölzer festgehalten. Mit 3 mm starkem Draht bindet man jeweils einige Äste an den Querbaum. Die Runsenausgrassung kann nur in engen V-Runsen ökonomisch eingesetzt werden, weil man sonst zu große Materialmengen benötigt. Für V-Runsen ist sie jedoch die einfachste und wirtschaftlichste Sicherungsmethode.

Weiterhin erfolgende Abschwemmungen laufen sich in der Ausgrassung tot. Das Wasser sickert, nachdem seine Kraft gebrochen ist, schadlos ab und das mitgeführte Geschiebe bleibt in den dichten Ästen liegen, wodurch sich die Runse allmählich wieder auffüllt. Auch das bei Ausrundungen und beim Abböschen übersteiler Hangabschnitte anfallende Material kann bedenkenlos in die Ausgrassung geschüttet werden. Durch Bestecken mit Steckhölzern bzw. Mitverwenden ausschlagfähiger Äste kann ein rascher Bewuchs erreicht werden.

3.5.2 Rauhbaum und Rauhbaumgehänge

Darunter versteht man stark beastete Bäume oder Gipfel derselben, die vor allem im Katastropheneinsatz angewandt werden, um frisch angerissene Ufer zu schützen.

Zur Verhinderung weiterer Schäden bringt man sie im Uferbereich oder im Kolk an und verankert sie mit Drahtseilen an Pfählen bzw. Fels oder schweren Steinen. Die Baumwipfel liegen flußabwärts.

Rauhbäume bewirken eine Verringerung der Fließgeschwindigkeit, wodurch das mitgeführte Geschiebe und Schwemmgut abgelagert wird. Sie wirken nur solange, als die Äste elastisch sind. Daher sind sie nur für den bei Katastrophen unmittelbar notwendigen und für temporären Uferschutz brauchbar und müssen so rasch als möglich durch endgültige, ingenieurbiologische Baumaßnahmen ersetzt werden. Rauhbaumgehänge sind eine Kombination aus großen, verankerten Rauhbäumen im Bereich der Uferlinie und kleinen, dichtbenadelten Bäumen, mit denen die bedrohte Uferböschung abgedeckt und damit die Erosionsgefahr abgewendet wird. Sie werden direkt mit Pflöcken und Klammern am Boden befestigt. Als Senkbaum bezeichnet man einen Rauhbaum, der bei tiefen Auskolkungen unter Wasser verlegt und zur Verhinderung des Auftriebes mit Betonstücken (alte Rohre o. ä.) beschwert wird. Der Senkbaum ist nach dem Verlegen nicht mehr sichtbar und wird rasch eingeschottert.

3.5.2 Lebende Buschlahnung (Bilder 103 und 104)

Lahnungen sind Bauelemente der Kulturtechnik und wurden und werden im Tidegebiet zur Landgewinnung eingesetzt. Neuerdings haben sie zum Uferschutz von Baggerseen Verwendung gefunden, wo die Ufer durch Wellenschlag zerstört worden waren. Hinter den Lahnungen wird Röhricht gepflanzt, das geschützt vor dem mechanischen Angriff der Wellen schnell gedeiht und nach wenigen Jahren – bei entsprechender Standsicherheit – selbst den Schutz des Ufers übernehmen kann. Lahnungen bestehen aus zwei Reihen Holzpflöcken, zwischen die totes Laub- und/oder Nadelholzreisig fest eingebaut wird. Die Holzpflöcke werden paarweise miteinander verspannt und geben so dem ganzen Element Halt. Die hydraulische Wirkung der Lahnung besteht in diesem Falle darin, daß die geschlossene Wellenfront durch die vielfältigen Öffnungen in die Reisigpackung eindringt und dort fortwährend neue Hindernisse vorfindet, durch die Turbulenzen und damit Energieumwandlungen hervorgerufen werden. Es ist nicht möglich, Angaben über die Abmessungen von Lahnungen zu machen. An der Unterelbe z.B. wurden zum Schutz eines Uferdeckwerkes Lahnungen angebracht, deren Pflöcke aus Kiefernstammabschnitten mit 20 cm Zopfdurchmesser bestanden. Das Reisig war mit geglühtem Stahldraht eingebunden. Bei den Lahnungen am Ufer eines Baggersees hatten die Pflöcke einen Zopfdurchmesser von 3 bis 5 cm.

Ganz allgemein läßt sich sagen, daß die Stärke des Lahnungsprofils den örtlichen Gegebenheiten angepaßt werden muß. Die Grenze liegt dort, wo die angreifenden Wellen die Reisigpackung noch wirksam durchdringen. Damit ist nicht der mit der Wellenbewegung auf- und absteigende Wasserstand hinter der Lahnung gemeint. Höhe und Breite der Reisigpackung sind gleich groß. Ob diese nun 30 cm oder 50 cm (900 bis 2500 cm^2) ist, muß vor Ort an einigen Probefeldern mit wechselnden Abmessungen ausprobiert werden. In diesem Fall sind Lahnungen Bauelemente mit zeitlich begrenzter Lebensdauer, die als Starthilfe für andere Elemente des Lebendverbaues anzusehen sind. Die schwierige, zeitaufwendige und damit auch sehr teure Flechtlahnung zur Verlandung von engen und tiefen Kolken geeignet, wird heute kaum noch verwendet.

3.5 Sonderbauten

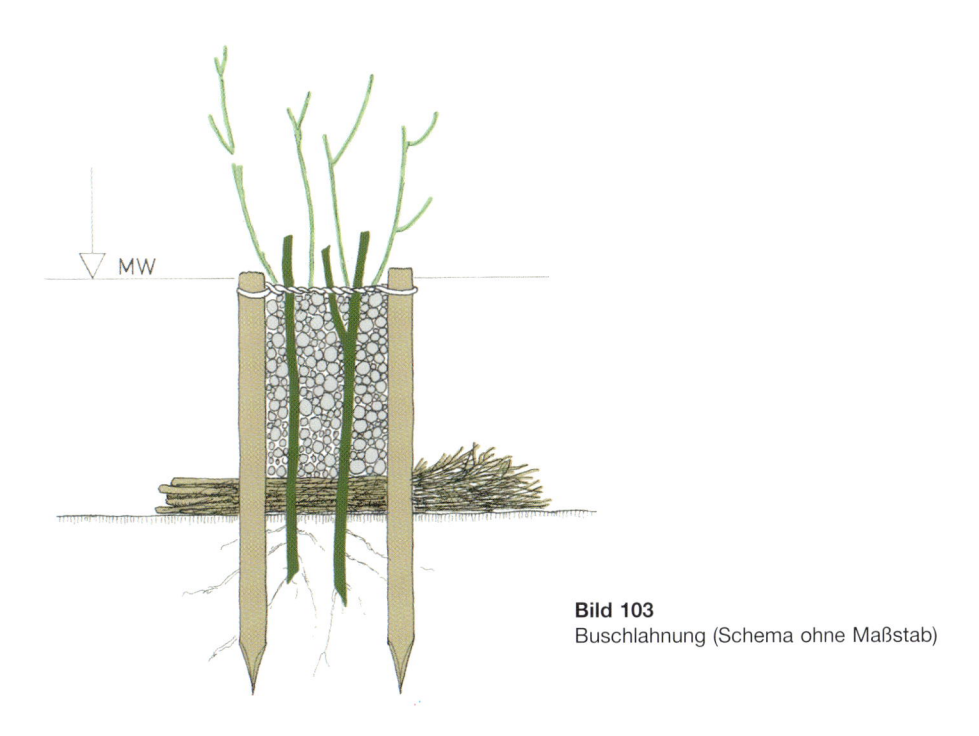

Bild 103
Buschlahnung (Schema ohne Maßstab)

Bild 104
Uferlahnung in einem See; Bauzustand (Foto: H. Zeh, Worb, Schweiz)

4 Ingenieurbiologie und Dammbau

Dämme haben als technische Bauwerke standsicher zu sein und zu bleiben. Diese Forderung hat auch mit der Wasserwegsamkeit (Dichtung und Dränage) und mit der Internverlagerung von Bodenpartikeln (Aggregatbildung und Oxidation) im Dammkörper zu tun.

Der Zweck von Dammbauten liegt im Abdämmen von Wasser. Unterschiede zwischen verschiedenen Dammtypen werden von deren Geometrie und Geländelage bestimmt sowie von der Benetzungsdauer der wasserseitigen Dammböschung im Jahresverlauf.

Folgende Dammtypen werden unterschieden:
- Hochwasserschutzdämme (zeitweise Benetzung und starke Wasserspiegelschwankungen)
- Begleitdämme an Schiffahrtskanälen (ständige Benetzung bei geringer Wasserspiegelschwankung)
- Rückstaudämme für Stauhaltungen (ständige Benetzung; geringe Betriebsspiegelschwankung, kurzzeitig bei Hochwasser starke Wasserspiegelschwankung möglich)
- Staudämme bei Flußkraftwerken (Verhaltensmuster wie bei Rückstaudämmen)
- Staudämme bei Speicherkraftwerken (ständige Benetzung bei Vollstau, mäßige Betriebsspiegelschwankung, Benetzungsentzug in der Absenkphase)

Unter Berücksichtigung des bisher Gesagten ist die Wasserseite von Staudämmen bei Flußkraftwerken nur deutlich eingeschränkt für eine ingenieurbiologische Bearbeitung geeignet, bei Speicherkraftwerken scheidet sie vollkommen aus.

Selbst wenn wir die sehr subjektiv angelegte, starke oder mäßige Sinnhaftigkeit von Vorschriften zur völligen Vegetationsfreihaltung der wasserseitigen Böschungen und diesbezügliche Richtlinien über die Landböschungen von Dämmen im weitesten Sinne berücksichtigen, lauten die Fragen immer noch:
- Welchen Einfluß nimmt Vegetation auf Sicherheit und Lebensdauer von Dämmen?
- Werden Sicherheit und Lebensdauer von Dämmen durch Vegetation erhöht oder gestört?
- Können Dammböschungen von der spontanen Pflanzenbesiedelung auf Dauer freigehalten werden?
- Sollen Dammböschungen von der spontanen Pflanzenbesiedelung überhaupt freigehalten werden?
- Sind ingenieurbiologische Sicherungs- und Gestaltungsmaßnahmen im Dammbau einsetzbar, notwendig oder erwünscht?
- Wie breit oder wie schmal ist das Anwendungsfeld ingenieurbiologischer Bauweisen?
- Wo am Dammkörper und wo in dessen Umfeld befinden sich behandelbare Flächen?
- Wo bestehen Grenzen und Ausschlußflächen für den Einsatz ingenieurbiologischer Bauweisen?
- Welche Pflanzen bzw. Pflanzengesellschaften sind auf Dämmen tolerierbar?
- Gefährden Sträucher und Bäume die Sicherheit von Dämmen?

Bei Hochwasserschutzdämmen, aufgedämmten Rückhaltebecken und Kanaldeichen ist der Einsatz ingenieurbiologischer Bauweisen längst eingeführt. Was erschwerte oder verhinderte bei Dämmen im konstruktivem Wasserbau bisher weitgehend die Verwendung solcher Bauweisen?

- Das Aufbringen von Außendichtungen mit Asphaltbeton.
- Die Ausbildung von Böschungssicherungen mit reinen Hartbauweisen an der Wasserseite von kerngedichteten Dämmen.
- Die Befürchtung, das Sickerströmungsnetz durch den Wurzelkörper der Pflanzen derart negativ zu beeinflussen, daß Gefahr für die Standsicherheit des Dammes bestünde.

Ausnahmen von Regelungen und Bedenken gegen Vegetation auf Dämmen, besonders an der Wasserseite, bestätigen die Risikofreudigkeit und Überzeugung von engagierten Ingenieuren.

- Die bereits vor der Wende des 19./20. Jahrhunderts errichteten Begleitdämme an Wasserstraßen in Frankreich blieben dicht und ohne wesentliche Schäden. Dies, obwohl die Dämme örtlich sogar mit hochstämmigen Pyramidenpappeln bepflanzt wurden [31, 45].
- Hochwasserschutzdämme der Elbe im Grenzgebiet Hansestadt Hamburg/Bundesland Niedersachsen wurden, den verschiedenen Bestimmungen nach, verschieden ausgelegt. Einmal erhielten in Hamburg die wasserseitigen Böschungen eine Oberflächen-Asphaltdichtung, in Niedersachsen hingegen konnte sich nach Bepflanzungen ein Auwald entwickeln. Beide, dem ökologischen und ästhetischen Wert nach, derart verschiedene Dämme hielten argen Springfluten stand.
- Seit den Jahren 1960/1970 werden die Rückstaudämme der Flußkraftwerke an der Drau (Kärnten/Österreich), ohne Veto der Obersten Wasserrechtsbehörde, an der Luftseite auch mit Gehölzen bepflanzt [25].
  Bald danach wurde dort auch darangegangen, den Stauspiegel-Schwankungsbereich, kombiniert mit Bruchstein und lebenden Baustoffen, zu verbauen und in weiterer Folge ebenso die nach oben anschließenden Böschungsteile mit Asphaltdichtungen in die Maßnahmen mit einzubeziehen. Die Erfolge sind ermutigend.
- Intensiver Einsatz ingenieurbiologischer Bauweisen erfolgte bei sämtlichen Dammbauten der Inn-Flußkraftwerke Ebbs-Oberaudorf/ÖBK (1990–1993) und Langkampfen/TIWAG (1996–1999).
- Mit einer Vorgabe der Naturschutzbehörde wurde die Luftseite des Schüttdammes des Speicherkraftwerkes Koralm/Feistritzbach-Soboth der Kärnter Elektrizitäts AG nicht nur mit Großnatursteinblöcken besetzt, sondern zwischen 1990 und 1992 auch ingenieurbiologisch mittels Deck- und Stabilbauweisen, Bepflanzung und Transplantation von ortsständiger Vegetation verbaut [49]. Ingenieurbiologie kam auch auf der Luftseite der Schüttdämme der Speicher Durlassboden/Gerlos und Bolgenach/Bregenzer Wald zum Einsatz (Bilder 105 und 106).

4 Ingenieurbiologie und Dammbau 151

Bild 105
Schüttdamm KW Bolgenach, Bregenzerwald, Österreich; 10 Jahre alte Bepflanzung der Damm-Luftseite; Blick auf die Dammkrone; Dammhöhe: 100 m

Bild 106
Schüttdamm KW Feistritzbach-Koralm, Steiermark, Österreich; 8 Jahre alte Bepflanzung; Aufforstung, Transplantation und Berasung der Damm-Luftseite; Dammhöhe: 85 m
(Foto: KELAG, Klagenfurt, Österreich)

Die Wasserseite von Dämmen ist außer den erosiven Angriffen durch Niederschlag und Temperaturwechsel zusätzlich noch Kräften ausgesetzt, welche von Bewegungsabläufen im Wasser bzw. an der Wasseroberfläche ausgehen. Im Normalfall sind die Stauhaltungen von Flußkraftwerken strömungsschwach. Durch extreme Hochwasserwellen, Schwellbetrieb oder Spülvorgänge wird die Strömungsgeschwindigkeit kurzzeitig erhöht, es entstehen so auch Spiegelschwankungen, eine Art Wasserwechselzone von eher geringer Dimension. Entlang der Wasseranschlagslinie besteht ständig leichter Wellenschlag, intensiv windbestrichene Stauhaltungen belasten die Uferlinien mit starkem Wellenschlag. Böschungen entlang schiffbarer Flüsse leiden besonders stark unter der Wellenmechanik. Da entstehen große Wellen bis Brecher, welche durch den Sog des rückströmenden Wassers Böschungsschäden durch Ausschwemmen von Feinmaterial provozieren.

Derartigen Energieangriffen kann durch elastische ingenieurbiologische Bautypen auf Dauer besser begegnet werden als durch reine Hartbauweisen. Vielschichtiges, reichverzweigtes, elastisches Astwerk gilt im Wasserbau, sowohl mit Laub als auch unbelaubt, als hervorragender Energiebrecher und -umwandler. Der Wurzelkörper festigt zudem den Boden, und der Wurzelfilz bindet das Feinkorn. Während der Vegetationszeit pumpen geeignete Pflanzen überschüssiges Bodenwasser ab.

Pflanzenwurzeln haben physiologische und mechanische Aufgaben zu erfüllen, wie Nährstoff- und Wasseraufnahme aus dem Erdreich und die Verankerung im Boden. Dazu ist sowohl ein empfindliches Feinwurzelsystem, als auch ein mechanisch starkes Grobwurzelgerüst notwendig. Zur Erschließung von Feuchte und Nährstoffen dringen die Wurzeln von Pflanzen in verschiedene Bodentiefen vor. Das Maß der Eindringtiefe hängt unter anderem von der Bodendichte ab. Dies deshalb, weil der Vegetationskegel an den Wurzelspitzen – auch bei Gehölzen (!) – ein sehr sensibles Organ darstellt, das jedem Widerstand sofort ausweicht. Daher auch die vielfältig gekrümmten Fäden der Wurzelkörper. Pflanzenwurzeln sind keine Schrämmhämmer!

Für die Planung und Umsetzung in die Praxis kann als empirisch hergeleiteter Rahmen gelten, daß Gräser und Kräuter 0,25 m, Sträucher wenigstens 0,75 m und Bäume mindestens 1,0 m dicken vegetationsfähigen Boden benötigen. In der Natur gehen selbst sogenannte Tiefwurzler unter den Gehölzen im Regelfall kaum tiefer in den Boden als ein bis zwei Meter. Tieferstreichende Wurzeln nutzen immer irgendwelche Inhomogenitäten im Bodenkörper, wie z. B. Risse, Fugen, Spalten und Füllungen mit Feinkorn [48].

Das bedeutet, daß unter Einhaltung bestimmter konstruktiver Voraussetzungen, wie z. B. Bau von Kerndichtungen, und bei Berücksichtigung der Dimensionen, auch die Wasserseite von Dämmen mit Vegetation besetzt werden könnte, selbst ohne den nicht sehr attraktiven Kompromiß der Kaschierung einer Asphalt-Oberflächendichtung. Bisher wurde noch über keinen Fall berichtet, daß fehlerfreie Einmischdichtungen oder Schmalwände von Pflanzenwurzeln durchörtert worden seien. Derartige Bauelemente bilden im Regelfall hermetische Wurzelsperren.

Die Untersuchungen von *Hähne* [17] über die bodenabhängige Wurzelentwicklung verschiedener Laubbäume und Sträucher auf bis zu 50 Jahre alten Hochwasserdeichen an der Donau, brachten als Ergebnis: „Die Aufbringung eines nährstoffreicheren Oberbodens hat bei allen Gehölzarten zur Ausbildung eines sehr flachen Wurzelsystems geführt, das zusätzlich durch die starke Verdichtung in seinem Tiefenwachstum behindert worden ist. Nur einzelne stärkere Wurzeln sind in etwa 1 m Tiefe im Bereich der Dammkrone in einer locker gelagerten Kiesschicht gefunden worden. Aufgrund der bisherigen ungewöhnlich flachen Ausbildung des Wurzelsystems auf dem übrigen Deichkörper ist ein wesentlich tieferes Wurzelwachstum nicht zu erwarten".

Für sämtliche Dammflächen gilt zweifelsohne, daß sie gegen Oberflächenabtrag, bzw. gegen Eindringen von Oberflächenwässern zu schützen sind. Diese Aufgabe wird mit Deckbauweisen (Berasungen) erfüllt [19, 90].

An der Luftseite von Dämmen ist der spontane Anflug von Gehölzen unvermeidbar und sollte auch nicht unterbunden werden. Einer ingenieurbiologischen Behandlung der Luftseiten steht eigentlich kein Argument entgegen, zumal ja auch die Dimensionen der Dammkörper dafür sprechen. Vom Standpunkt der Sicherheit her ist ein wesentliches Kriterium die Trockenhaltung jener Dammteile, welche die Dichtungszone stützen. Die Wurzeln der Pflanzen dürfen auf keinen Fall die Dränung der Dämmschicht stören. Sie dürfen hingegen den Wasserentzug durch die Pumpleistung der Pflanzen in der Vegetationszeit erhöhen, so daß die Sickerlinien im Dammkörper zur Tiefe hin verlagert werden [18].

Hochstämmiges Altholz von Nadelbäumen, vor allem Fichte, mit kurzen, hochangesetzten Kronen, haben auf Dämmen nichts zu suchen. Schon leichte bis mittlere Windstärken versetzen solche Bäume in latente Schwingungen, die über den Wurzelkörper an den Boden weitergeleitet werden, wodurch es zu Auflockerungserscheinungen im Bodengefüge kommt. Sturmböen verstärken die Schwingungen um ein Vielfaches, was zu den bekannten Windwürfen und Stammbrüchen führt. Durch Windwurf entsteht so in der Haut des Dammkörpers eine große, erosionsgefährdete Wunde, deren Sanierung sofort anzugehen ist, damit sich kein größerer Schaden entwickeln kann. Naturverjüngung von Nadelhölzern sollte daher auf Dämmen von Haus aus entfernt oder aber die Umtriebszeit sehr stark reduziert werden, so daß es nie zur Entwicklung von Altholz kommen kann.

Ergebnisse aus Beobachtungen und Untersuchungen an flußbegleitenden Erddämmen geringer Dimension erlauben den Schluß, daß wühlende oder grabende Tiere mehr zur Destabilisierung beitragen, als Pflanzenwurzeln [8, 35].

Hohlräume von abgestorbenen und verrotteten Wurzelsträngen bilden nicht nur bevorzugte Sickerwege, sondern fungieren auch als Leitbahnen für Tiergänge.

Eine potentielle Überströmung von Dämmen unter exzessiven Bedingungen ist auch heute noch ein hydraulisches Schreckgespenst, weil Dämme nur in Sonderfällen dafür gerüstet sind. Es gibt viele Beispiele für partielle oder totale Zerstörung von Dämmen rund um die Welt. Ist nun die Luftseite von Dämmen auch mit einzeln stehenden Bäumen bewachsen, wird über die Dammkrone strömendes Wasser unter Umständen zu Kolkerscheinungen führen. Dieser Gefahr kann begegnet werden, indem aus Naturverjüngung entstandene Gehölze zu Baumgruppen hingepflegt und bei Pflanzungen Gruppen angelegt werden, die außerdem mit einem Fußschutz aus Sträuchern zu versehen sind (Bild 107). Bäume, die am Platz eines projektierten Rückstaudammes stocken, müssen nicht unbedingt der Axt zum Opfer fallen. Sie können eingeschüttet und damit erhalten werden, wenn sichergestellt ist, daß der Dichtungskern nicht gefährdet sein kann, weil die Baumwurzeln mindestens 2,0 m Abstand haben. Um das Fortkommen der Bäume zu sichern, ist es von Vorteil, die Dammschüttung in mehreren Etappen, über zwei bis drei Jahre, durchzuführen. Dabei sollten die Stämme mit luft- und wasserdurchlässigem Material (Kies, Schotter) umhüllt werden, keinesfalls mit bindigem Schüttgut. Mit Hilfe dieser Technik konnten, bei Einschüttungsmächtigkeiten bis zu 6,0 m (!), mehr als 300 Stück Silberweiden, Grauerlen und Traubenkirschen beim Bau der Rückstaudämme z. B. des Inn-Kraftwerkes Oberaudorf/Ebbs erhalten und die intensive und mächtige Adventivwurzelbildung, die rasch nach der Einschutterung einsetzte, beobachtet werden (Bild 108). Die derart erhaltenen Bäume tragen zur Stabilität des luftseitigen Dammkörpers sicher bei (Bilder 109 und 110).

Solange es Stauräume gibt, werden auch immer wieder Sträucher und Bäume auf Dauer eingestaut. Die Überlebenschancen sind dabei, ohne weitere begleitende Maßnahmen, äußerst gering. Seit etwa fünfzig Jahren ist bekannt, daß verschiedene Laubgehölze, besonders jene mit Pioniercharakter, die Fähigkeit besitzen, Verschüttungen aber auch zumindest temporäre Überflutung oder gar Überstauung zu ertragen [36, 46, 47]. Besonders ausgeprägt ist diese Eigenschaft bei Weiden, Erlen, Pappeln, Ulmen, Eschen und Traubenkirsche.

Vorübergehende Überflutung wird selbst während der Vegetationszeit ertragen. Viele Jahre hindurch konnten wir z. B. beobachten, wie selbst im kalten Wasser des Inn bei Hochwasser Weiden und Pappeln bis zu sechs Wochen völlig unter Wasser verschwunden waren und außer Verletzungen durch Treibgut keinerlei Schäden davontrugen.

Zahlreiche Beobachtungen und Untersuchungen erlauben es, Aussagen über Erhaltungsmöglichkeiten von Gehölzen bei notwendigem Einstau zu machen:

- Sehr rasche oder plötzliche Überflutung wird von den Bäumen mit erhaltener, voller Stammlänge nicht ertragen. Vor dem Ausbau wären, als unterstützende Maßnahme, die Bäume in mehreren zeitlich verschobenen Dosen mit durchlässigem Material einzumanteln. So kann sich allmählich ein dichtes und vitales Adventivwurzelsystem über die gesamte Mantelfläche des Stammes ausbilden, das die Versorgung des Baumes sicherstellt, wenn das alte Wurzelsystem infolge des Einstaus abstirbt (Bild 108).
- Je mehr Zeit für diese Vorbereitung zur Verfügung steht, umso größer wird der Erfolg sein. Anzustreben wären zwei bis drei Jahre vor dem endgültigen Einstau.
- Die Einschüttung hat so weit zu erfolgen, daß die Baumschäfte nie direkt im Wasser zu stehen kommen. Daher ist es zweckmäßig, mehrere Bäume und Sträucher zu Gruppen zusammenzufügen, so daß durch die Aufschüttung kleine Inseln in einer Flachwasserzone entstehen.

4 Ingenieurbiologie und Dammbau

Bild 107
Beispielschema für die Bepflanzung eines Hochwasserschutzdammes oder Rückstaudammes; Bäume mit „Fußschutz" durch Sträucher

Bild 108
Intensive Neubildung von Wurzeln bei einer Alt-Silberweide (*Salix alba*) mit 40 cm Brusthöhendurchmesser, nach einem Jahr künstlicher Einschotterung (Foto: H. Gall, Kufstein, Österreich)

Bild 109
Bäume eines Auwaldstreifens wurden in den Rückstaudamm integriert und während des Dammbaues in mehreren Arbeitsgängen eingeschüttet. Das Bild zeigt eine der Schüttungsphasen

Bild 110
Nach 8 Jahren stehen die Bäume (im Vergleich zu Bild 109) mehr als 3 Meter tief eingeschüttet vital im ungeschädigten Dammkörper

4 Ingenieurbiologie und Dammbau

Bild 111
Erhaltung von Baumgruppen (Silberweide, Grauerle, Traubenkirsche) in einem Stauraum eines Flußkraftwerkes durch Einschotterung in mehrjährigen Arbeitsphasen

Bild 112
Vergleich zu Bild 111: nach Abschluß der Einmantelung und während des Aufstaus

Bild 113
Gruppe von 56 bis 76 Jahre alten, bis zu 6 m(!) eingeschütteten Silberweiden im 10. Jahr ihres „neuen Lebens"; Vergleich zu den Bildern 111 und 112

Dieses System kam 1990 beim Bau des Flußkraftwerkes Ebbs-Niederaudorf am Inn zum Einsatz. Der Vergleich der Bilder 111 bis 113 läßt die Entwicklung der Anlagen deutlich erkennen.

- Unbedingt ist darauf zu achten, daß keine feinkörnigen, dichten Bodenarten (Schluff, Ton, Lehm) zum Ummanteln der Bäume verwendet werden, weil damit die Sauerstoffversorgung der neugebildeten Wurzeln unterbunden und der Baum zum Sterben verurteilt wird, so als ob er im reinen Wasser stünde.

- Die über das Stauziel ragende Schüttung wird der natürlichen Besiedlung durch Pflanzen und Tiere überlassen. In Wassernähe laufen solche Sukzessionen erheblich rascher ab, als auf Trockenstandorten.

Ideen, Erfahrungen und Grundlagen zur Gestaltung und Strukturierung von Stauräumen sowie zum Thema landschaftsharmonischer Formengebung und Gestaltung von Rückstaudämmen und Hochwasserschutzdämmen sind in zahlreichen Publikationen niedergelegt. Dabei werden auch die Rolle der Naturnähe, die Verwendung lebender Baustoffe, der Einsatz ingenieurbiologischer Bauweisen und die Pflegenotwendigkeit von Pflanzungen behandelt. In unserem Buch soll dieser Sektor nicht aufbereitet werden [2, 3, 15, 74, 108].

5 Feuchtbiotope

Zwischen fließenden und stehenden Gewässern und Feuchtbiotopen bestehen mehr als nur Gedankenbrücken. Es gibt gegenseitige Abhängigkeiten und Korrespondenzen ebenso, wie Überschneidungen oder Ausschließungen möglich sind. Aus diesen Gründen wird ein kurzer Abschnitt den Feuchtbiotopen gewidmet.

Unter dem Begriff Feuchtbiotop faßt man heute alle jene Ökosysteme zusammen, deren Hauptmerkmal die Abhängigkeit von einem dauernd hohen Wasserstand ist. Dies trifft zu bei Flachwasserbeständen, Röhrichten, Riedgrasbeständen, Nieder- und Hochmooren, aber auch Augebüschen und Auwäldern aller Höhenstufen (Bild 114).

Eine Nutzung dieser Bestände war in der Vergangenheit vielfach wegen des hohen Wasserstandes und der mangelnden Tragfähigkeit des Bodens nur sehr eingeschränkt und mit speziellen Methoden möglich. Ausnahmen bilden etwa die Streuwiesen und Auwälder. Trotzdem wurden im Laufe der langen Besiedelungsgeschichte unter anderem durch Torfstiche, durch Entwässerungen welcher Art auch immer, durch Einebnen und Zuschütten von Mulden, aber auch durch Schutzwasserbauprojekte ein großer Teil von Feuchtbiotopen von der für ihren Bestand notwendigen Wasserversorgung abgeschnitten. Das bringt Störung bis Zerstörung mit sich. Wir können so die in Europa erhalten gebliebenen Feuchtbiotope als Relikte einer ursprünglich wesentlich weiter verbreiteten Vegetation auffassen. Feuchtbiotope bergen meist eine große Zahl selten gewordener Pflanzen und bieten auch ebenso seltenen Tieren Lebensraum.

Die Erhaltung eines Feuchtbiotops ist nur dann möglich, wenn die ökologischen Verhältnisse unverändert bleiben, vor allem der Wasser- und Nährstoffhaushalt. Die Verbindung mit benachbarten Gewässern und Grundwasserströmen muß daher unbedingt gesichert sein. Anderseits müssen Nährstoffeinträge, wie sie etwa aus belasteten Fließgewässern oder benachbarten, intensiv bewirtschafteten Kulturen erfolgen können, durch Abtrennung oder Abdichtung verhindert werden.

Besonders empfindlich sind Feuchtgebiete gegenüber dem Eintrag toxischer Stoffe, etwa aus Deponien und Halden (z. B. Müllkippen, Industrie- und Bergbauhalden), aber auch durch Niederschlag toxischer Stoffe aus der Luft (z. B. saurer Regen, Stäube).

Am Beginn der Planung sollte daher eine Bestandsaufnahme stehen, um den Istzustand zu dokumentieren und mit später eintretenden Veränderungen vergleichen zu können. Dazu dienen pflanzensoziologische Aufnahmen, Prüfung des Nährstoff- und Wasserhaushaltes der Böden, Aufnahme der Grundwasserstände und der Hangwasserzüge, Prüfung der Wasserqualität.

Erweist sich ein Feuchtbiotop aufgrund einer derartigen Erhebung als erhaltungswürdig, dann wäre die rechtliche Sicherung durch Erklärung zum Natur- oder Landschaftsschutzgebiet anzustreben. Feuchtbiotope, welche Baumaßnahmen zum Opfer fallen sollen, können durch Versetzen des Bestandes erhalten und eventuell sogar vergrößert und

Bild 114
Bestand von breitblättrigen Rohrkolben (*Typha latifolia*) in einem Feuchtbiotop

Bild 115
Ausbau eines Dränagegrabens. Durch den Einsatz lebender Baustoffe konnten neue Feuchtbiotope geschaffen werden (Foto: Chr. Göldi, Zürich, Schweiz)

verbessert werden. Auf keinen Fall dürfen Feuchtbiotope ganz abgegraben oder zugeschüttet werden!

Voraussetzungen für die Neuanlage oder die Transplantation von Feuchtbiotopen wären:

- Auswahl geeigneter Flächen (Bild 115).
- Schaffung der notwendigen ökologischen Verhältnisse, wie z.B. Bodenaufbau, Wasserzu- und -abfluß, Regelung von Wasserständen, Nährstoffbalance.
- Schutz vor Störungen durch Betreten, Befahren, Beweiden, vor Eintrag von Schadstoffen und Dünger.
- Verwendung möglichst großer Vegetationsstücke bei der Transplantation (Bild 100).

Sollten die ausgesiedelten Vegetationsstücke nicht sofort an den künftigen Ort verpflanzt werden können, so ist eine Zwischenlagerung sorgfältig vorzubereiten. Die Zwischenlagerung darf sich nicht länger als über eine Vegetationsperiode erstrecken und die ökologischen Parameter müssen während der Lagerzeit dieselben sein wie im ursprünglichen Bestand und am künftigen Pflanzort. Eine Betreuung der Zwischenlagerflächen ist daher unerläßlich.

Wir wollen nicht vergessen darauf hinzuweisen, daß auch bei vielen Wasserkraftanlagen die Chance auf die Erhaltung, Vergrößerung und Initiierung von Feuchtbiotopen erkannt und umgesetzt wurde [75].

6 Pflege und Erhaltung der ingenieurbiologischen Bauwerke und Bestände

Wie schon erwähnt, ist es eine Eigenart der ingenieurbiologischen Bauweisen, daß der anfangs geringe Schutz erst durch die Entwicklung der Pflanzen seine volle Wirkung erreicht. Um diese Entwicklung möglichst zu fördern und damit die Zeit bis zum Eintritt der vollen Funktionsfähigkeit abzukürzen, sind Pflegemaßnahmen erforderlich. Sie müssen um so intensiver sein, je extremer die Existenzbedingungen auf der Begrünungsfläche sind.

Grundsätzlich sind Fertigstellungspflege, Entwicklungs- und Erhaltungspflege zu unterscheiden.

6.1 Fertigstellungspflege

Unter Fertigstellungspflege sind alle jene Pflegearbeiten zu verstehen, die bis zur Erreichung eines abnahmefähigen Zustandes der durchgeführten Arbeiten erforderlich sind. Sie hat zum Ziel, einen Zustand zu erreichen, der die Weiterentwicklung sichert. Der abnahmefähige Zustand ist in der DIN 18 918 wie folgt definiert:

- Ansaaten und Saatmatten: Die Flächen müssen einen gleichmäßigen Bestand der geforderten Gräser und Kräuter mit einem mittleren Deckungsgrad (projektive Bodendeckung) von mindestens 50 % aufweisen. Gleichwertige und standorttypische Spontanvegetation kann in den Deckungsgrad eingerechnet werden.
- Gehölzsaat: Saatgut und Mulchmaterial muß gleichmäßig aufgebracht sein, Gehölzsamen und Samen der beigemischten Gräser und Kräuter müssen gleichmäßig aufgelaufen sein.
- Vegetationsstücke, Rasenziegel, Fertigrasen: Diese müssen gleichmäßig und nicht abhebbar verwurzelt sein.
- Bepflanzungen: Die Ausfallsrate der einzelnen Gehölzarten darf 30 % nicht überschreiten, und das Ziel der Maßnahmen muß trotz des Ausfalles erreicht sein.
- Lebende Pflanzenteile: Bei Faschinen, Buschlagen, Heckenlagen, Heckenbuschlagen und Flechtwerken müssen im Mittel 5, mindestens jedoch 2 Austriebe je Laufmeter vorhanden sein. Bei Spreitlagen müssen im Mittel 10, mindestens jedoch 5 Austriebe je m^2 annähernd gleichmäßig verteilt vorhanden sein. Von Steckhölzern und Setzstangen müssen mindestens 2/3 annähernd gleichmäßig verteilt ausgetrieben haben.

Bei Ausschreibungen und Erstellung der Leistungsverzeichnisse können diese Bedingungen natürlich entsprechend den örtlichen Verhältnissen abgeändert – meist verschärft – werden. Die Leistungen der Fertigstellungspflege umfassen neben dem Ersatz nicht angewachsener Pflanzen oder Pflanzenteile noch Maßnahmen zur Wuchsförderung (Düngung, Bewässerung, Hacken, Fräsen, Mulchung) und zum Pflanzenschutz (Gesundschnitt samt Wundversorgung, Pfählen und Binden, Vermeidung von Konkurrenz, Schutz gegen pflanzliche und tierische Schädlinge).

6.2 Entwicklungspflege

Die Entwicklungspflege dient der Erzielung eines funktionsfähigen Zustandes. In der Regel ist dazu ein Zeitraum von 2 (5) Vegetationsperioden erforderlich, weshalb bei Vergabe der Arbeiten an eine Fachfirma üblicherweise die Gewährleistung auf diesen Zeitraum ausgedehnt wird.

Bei Abnahme der Arbeiten im Zuge einer Abnahmebegehung mit Abnahmeprotokoll ist in der Regel der funktionsfähige Zustand erreicht und die Entwicklungspflege somit beendet.

Im Rahmen der Entwicklungspflege können folgende Maßnahmen erforderlich werden:

Düngung

Gehen wir von der Überlegung aus, daß das Ziel die Sicherung und nicht Ertrag ist, so ergibt sich daraus, daß die Düngung lediglich der Existenzsicherung der zu schaffenden Vegetationsdecke zu dienen hat. Fast bei allen größeren ingenieurbiologischen Vorhaben fehlt jedoch Humus oder Oberboden oder er steht nur in geringer Menge bzw. in minderer Qualität zur Verfügung. Daher kann nur auf besonders günstigen, nährstoffreichen Böden eine Düngung unterbleiben. Wiederholt wurde nachgewiesen, daß durch Düngung die spontane Ansiedlung von Pflanzen auf Rohböden entscheidend gefördert wird. In der künstlich installierten Initialgesellschaft wird der Bestandsschluß durch Düngungen erheblich früher erreicht, so daß die Risiko-Zeit dadurch bedeutend verkürzt wird. Auf nährstoffarmen Rohböden ist daher eine regelmäßige Düngung in den ersten Jahren die Voraussetzung für das Gedeihen der Pflanzen. Art der Düngung und ihre Dosierung hängen weitgehend vom Standort ab.

Grundsätzlich können wir unter vier Düngemethoden auswählen bzw. sie miteinander kombinieren:

- Mineralische Düngung
- Tierisch-organische Düngung
- Pflanzlich-organische Düngung (Komposte)
- Gründüngung

Bewässerung

In Gebieten mit gemäßigtem Klima sollten Bewässerungen nur vorsichtig und zeitlich beschränkt (Einschlämmen als Starthilfe auf Trockenstandorten; Trockenperioden) eingesetzt werden. In Zonen mit wohl humidem, aber sommertrockenem Klima können in der Vegetationszeit temporäre Bewässerungen erforderlich werden. In semiariden bis ariden Gebieten können ohne ständige Bewässerung (Beregnung) Berasungen und Pflanzungen nicht mit Erfolg ausgeführt werden, bzw. müssen spezielle Techniken zur Wasserhaltung im Boden eingesetzt werden [22, 52].

Bodenbearbeitung

Sie dient der Förderung des Pflanzenwachstums und besteht im Lockern und damit Belüften des Bodens und Freihalten von Unkraut.

Mulchen

Auf die Pflanzlöcher oder die gesamte Pflanzfläche wird eine Deckschicht (10 bis 20 cm) aus verrottbaren Stoffen, am besten Getreidestroh, aufgebracht. Ebenso kann gemähtes Gras und Unkraut liegen bleiben. Durch eine gute Mulchdecke erfolgen eine Temperatur- und Feuchteregelung in der bodennahen Luftschicht und im Boden. Wachstum und Bodengare werden dadurch gefördert [23]. Potentielle Mäuseplagen erfordern das Abräumen der Mulchdecken vor Wintereinbruch.

Mahd

Mahd ist kein unbedingtes Erfordernis. Trotzdem wird die einmalige Mahd für sämtliche Grasgesellschaften empfohlen. Mahd regt sowohl das Wachstum des Sprosses als auch jenes der Wurzeln an und beschleunigt so den Aufwuchs von niedrigen Gräsern und Kräutern, besonders nach dichten Saaten.

Gehölzschnitt

Gehölze müssen in den ersten beiden Jahren gesund- und formgeschnitten werden. Eintriebige Sträucher können so zu mehrtriebigen Büschen entwickelt werden.

Pfählen und Binden

Heister und Hochstämme sind an Pfähle zu binden, die nicht durch den Wurzelkörper gerammt werden dürfen. Je nach Wuchsleistung und Stabilisierung durch die Wurzeln benötigen die Bäume 3 bis 5 Jahre lang jene Stützung. Während dieser Zeit sind die Pfähle und Bindungen zu überprüfen, zu reparieren oder zu ersetzen.

Schädlingsbekämpfung und Wildschadensverhütung

Die Bekämpfung von pflanzlichen (Schadpilze) und tierischen (Schadinsekten) Schädlingen sollte möglichst ohne den Einsatz von chemischen Bekämpfungsmitteln erfolgen.

Wildschäden werden durch Verbiß und Fegen verursacht. Den besten, aber auch teuersten Schutz vor Wildtieren bieten Wildzäune. Sonst kann die Vorbeugung gegen Wildschäden durch den Einsatz von chemischen oder mechanischen Verbißschutzmitteln und mechanischem Fegeschutz durchgeführt werden.

6.3 Erhaltungspflege

Unter kurzzeitiger Erhaltungspflege faßt man jene Arbeiten zusammen, die zur Sicherung der geschaffenen ingenieurbiologischen Bauwerke bzw. Bestände und zur Erhaltung ihrer Funktionen erforderlich sind. Die Erhaltungspflege wird entweder vom Auftraggeber mit einer hierfür geschulten und ausgerüsteten Arbeitskolonne ausgeführt oder mit einem Pflegevertrag an eine Fachfirma übertragen. Wenn die richtigen ingenieurbiologischen Bauweisen und auch die richtigen Pflanzenarten ausgewählt wurden, bedarf es in den meisten Fällen nach 2 bis 5 Jahren keiner aufwendigen Pflege mehr. In solchen, gelungenen Fällen entwickelt sich die geschaffene Initialvegetation ohne weiteres Zutun zur standortgemäßen Pflanzengesellschaft hin. Diese natürliche, selbstregulative Entwicklung läuft jedoch in langen Zeiträumen ab, die wir zur Erreichung einer möglichst raschen Stabilität der initiierten Vegetation abzukürzen trachten. Besonders Gehölzbestände brauchen daher eine mittel- und langzeitige Erhaltungspflege.

Diese Pflegemaßnahmen orientieren sich an den Zielen:

- Dauergesellschaften als Muttergärten für ausschlagfähige Gehölze
  Maßnahmen: Periodisch auf Stocksetzen bzw. Schneiden von Ästen und Ruten für ingenieurbiologische Bauten.

- Dauergesellschaften zur Erhaltung von technischen Funktionen wie z. B. Uferschutz, Wind- und Lärmschutzanlagen oder zur Erhaltung von Lichtraumprofilen
  Maßnahmen: Periodischer Gesund-, Pflege- und Nutzschnitt; Pflegedurchforstungen (auf Stocksetzen) zur nachhaltigen Sicherung der funktionsorientierten Bestandsstruktur.

- Schlußgesellschaften als Auwald
  Maßnahmen: Die Erziehung hat nach waldbaulichen Grundsätzen zu erfolgen. Dabei ist zu berücksichtigen, daß die Entwicklungstypen aus ingenieurbiologischen Bauweisen vorwiegend reine Laubholz-Mischbestände oder solche mit geringer Beimischung von Nadelbäumen sind. Nur sehr selten stehen reine Nadelholzbestände zur Behandlung an. Es werden also Prinzipien der Nieder- bis Mittelwaldbewirtschaftung, selten jene des Hochwaldes, anzuwenden sein. Durchforstungen sollen plenterartige Gefüge gestalten, die mit entsprechender Standweite, Kronenüberschirmung und Bestandsschichtung einem hohen Schutzerfüllungsgrad gerecht werden. Auf Rutschhängen ist, durch Abkürzung der Umtriebszeit, die Entstehung von Altholzbeständen zu vermeiden.

Aktuell werden die waldbaulichen Arbeiten etwa 20 bis 30 Jahre nach Anlage von Gehölzbeständen. Die forstlichen Pflegemaßnahmen sind periodisch, in mehrjährlichen Intervallen vorzunehmen und wären am besten vom fachlich dafür geschulten Personal der Forstbehörden oder Forstbetriebe zu planen und auszuführen. Pflegemaßnahmen müssen auch dann häufiger stattfinden, wenn das Ziel der ingenieurbiologischen Verbauung ein Vegetationstyp ist, der auf dem Standort von der natürlichen Schlußgesellschaft abweicht. Dies ist z. B. der Fall, wenn im potentiellen Waldgebiet aus baulichen, betrieblichen oder gestalterischen Erfordernissen Rasen- oder Strauchvegetation auf Dauer erhalten werden muß.

6.3 Erhaltungspflege

Für die Erhaltungspflege empfiehlt sich die Ausarbeitung eines Pflegeplanes, zumal vielfach unterschiedliche Instanzen für die Ausführung (Bauleitung) und für den Betrieb nach der Fertigstellung (Betriebsleitung) zuständig sind. Ebenso wie die Anlage der ingenieurbiologischen Verbauungen selbst sind auch die Pflegearbeiten von der Jahreszeit abhängig. Für größere ingenieurbiologische Arbeiten empfiehlt es sich, einen das ganze Jahr umfassenden Pflegeplan aufzustellen, damit die einzelnen Arbeiten nicht vergessen und stets zur günstigsten Zeit ausgeführt werden (Tabellen 8 und 9).

Tabelle 8. Zeitplan für die Pflegearbeiten; Beispiel für die gemäßigte Zone der nördlichen Hemisphäre

Arbeitsmonate	Art der Arbeiten
März–Juni	Ausbesserung an Rasenflächen
Mai–September	Bewässern, Binden, Bodenbearbeitung, Düngung, Mähen, Mechanische Unkrautbekämpfung, Mulchen, Pfählen, Zäunen
September–Dezember	Wildschadenverhütung
Oktober–April	Nachbesserung von Pflanzungen
Dezember–März	Gehölzschnitt: Verdrängen der Pionierhölzer durch Stockhieb, Auslichten, Zurücksetzen, Verjüngen des Gehölzwuchses
Ganzjährig	Entfernung unerwünschter Naturverjüngung

Bild 116
Mittel- bis langfristig mit Hilfe ingenieurbiologischer Bauweisen entwickelter Wasserschutz-Auwald
(Foto: V. Steiner, Innsbruck, Österreich)

Tabelle 9. Checkliste für die Pflege ingenieurbiologischer Bauwerke und dadurch geschaffener Pflanzenbestände

Nr.	Art der Arbeiten
1	Fertigstellungspflege
1.1	Ersatz abgestorbener Teile
1.2	Nachsaaten
1.3	Nachpflanzungen
1.4	Ersatz nicht angewachsener Bauteile
2	Entwicklungspflege
2.1	Düngung
2.2	Bewässerung
2.3	Mulchung
2.4	Ausschalten der Konkurrenz: Hacken, Jäten oder Ausmähen
2.5	Gesundschnitt samt Wundversorgung
2.6	Pfählen und Binden bei Gehölzpflanzen über 1 m Höhe
2.7	Einzäunung
2.8	Wildschutz: Streichen von Verbißmitteln o. ä.
2.9	Schutz vor Pilzschäden und tierischen Schädlingen
3	Erhaltungspflege kurzzeitig
3.1	Düngen
3.2	Mähen oder Beweiden
3.3	Bodenlockerung zur Durchlüftung
3.4	Verjüngungsschnitt bei Gehölzen
3.5	Verjüngungsaushieb bei Gehölzbeständen und Aushieb unerwünschter Gehölzpflanzen
3.6	Zaunerhaltung
3.7	Wildschadenverhütung
4	Erhaltungspflege mittel- und langfristig
4.1	Erstellung des Pflegeplanes
4.2	Forstliche Maßnahmen: Durchforstung, auf Stocksetzen, Gesundschnitt, Pflegeschnitt, Nutzschnitt

Jene Bereiche mit ingenieurbiologischen Bauten, die ausschließlich der unmittelbaren Sicherheit dienen, brauchen eine ständige Erhaltungspflege. Im Gegensatz dazu werden uferfernere, flachhängige Gehölzbestände, die nur unmittelbare, unterstützende Sicherungsaufgaben erfüllen, nach der Periode kurzzeitiger Erhaltungspflege, im Sinne der eingeleiteten Sukzession sich selbst überlassen. So entwickelt sich Uferschutzgehölz, so entsteht Gewässer-Begleitwald, Weiche und Harte Au fassen wieder Fuß (Bild 116). Erste Pflegeeingriffe werden hier 20 bis 30 Jahre nach der Anlagenerstellung geführt. Ab dem fünfzigsten Lebensjahr wird die forstliche Betreuung, Pflege und auch Nutzung intensiver einsetzen, damit das vielfältige Funktionsgefüge der Bestände nachhaltig gesichert werden kann. Nur so sind die Aufgaben des Schutzwasserbaus, der Gewässer- und Landschaftspflege erfüllbar. Die Mannigfaltigkeit und Vielseitigkeit in biologischer und technischer Hinsicht ergibt sich aus den verschiedenen Zwecken, denen der Wald auf

6.3 Erhaltungspflege

Tabelle 10. Pflegeplan (Vorschlag für ein Schema)

Projekt . . . .

Lokalität . . . .

Fertigstellung (Jahr) . . . .

Übergabe/Übernahme am . . . .

Ausführung der Pflege durch . . . .

Pflegemaßnahmen . . . .
    Jährliche Pflege
    Mittelfristige Pflege (3 bis 10 Jahre)
    Langfristige Pflege (mehr als 10 Jahre)

Ursache für Pflege-Erfordernisse . . . .
    Standorttypische Vegetationsentwicklung
    Überflutung/Hochwasser
    Vermurung (Material-Überlagerung)
    Schneelawine
    Trockenheit/Dürreperiode
    Windbruch
    Eisregen/Hagel
    Brand
    Befahren mit Fahrzeugen, Ski etc.
    Beweidung
    Insektenfrass
    Pilzbefall

Besondere Bemerkungen:

Erforderliche Pflegemaßnahmen	Produkt	Menge	Monat	Jahr
1 Düngung				
2 Mulchung				
3 Zaunerhaltung				
4 Mahd				
5 Beweidung mit				
Schafen				
Rindern				
Pferden				
6 Bewässerung/Beregnung				
7 Dränage				
8 Bodenlüftung/-lockerung				
9 Gesundschnitt von Gehölzen				
10 Durchforstung				
11 Verjüngungsschnitt				
12 Neupflanzung				
13 Biologische Insektenbekämpfung				
14 Chemische Behandlung mit Insektiziden				
15 Chemische Behandlung mit Fungiziden				

solchen Standorten dient. Es ergibt sich daraus aber zugleich die Notwendigkeit, an die doppelten Auswirkungen jedes Eingriffes zu denken, nämlich an die Auswirkungen auf den Wald selbst und an die Rückwirkungen auf den Wasserabfluß und die Bodenstabilität, besonders in Katastrophensituationen.

Die praktische Durchführung der Bestandspflege und -erhaltung gestaltet sich viel einfacher, als es der Theorie nach den Anschein hat (Tabelle 10). Das Waldgefüge ist nämlich sehr elastisch und in weiten Grenzen formbar. Planungsfehler wirken sich daher auch nicht bei weitem derart verheerend aus, wie beim Hartverbau mit unbelebten Baustoffen, wo Hochwasser dann zum totalen Zusammenbruch führen kann.

7 Tabellenanhang

Tabelle A
Für ingenieurbiologische Arbeiten geeignete Samen von Gräsern, Kräutern und Gehölzen; Pflanzennamen nach *Ehrendorfer* [63]

Lateinischer und deutscher Name	Gesellschaftsanschluß Standort Eigenschaften	Morphologie Sproß Wurzel	Tausendkorngewicht in g Samen je g
Gräser			
Agropyron repens Kriechende Quecke	*Agropyro-Rumicion, Artemisietea, Chenopodietea, Festuco-Brometea,* var. glaucum im Mesobromion und Erico-Pinion. Ackerunkraut, daher nicht in Nähe von Äckern verwenden. Lichtpflanze. Trocken bis feucht, nährstoffreich. Bis 900 (1500) m ü.d.M. Ausdauernd.	Sproß 0,20 bis 1,50 m Wurzel bis 0,80 m mit starker Ausläuferbildung	4,0 260
Agrostis canina Hunds-Straußgras	*Carici-Agrostidetum.* Nieder- und Zwischenmoore, Torfstiche, Bruchwälder. Pionier auf offenen Naßböden. Subsp. canina auf feuchten, subsp. montana auf trockeneren Standorten mit geringem Nährstoffangebot. Bis 1100 m ü.d.M. Ausdauernd.	Sproß 0,20 bis 0,60 m Wurzel 0,20 m	0,05 20.000
Agrostis gigantea Gemeines Fioringras	*Calthion, Glycerion, Caricetum fuscae, Molinio-Arrhenatheretea, Phragmitetalia.* Fluß- und Seeufer, Auwälder. Bis 1400 m ü.d.M. Für Rasen nicht geeignet. Zwei- bis mehrjährig.	Sproß 0,40 bis 1,00 m Wurzel 0,30 m mit kurzen unterirdischen Ausläufern	0,05 20.000
Agrostis stolonifera Ausläufer Fioringras Weißes Straußgras	*Agropyro-Rumicion, Plantaginetalia.* Flußufer, Teichränder, Gräben, verschlämmte Äcker. Erstbesiedler, Feuchtezeiger, weidefestes Teppichgras, bestes Gras für Golfplätze in den nördlichen feuchten und kühlen Zonen. Bis 1800 m ü.d.M. Ausdauernd.	Sproß 0,10 bis 0,70 m mit Ausläufern an den Knoten wurzelnd Wurzel 0,30 m	0,05–0,09 11.000–20.000
Agrostis tenuis Rotes Straußgras	*Festuco-Cynosuretum, Polygono-Trisetion, Arrhenatheretalia, Nardo-Callunetea, Sedo-Scleranthetea.* Waldwiesen, feuchte Feldmatten der Berg- und Alpenregion, Heidemoore, Kahlschläge. Rohboden-, Säure- und Magerzeiger, Humuszehrer. Im Gebirge wichtigstes Fioringras, gut mit den meisten anderen Gräsern mischbar. Bis 2200 m ü.d.M. Ausdauernd.	Sproß 0,20 bis 0,40 m Wurzel bis 0,50 m	0,06 18.000

Tabelle A

Art	Beschreibung	Maße	Werte
Alopecurus pratensis Wiesen-Fuchsschwanz	*Arrhenatheretalia, Calthion, Filipendulo-Petasition, Molinio-Arrhenatheretea.* Uferstaudengesellschaften, Auen. Spätfrostresistent, winterfest, erträgt lange Schneebedeckung, Düngung und Bewässerung erforderlich, dann auch auf armen Böden bis in 1800 m ü.d.M. Einsatz möglich, Feuchtezeiger, nicht weidefest. Ausdauernd, lockere Horste.	Sproß 0,30 bis 1,00 m Wurzel 0,20 m	0,7–0,9 1100–1400
Anthoxantum odoratum Ruchgras	*Molinio-Arrhenatheretea, Nardo-Calunetea, Cariceta curvulae, Quercion roboris.* Wiesen und Weiden, lichte Wälder, magere Bergwiesen mit *Festuca rubra, Agrostis tenuis.* Kommt bis in die alpine Stufe (2500 m) vor. Winterwuchs, verträgt Bewässerung, Magerbodenzeiger, kurzlebig aber bald aussamend. Ausdauernd.	Sproß 0,30 bis 0,50 m Wurzel 0,50 m	0,6 1700
Arrhenatherum elatius Französisches Raygras Glatthafer	*Arrhenatherion elatioris, Calamagrostidion arundinacii.* Frisch- und Fettwiesen, in höheren Lagen durch Goldhaferwiesen abgelöst. Hauptgras der Düngewiesen, meidet schwere, dichte und staunasse Böden, gegen naßkühles, rauhes Klima empfindlich. Bis 1500 m ü.d.M. Ausdauernd, lockere Horste.	Sproß 0,50 bis 1,50 m Wurzel zäh und zugfest, tiefwurzelnd	3,3 300
Avena sativa Saathafer	Beste Deckfrucht in feuchten Lagen, frostempfindlich, trocknet den Boden stark aus. Bis 1600 m ü.d.M. Einjährig, im Gebirge in den Hochlagen zwei- bis mehrjährig.	Sproß bis 0,8 m Wurzel bis 0,3 m	33,3 30
Avenella flexuosa Drahtschmiele	*Vaccinio-Piceion, Eu-Vaccinio-Piceion, Epilobion angustifolii, Luzulo-Fagion, Quercion roboris, Nardo-Callunetum.* Rohhumussiedler, Humuszehrer, siedelt auf mageren und sauren Böden, erträgt Schatten. Bis 2200 m ü.d.M. Ausdauernd.	Sproß 0,30 m zart Wurzel bis 1,0 m	0,62 1600
Brachypodium pinnatum Fiederzwenke	*Mesobromion, Cirsio-Brachypodion, Festuco-Brometea, Nardetalia, Molinion trocken, Erico-Pinion, Cephalanthero-Fagion.* Basenzeiger, Verhagerungszeiger im Wald, durch Brand begünstigt, durch Düngergaben geschwächt. Bis 1600 m ü.d.M. Ausdauernd.	Sproß 0,60 bis 1,20 m Wurzel bis 0,50 m, zugfest	1,25 800

Tabelle A (Fortsetzung)

Lateinischer und deutscher Name	Gesellschaftsanschluß Standort Eigenschaften	Morphologie Sproß Wurzel	Tausendkorn-gewicht in g Samen je g
Bromus erectus Aufrechte Trespe	*Xerobromion, Mesobromion, Molinion, Arrhenatherion, Salvia-Trisetetum.* Halbtrockenrasen auf Kalk, im Süden auch auf Gneis und Serpentin, Pionier, der weder Düngung noch Bewässerung verträgt, Schatten und Nässe meidet, jedoch gegen trockene Hitze völlig resistent ist. Bis 1400 m ü.d.M. Ausdauernd, Horstgras.	Sproß bis 0,60 m Wurzel bis 0,80 m, zugfest	4,6 220
Bromus inermis Wehrlose Trespe	*Cirsio-Brachypodietum, Arrhenatherion, Sisymbrion.* Pionier, sehr trocken- und kälteresistent. Bis 1200 m ü.d.M. Ausdauernd.	Sproß 0,30 bis 1,40 m Wurzel mit unterirdischen Ausläufern, tiefwurzelnd, zugfest	2,2–3,3 300–450
Bromus mollis Weiche Trespe	*Bromo-Hordeetum, Sisymbrion, Arrhenatherion.* Wiesenunkraut, Zeiger für magere Böden. Als Deckfrucht auf trockenen Standorten geeignet. Bis 1000 m ü.d.M. Einjährig.	Sproß 0,20 bis 0,80 m Wurzel bis 0,20 m	3,0 325
Cynodon dactylon Fingergras Hundszahn Bermudagras	*Polygonion avicularis, Cynosurion.* Pionier zur raschen Sandbodenfestigung in Tieflagen, Spättreiber, frosthart, Weidegras, wird im Winter braun. Bis 1000 m ü.d.M. Ausdauernd.	Sproß niederliegend mit langen Kriechtrieben Wurzel mit Ausläufern	0,30–0,58 1700–3500
Cynosurus cristatus Kammgras	*Cynosurion, Arrhenatherion.* gedüngte Dauerweide, zeigt lehmige Böden an, frostempfindlich. Schattenresistentestes Gras für Dauerweiden und Wiesen. Niedriges Untergras, Bis 1500 m ü.d.M. Ausdauernd.	Sproß 0,30 bis 0,60 m Wurzel 0,20 m	0,50–0,58 1700–2000
Dactylis glomerata Knaulgras	*Arrhenatherion, Mesobromion.* Bodenvager Pionier. Kräftiges Obergras in gedüngten Fettwiesen. Bis 1900 m ü.d.M. Ausdauernd.	Sproß 0,50 bis 1,00 m Horste Wurzel bis 0,40 m, zugfest	1,2 900

Tabelle A 175

Art	Beschreibung	Wuchs	Werte
Deschampsia caespitosa Rasenschmiele	*Molinion, Filipendulo-Petasition, Calthion, Fagion, Alno-Padion.* Wechselfeuchteanzeiger in Wäldern und Wiesen, in Vernässungen und Quellfluren. Bis 2800 m ü.d.M. Ausdauernd, kräftig, steife Horste.	Sproß 0,30 bis 0,80 m Wurzel bis 1,0 m	0,25 4000
Festuca arundinacea Rohrschwingel	*Potentillo-Festucetum arundinaceae, Agropyro-Rumicion, Molinion, Calthion.* Anzeiger für Bodenverdichtung und -vernässung. Hartbültiges, trittfestes Horstgras, das für Wege und Treppen in Obst- und Weingärten geeignet ist. Ausdauerndes Obergras.	Sproß 0,60 bis 1,50 m Wurzel mit Ausläufern, tiefstreichend	1,62–1,90 530–620
Festuca ovina Schafschwingel	*Festuca-Brometea, Sedo-Scleranthetea, Molinio-Arrhenatheretea, Quercion roboris, Pinion sylvestris.* Trockene Magerrasen auf Silikatböden, in Wäldern Degradationszeiger. Bis 2300 m ü.d.M. Ausdauernd.	Dichtes, niedriges Untergras Sproß 0,15 bis 0,40 m Wurzel bis 0,50 m	0,5 2000
Festuca pratensis Wiesenschwingel	*Molinio-Arrhenatheretea, Mesobromion.* Fettwiesen und -weiden, Moorwiesen. Auf schweren und kühlen Böden, winterfest, gegen Starknutzung empfindlich. Bis 1600 m ü.d.M. Ausdauerndes Obergras.	Sproß 0,30 bis 1,20 m lockere Horste Wurzel flachstreichend	2,0 500
Festuca rubra subsp. rubra Ausläufer-Rotschwingel	*Molinio-Arrhenatheretea.* Montane Wiesen und Weiden, lichte Laub- und Nadelwälder. Nicht resistent gegen Dürre und Vernässung. Bis 2000 m ü.d.M. Ausdauerndes Untergras.	Sproß 0,20 bis 0,70 m mit Ausläufern Wurzel bis 0,50	0,9–1,0 1000–1100
Festuca rubra subsp. commutata Horst-Rotschwingel	*Nardetalia, Cynosurion, Polygono-Trisetion.* Rasenbildner auf sauren Böden, wird bei Überweidung und Nährstoffentzug durch den Bürstling (*Nardus stricta*) abgelöst. Bis 2000 m ü.d.M. Ausdauerndes Untergras.	Sproß 0,10 bis 0,60 m dichtrasig Wurzel bis 0,50 m	1,0 1000
Festuca tenuifolia (*Festuca capillata*) Zartblättriger Schwingel Haar-Schwingel	*Nardo-Galion, Thero-Airion, Quercion roborsi-petraeae, Castaneta.* Auf sauren Sandböden. Im Wald Verhagerungszeiger. Für Kurzrasenmischungen auf sandigen Böden geeignet. Bis 1000 m ü.d.M. Ausdauernd.	Sproß 0,20 bis 0,30 m zart Wurzel flachstreichend	0,4–0,6 1700–2500

Tabelle A (Fortsetzung)

Lateinischer und deutscher Name	Gesellschaftsanschluß Standort Eigenschaften	Morphologie Sproß Wurzel	Tausendkorngewicht in g Samen je g
Festuca trachyphylla (*Festuca longifolia*) Raublättriger Schwingel Blaugrauer Schwingel Der Name *Festuca duriuscula* wurde für diese Art irrtümlich eingeführt!	*Festuco-Sedetalia, Xerobromion, Seslerio-Festucion, Koelerion glaucae.* Ursprünglich in den sandigen Tiefebenen Norddeutschlands, verbreitet in Mitteleuropa und England. Im Handel der häufigste „norddeutsche Schafschwingel". Bis 1000 m ü.d.M. Ausdauernd.	Sproß niedrig 0,10 bis 0,15 m Wurzel sehr flachstreichend	0,6 1700
Holcus lanatus Wolliges Honiggras	*Arrhenateretalia, Molinion, Calthion.* Zeiger für kalk- und stickstoffarme Böden. Frostempfindlich, wintergrün, in feuchten Jahren Massenvermehrung auf schlechten Böden. Bis 900 m ü.d.M. Ausdauerndes Obergras.	Sproß 0,30 bis 1,60 m Horste Wurzel bis 0,40 m	0,3–0,4 2500–3500
Holcus mollis Weiches Honiggras	*Quercion robori-petraeae, Nardo-Callunetea.* Acker und Umbruchwiesen, schlecht kultivierter Moorboden, kalkmeidend, auf sauren Sandböden, lästiges Unkraut in Gärten und Äckern, treibt aus und reift später als *Holcus lanatus*. Bis 1500 m ü.d.M. Ausdauerndes Obergras.	Sproß 0,30 bis 1,60 m lange unterirdische Ausläufer Wurzel bis 0,40 m	0,25 4000
Lolium multiflorum subsp. *italicum* Italienisches Raygras Welsches Weidelgras	*Bromo-Hordeetum, Sisymbrion, Arrhenatherion.* Nur in atlantischem, feuchtmildem Klima. Ausfrieren ab -5 °C, kalibedürftig, nach Mahd gutes Nachwuchsvermögen, ungeeignet für Dauerwiesen. Bis 1700 m ü.d.M. Obergras. Ein- bis zweijährig.	Sproß 0,30 bis 0,90 m Wurzel bis 0,80 m	2,2 470

Tabelle A

Lolium perenne Englisches Raygras Deutsches Weidelgras	Lolio-Cynosuretum, Polygonion avicularis. Tritt- und schnittfester Pionier auf gut durchlüfteten und wasserversorgten Böden, düngerbedürftig. Bis 1000 m, aber auch bis 2300 m ü.d.M. örtlich verbreitet. Raschwüchsiges Obergras. Ausdauernd.	Sproß 0,30 bis 0,70 m dichte Horste Wurzel bis 1,20 m	1,4–2,2	470–720
Phleum pratense Timothe Wiesen-Lieschgras	Cynosurion, Arrhenatheretalia. Viehweiden, resistent gegenüber rauhem Klima, Nässe, lange Schneelage, Wind, trittfest und durch Beweidung im Wuchs gefördert. Bis 2600 m ü.d.M. Ausdauerndes Obergras.	Sproß 0,20 bis 1,00 m lockere Horste Wurzel zart mit kurzen Ausläufern	0,5	2000
Poa annua Einjähriges Rispengras	Plantaginetalia majoris, Polygonion avicularis, Cynosurion, Chenopodietea, Secalinitea. Besonders trittfest, tolerant gegenüber starker Düngung. Bis 3000 m ü.d.M. Einjährig bis ausdauernd.	Sproß 0,02 bis 0,35 m dicht und niedrig Wurzel flachstreichend	0,5	2000
Poa compressa Plattrispe	Alysso-Sedion, Tussilaginetum, Cirsio-Brachypodion, Festuco-Sedetalion. Fehlt über Silikatgesteinen. Bis 1800 m ü.d.M. Wintergrün, ausdauernd.	Sproß 0,20 bis 0,40 m lockere Aggregate mit Ausläufern Wurzel bis 0,20 m	0,15–0,18	5500–6500
Poa nemoralis Hainrispe	Carpinion, Fagion, Quercion pubescentis-petraeae, Prunetalia. Anzeiger von Lehmböden, treibt nach Schneeschmelze früh aus. Einsatz für stark abgeschattete Parkrasen, keine Reinsaaten ausführen, da geschlossene Rasen nicht gebildet werden. Bis 2300 m ü.d.M. Ausdauernd.	Sproß 0,20 bis 0,90 m Horstbildend Wurzel flachstreichend	0,6	1700
Poa palustris Sumpf-Rispengras	Phragmition, Magnocaricion, Phalaridetum, Calthion, Alnion. Ufer strömender Gewässer. Frühtreiber, spätfrostresistent. Bis 1500 m ü.d.M. Ausdauernd.	Sproß 0,30 bis 1,20 m Wurzel flachstreichend	0,20–0,25	4000–5200
Poa pratensis Wiesen-Rispengras	Molinio-Arrhenatheretea, Mesobromion, Festuco-Brometea. Wichtiges Untergras in Wiesen und Weiden, große ökologische Amplitude, wetterhart, langlebiger Frühtreiber, gut für Erstberasungen geeignet. Bis 2300 m ü.d.M. Ausdauernd.	Sproß 0,15 bis 0,90 m dichte Aggregate mit unterirdischen Ausläufern Wurzel bis 0,65 m	0,22–0,31	3200–4500

Tabelle A (Fortsetzung)

Lateinischer und deutscher Name	Gesellschaftsanschluß Standort Eigenschaften	Morphologie Sproß Wurzel	Tausendkorngewicht in g Samen je g
Poa trivialis Gemeines Rispengras	*Calthion, Filipendulo-Petasition*, feuchte *Arrhenatereta*. Quellfluren, Niederungsmoore. Feuchtezeiger, empfindlich auf Boden und Lufttrockenheit, Frost und lange Schneebedeckung, weidefest, Wachstum wird durch Gülle gefördert. Bis 1600 m ü.d.M. Ausdauerndes Untergras mit guter Rasenbildung.	Sproß 0,30 bis 0,90 m mit oberirdischen Kriechtrieben Wurzel flachstreichend	0,18–0,33 3000–5500
Puccinellia distans Salzschwaden Spreizschwaden	*Juncetalia, Blysmo-Juncetum, Puccinellion maritimae*. Salzrasen in Salinengebieten, Salzquellen und Stränden, Düngerhaufen, Jauchelachen, Viehläger, Salzpfannen, Solonezböden. Vereinzelt bis in Alpentäler dringend. Ausdauernd.	Sproß 0,15 bis 0,50 m Horste Wurzel bis 0,25 m	0,24 4200
Trisetum flavescens Goldhafer	*Polygono-Trisetion, Arrhenatherion*. Fettwiesen der montanen und subalpinen Stufe, sehr schnittfest. Bis über 2300 m ü.d.M. Ausdauerndes Obergras.	Sproß 0,30 bis 0,80 m lockere Horste Wurzel bis 0,40 m	0,26–0,50 2000–3800

Kräuter und Leguminosen

Achillea millefolium Gemeine Schafgarbe	*Arrhenatheretalia, Nardetalia, Mesobromion*. Wiesen und Weiden, trocken-resistente Lichtpflanze, Nährstoffzeiger, Heilpflanze. Bis 1900 (2400) m ü.d.M. Ausdauernd.	Sproß 0,20 bis 0,60 m locker mit unterirdischen Ausläufern Wurzel bis zu 4 m	0,15 6700
Chrysanthemum leucanthemum Gemeine Wucherblume, Margerite	*Arrhenatheretalia, Molinietalia, Mesobromion*. Rohbodenpionier auf lockeren, gut durchlüfteten Böden, in Wiesen Magerbodenzeiger. Bis 2200 m ü.d.M. Ausdauernd.	Sproß 0,30 bis 0,60 m Wurzel bis 0,60 m	0,30–0,38 2600–3300

Tabelle A

Art	Beschreibung	Maße		
Pimpinella saxifraga Kleine Bibernelle Triftenbibernelle	Xero-Mesobrometea, Nardo-Galion, Erico-Pinion, Festuco-Brometea. Zeiger für nährstoffarme, trockene Böden, gutes Kraut in Schafweiden auf Kalk-Trockenrasen. Bis 2300 m ü.d.M. Ausdauernd.	Sproß 0,15 bis 0,50 m Wurzel bis 1,30 m tief 8 bis 10 m weitstreichend	1,5–9,0	110–670
Plantago lanceolata Spitzwegerich	Molinio-Arrhenatheretea. Weltweit verbreitet, auch in Trockenrasen und auf Gänseweiden, Heilpflanze, sehr empfindlich auf Herbizide. Bis 1800 m ü.d.M. Ausdauernd.	Sproß 0,05 bis 0,50 m Wurzel bis 0,60 m	1,65	625
Sanguisorba minor Kleiner Wiesenknopf	Mesobromion, Festuca-Brometea, Arrhenatherion, Erico-Pinion, Brometalia erecti. Rohbodenpionier mit Wurzelpilz, Heil- und Gewürzpflanze. Bis 1200 m ü.d.M. Ausdauernd.	Sproß 0,30 bis 0,60 m Rosette Wurzel bis 1,50 m	1,3–9,0	110–815
Anthyllis vulneraria Wundklee	Mesobromion, Cirsio-Brachypodion, Xerobromion, Molinion, Erico-Pinion, Arrhenatherion. Dünger- und Bewässerungsfeind, Pionier auf Mineralrohböden, völlig resistent gegen Winterfröste und gegen Dürre. Bis 2000 (2400) m ü.d.M. Ausdauernd.	Sproß 0,10 bis 0,50 m Wurzel über 1,00 m	2,5	400
Coronilla varia Bunte Kronenwicke	Mesobromion, Arrhenatherion, Onopordion. Auf trockenen, sonnigen Hängen. Bis 900 m ü.d.M. Ausdauernd.	Sproß 0,30 bis 1,20 m Wurzel bis 0,90 m	4,0	260
Lotus corniculatus Hornschotenklee	Mesobromion, Trifolion medii, Arrhenatheretalia, Molinion. Halbtrockenrasen, Fettwiesen und Weiden, bodenvage Art, bevorzugt jedoch Böden mit Kalkgehalt, resistent gegen hohe Temperaturen. Bienentracht. Bis 2300 m ü.d.M. Ausdauernd bis 20 Jahre.	Sproß 0,05 bis 0,60 m Wurzel über 1,00 m Pfahlwurzel	1,0–1,3	750–1000
Lotus uliginosus Sumpfschotenklee	Calthion, Molinion, feuchte Arrhenatheretea, Alno-Padion. Naßwiesen und -weiden, Quellfluren, Sumpfpflanze, Stickstoffzeiger. Bis 1000 m ü.d.M. Ausdauernd.	Sproß 0,30 bis 0,90 m Wurzel über 1,00 m Pfahlwurzel	1,0–1,3	1400–2000
Lupinus albus Weiße Lupine	Bis 600 m ü.d.M. Einjährig.	Sproß 0,20 bis 1,00 m Wurzel bis 0,75 m	33,3	30
Lupinus luteus Futterlupine Süßlupine	Bis 1400 m ü.d.M. Einjährig.	Sproß 0,30 bis 1,20 m	33,3	30

Tabelle A (Fortsetzung)

Lateinischer und deutscher Name	Gesellschaftsanschluß Standort Eigenschaften	Morphologie Sproß Wurzel	Tausendkorngewicht in g Samen je g
Lupinus polyphyllus Dauerlupine	*Sambuco-Salicion*. Waldrand und Verlichtungsgesellschaften. Bis 1400 m ü.d.M. Ausdauernd.	Sproß 1,00 bis 1,50 m Wurzel über 1,00 m	22,2 45
Medicago falcata Sichelklee Sichelluzerne Gelbe Luzerne	*Festuco-Brometea, Geranion sanguineae-Brachypodion, Arrhenatherion*. Nicht im Feldbau, weil verholzend. *Medicago varia* (= *M. falcata x sativa*) als Luzerne im Handel. Bis 1100 m ü.d.M. Ausdauernd.	Sproß 0,20 bis 1,00 m Wurzel tiefstreichend	2,0 500
Medicago lupulina Hopfenklee Gelbklee	*Mesobromion, Caucalion, Lolio-Cynosuretum, Arrhenatheretalia*. Halbtrockenrasen, trockene Fettwiesen. Trockenzeiger, Anspruchsloser, kalkliebender Pionier, frost- und weidefest. Bis 1500 m ü.d.M. Einjährig bis mehrjährig.	Sproß 0,10 bis 0,60 m Wurzel 0,50 m dünne Pfahlwurzel	1,8–2,3 435–550
Medicago sativa Luzerne	*Mesobromion* und trockenes *Arrhenatherion*. Aus Persien gebürtig, angeboten heute nur noch in Bastarden. *M. sativa x M. falcata*. Spätfrostempfindlich. Bis 1000 m ü.d.M. Ausdauernd.	Sproß 0,30 bis 1,20 m Wurzel 2,0 bis 5,0 m (10,0 m!) sehr starke, zugfeste Pfahlwurzel	1,7–2,5 400–600
Melilotus albus Riesenhonigklee Bokharaklee Steinklee	*Echio-Melilotetum*. Trockenheitsertragend. Verholzt und wird daher unansehnlich (Mähen!). Bienenweide. Bis 1800 m ü.d.M. verwendbar. Zweijährig.	Sproß 0,30 bis 1,00 m (2,0 m) Wurzel bis 0,70 m dicker Pfahl	1,8 570
Melilotus officinalis Honigklee Gelber Steinklee	*Echio-Melilotetum, Tussilaginetum, Caucalion*. Bienenweide, Heupflanze. Bis 1000 m ü.d.M. Zweijährig.	Sproß 0,30 bis 1,00 m Pfahlwurzel bis 0,75 m	1,8 570

Tabelle A

Onobrychis viciifolia Esparsette	*Mesobromion, Brometalia erecti,* im *Arrhenatheretum* als Trockenzeiger. Wichtige Futterpflanze auf trockenen, lehmigen Karbonatböden, empfindlich gegen Beweidung. Bis 2000 m ü.d.M. Ausdauernd für vier bis sechs Jahre.	Sproß 0,10 bis 0,70 m Wurzel 1,0 bis 4,00 m	20,0–29,0 35–50
Phacelia tanacetifolia Phacelie Büschelblume	Verwendbar bis 1000 m ü.d.M. als Gründüngung. Einjährig. Bienenweide	Sproß bis 0,70 m Wurzel 0,20 m	
Pisum sativum Futtererbse Ackererbse	Verwendbar bis 1000 m ü.d.M. als Deckfrucht und Gründüngung. Einjährig.	Sproß 0,50 bis 2,00 m spindelförmige Pfahlwurzel	143–500 2–7
Trifolium dubium Fadenklee Kleiner Klee	*Arrhenatheretea, Cynosurion, Arrhenatheretum.* Warme Variante. Fettwiesen und Fettweiden. Braucht viel Stickstoff. Bis 1000 m ü.d.M. Ein- bis zweijährig.	Sproß 0,05 bis 0,35 m Wurzel 0,20 m	0,5–0,55 1850–2000
Trifolium hybridum Schwedenklee Bastardklee	*Bromion racemosi, Molinion, Arrhenatherion, Calthion, Agropyrorum icion.* Pionier auf Moränenböden, resistent gegenüber feuchtkaltem Klima mit Früh- und Spätfrösten und auch langzeitiger Schneedecke, empfindlich gegen Schatten und Trockenheit. Bis 2000 m ü.d.M. Zweijährig bis ausdauernd.	Sproß 0,20 bis 0,70 m Wurzel 0,20 bis 0,80 m stark verzweigt	0,6–0,9 1100–1600
Trifolium pratense Rotklee Wiesenklee	*Arrhenatheretalia, Calthion, Molinion, Mesobromion, Eu-Nardion.* Fettwiesen und Fettweiden, aber auch Naß- und Magerwiesen, lichte Staudenfluren. Im Frühjahr empfindlich gegen Beweidung, neben Luzerne wichtige Gründlandfutterpflanze. Bis 2200 m ü.d.M. Ausdauernd.	Sproß 0,20 bis 1,20 m Wurzel bis 2,00 m starkästig	1,5–2,3 450–670
Trifolium repens Weißklee Kriechender Klee	*Cynosurion, Plantaginetalia.* Stark betretene Rasen, Wiesen, Parkrasen, Sportflugfelder in luftfeuchten Lagen, wird aus extrem nassen oder trockenen Böden wegkonkurrenziert, starke Regenerationsfähigkeit. Bis 2300 m ü.d.M. Ausdauernd.	Sproß 0,1 bis 0,50 m Ausbreitung durch Anwurzeln liegender Sproßteile Wurzel bis 0,70 m	0,6–0,8 1250–1700

Tabelle A (Fortsetzung)

Lateinischer und deutscher Name	Gesellschaftsanschluß Standort Eigenschaften	Morphologie Sproß Wurzel	Tausendkorngewicht in g Samen je g
Vicia sativa Futterwicke Saatwicke Sommerwicke	*Brometea, Chenopodietea, Secalinetea.* Wertvolle Deckfrucht, bis 1600 m ü.d.M. verwendbar. Einjährig, viele Sorten.	Sproß 0,30 bis 1,00 m liegend oder kletternd Wurzel 0,50 m	46,0 22
Vicia villosa Zottelwicke Winterwicke	*Papaveretum argemone, Secalinion* (bes. Winterroggen). Als Deckfrucht bis 1700 m ü.d.M. verwendbar, frosthart bei Frühsaat. Ein- bis zweijährig.	Sproß 0,30 bis 0,60 m liegend oder kletternd Wurzel bis 0,60 m	29,0 35

Gehölze

a) Nadelgehölze

Larix decidua Europäische Lärche	Mischbaumart in Nadelwäldern, aber auch im Nadel-Laubmischwald. Reinbestände örtlich in den West- und Südalpen. Hauptverbreitung im inneralpin-kontinentalen Fichten- und Zirbenwald bis an die Wald- und Baumgrenze bei 2100–2400 m ü.d.M.	bis 35 m sommergrün, nadelwerfend Pfahlwurzelsystem	5,9 170
Picea abies Fichte Rottanne	Rein- und Mischbestände auf frischen, humosen, (schwach) sauren Böden über Silikat- und Karbonatgesteinen. *Vaccinio-Piceion, Eu-Fagion.* Optimum in der montanen und subalpinen Stufe zwischen 800–1900 m ü.d.M. Wurzelnackt nicht für Rohböden geeignet.	bis 30 (35) m immergrün, dominant, weitstreichende Flachwurzelsysteme, in gut durchlüfteten, tiefgründigen Böden, Senkerwurzeln	7,7 130

Tabelle A

Pinus sylvestris Waldkiefer Weißkiefer Rotföhre	Artenreicher, bodenbasischer Karbonat-Kiefernwald (*Erico-Pinetum, Seslerio-Pinetum, Carici-Pinetum, Ononido-Pinetum*) und artenarmer, bodensaurer Silikat-Kiefernwald (*Calluno-Pinetum, Astragalo-Pinetum, Vaccinio-Pinetum*). Rein- und Mischbestände bis 1600 (1900) m ü.d.M. Trockenresistente, frostharte Pionierbaumart.	bis 35 m immergrün Pfahlwurzelsystem	6,3 159
Pinus uncinata Spirke Aufrechte Bergföhre Hakenkiefer	Montane und subalpine Schlußwälder auf extrem, felsig/steinigen Kalk/Dolomitstandorten *Pinetum montanae*. Optimum in den Westalpen, in den nördlichen Kalkalpen der Ostalpen ostwärts bis Berchtesgaden; Pyrenäen. Wald- und Baumgrenze bei 2000–2400 m ü.d.M. Bestockungen mit Torfmoos-Moorspirkengesellschaften (*Sphagno-Pinetum montanae*), örtlich kleinflächig an montanen und subalpinen Hochmooren ostwärts bis ins Waldviertel. Ausgeprägte Pionierbaumart.	bis 15 (20) m immergrün Pfahlwurzelsystem	6,6 15

b) Laubgehölze

Acer platanoides Spitzahorn	Mischholzart in mesophilen Laubwäldern von der Ebene bis 1100 m ü.d.M. Mäßig saure Böden, auch Rohböden.	bis 30 m Tiefwurzler	125 8
Acer pseudoplatanus Bergahorn	Mischholzart in kühl-feuchten Laubmischwäldern vom Hügelland bis 1700 m ü.d.M. Benötigt frische, humose Böden, ist aber sehr resistent gegen jahrelange Überschotterung.	bis 25 m Tiefwurzler	83 12
Alnus glutinosa Schwarzerle Roterle	Waldpionier auf Flachmooren und Ufern. *Alnion glutinosae, Alno-Padion*. Saure, feuchte bis nasse Böden bis 1500 m ü.d.M. Rohbodenpionier, Stickstoffsammler, Lichtholzart.	bis 20 m Wurzelform sehr vom Standort abhängig, aber stets tiefer als Grauerle	1,25 800
Alnus incana Grauerle	Rohbodenpionier der Alluvionen, Hangauen und Ufer in der montanen Stufe. Bestandbildend im Weichholz-Auwald (*Alno-Padion, Alnetum incanae*) bis 1400 (1600) m ü.d.M. Stickstoffsammler.	bis 20 m Flachwurzler	0,68 1470

Tabelle A (Fortsetzung)

Lateinischer und deutscher Name	Gesellschaftsanschluß Standort Eigenschaften	Morphologie Sproß Wurzel	Tausendkorngewicht in g Samen je g
Betula pendula Sandbirke	Pionier in den meisten Laub- und Nadelwaldtypen Mitteleuropas, besonders auf sandigen, nährstoffarmen Böden. Als Nebenholzart in lichten Fichten-Eichen-Buchen- und Erlenbeständen bis 1700 (1800) m ü.d.M. Lichtholzart. Besonders geeignet für Bergbau- und Industriehalden.	bis 15 (20) m Flach- und Intensivwurzler	0,14 7140
Betula pubescens Flaumbirke Ruchbirke Moorbirke	Pionierbaum der sauren, feucht-nassen Torf-Rohhumus- und Rohböden humider Silikatgebiete bis 1800 (2100) m ü.d.M.	bis 12 m Flach- und Intensivwurzler	0,26 3846
Fraxinus excelsior Gemeine Esche	Bestandbildender Baum der Hartholz-Au- und Schluchtwälder *(Alno-Padioin, Fagion)*. Einst wichtigster Laub-Futterbaum, daher weit darüberhinaus angepflanzt, bis 1400 m ü.d.M. Halbschattenart, empfindlich gegen Spätfröste. Wichtige, bodenfestigende Art.	bis 35 m Intensiv- und Herzwurzler mit zugfesten Wurzeln	70 14
Fraxinus ornus Manna-Esche Blumenesche	In den warmen Laubwäldern der Flaumeichenstufe *(Orno-Ostryon)* im Rheinland, an der Südabdachung der Zentralalpen, der Südalpen, im pannonischen Raum und in Südkärnten. Lichtholzart. Bis 800 m ü.d.M.	bis 8 m Tiefwurzler	65 15
Prunus avium Vogelkirsche Wildkirsche	Lichtholzart der mesophilen Laubwälder *(Carpinion, Fagion, Ulmion)*. In höheren Lagen nur an Waldrändern. Bis 1300 m, angepflanzt bis 1700 m ü.d.M.	bis 15 m Tiefwurzler	166–200 5–6
Prunus padus Traubenkirsche	Mischholzart der feuchten Laubwälder *(Alno-Padion, Fagetalia)*. Im Gebirge zunehmend lichtbedürftig. Von der Ebene bis 1700 m ü.d.M. auf mineral- und nährstoffreichen frischen Böden. Erträgt Überschwemmung und Überschotterung.	bis 15 m Intensivwurzler mit zugfesten Wurzeln	45,5 22

Tabelle A 185

Sorbus aria Mehlbeerbaum	Sonnige Lagen auf basischen Böden der warmen Laub- und Nadelwälder (*Quercion pubescentis, Fagetalia, Berberidion*). Von der Ebene bis 1500 m ü.d.M. Lichtholzart.	bis 12 m 200 Jahre alt werdend Tiefwurzler	reine Kerne 3,75–6,00 167–267
Sorbus aucuparia Eberesche Vogelbeere	Weit verbreitet in fast allen humiden Waldtypen von der Ebene bis 1800 (2000) m ü.d.M. Lichtholzart, Halbschatten ertragend. Bodenvag, nicht anspruchsvoll.	bis 15 m Tiefwurzler, aber vom Boden abhängig	reine Kerne 2,5–3,0 330–40
Sträucher			
Acer campestre Feldahorn	Häufig in krautreichen Laubwäldern und Flurgehölzen (*Carpinion, Ulmion, Cephalanthero-Fagion, Acerion, Quercion pubescentis, Berberidion*) bis 800 m ü.d.M. Halbschatten.	langsamwüchsiger Strauch oder bis 10 m hoher Baum schnittfähig, für Hecken geeignet: weitstreichende, zugfeste Wurzeln	83 12
Alnus viridis Grünerle Alpenerle	Bestandsbildender Strauch der hochmontanen und subalpinen Auen (*Adenostylion, Alnetum viridis*). Auf feuchten Unterhängen, besonders in schneereichen Gebieten von 500 m bis 1800 (2000) m ü.d.M.	bis 3 m Flachwurzler, Bodenverbesserer! In schneereichen Lagen niederliegend und dadurch den Baumwuchs hemmend	0,55–0,62 1600–1800
Amelanchier ovalis Felsenbirne	Zerstreut in sonnigen Eichen- und Kiefernbeständen (*Quercion pubescentis, Pinetum sylvestris, Berberidion*). Auf steinig-felsigen Böden. Bodenvag. Lichtholzart. Bis 1800 m ü.d.M.	bis 3 m, zierlich, Spaltenwurzler mit weitstreichenden Wurzeln	76,9–83,3 12–13
Colutea arborescens Blasenstrauch	Sonnigwarme Standorte der Eichen-Trockenbestände (*Quercion pubescentis, Lithospermo-Quercetum, Berberidion*) im Süden. Bis 800 m ü.d.M. Bodenvag. Lichtholzart	bis 3 m Tiefwurzler	1,0 1000

Tabelle A (Fortsetzung)

Lateinischer und deutscher Name	Gesellschaftsanschluß Standort Eigenschaften	Morphologie Sproß Wurzel	Tausendkorngewicht in g Samen je g
Cornus mas Kornelkirsche Dirndlstrauch	In sonnigen, lichten Laubwäldern und Waldrändern (*Quercion pubescentis, Berberidion, Alno-Padion*) bis 600 m ü.d.M. Mäßig schattenresistent. Auch für Hecken geeignet.	bis 4 m hoher Strauch gelegentlich 6 m hoher Baum weitstreichende, zugfeste Wurzeln	166,6 6
Cornus sanguinea Gemeiner, roter Hartriegel	In sonnigen, lichten, warmen Laub-Mischwäldrn, besonders an Bestandesrändern (*Prunetalia, Alno-Padion, Carpinion, Quercion pubescentis, Cephalanthero-Fagion*). Bis 1000 m ü.d.M. Bodenvag. Licht/Halbschatten.	bis 3,5 (5) m breitwüchsig starkes Ausschlagvermögen, weitstreichende, zugfeste Wurzeln	30,3 33
Corylus avellana Hasel	Sekundärbestände bildender Strauch der temperierten Laub-Mischwäler (*Carpinion, Alno-Padion, Prunetalia, Querco-Fagetea*) auf sonnigen, subatlantischen/submediterranen Lagen bis 1400 m ü.d.M. Bodenvag. Halbschatten ertragend.	bis 5 (6,5) m breit, kräftig, weitstreichende, zugfeste Wurzeln	1000 1
Crataegus monogyna *Crataegus oxyacantha* Weißdorn	In subatlantischen/submediterranen Laub- und Nadelwäldern (*Quercion, Carpinion, Pinion, Ulmion, Fagion*) bis 1000 m ü.d.M. Schnittfähig, daher auch für Hecken geeignet. Licht/Halbschatten.	bis 6 (10) m gelegentlich baumförmig, dornig Tiefwurzler bis 100 Jahre alt	8–8,3 18
Cytisus scoparius Besenginster	Bodensaure, kalkfreie, sonnige Hänge in wintermildem Klima (*Calluno-Sarothamnion, Sambuco-Salicion, Carpinion, Quercetalia roboris*) von der Ebene bis 1100 m ü.d.M. Rohbodenpionier, Stickstoffsammler, Lichtholzart.	bis 2 m Tiefwurzler weitstreichend	8 120

Tabelle A

Evonymus europea Pfaffenhütchen Spindelbaum	Gebüsche, Waldränder und lichte Wälder *(Pinion, Alno-Padion, Carpinion, Fagion)* von der Ebene bis 1100 m ü.d.M auf kalkhaltigen Böden warmer Lagen. Lehmzeiger. Licht/Halbschatten.	bis 4 m baumartig Intensivwurzler	23–25 40–43
Frangula alnus Faulbaum Pulverholz	Häufig in Mooren und Bruchwäldern, an Ufern, Auwäldern, lichten Eichen- und Kiefernwäldern *(Alnion, Molinion, Alno-Padion Quercion roboris, Luzulo-Fagion, Calluno-Genistion)*. Bis 1000 (1300) m ü.d.M. Licht/Halbschatten. Erträgt Überschwemmungen und sauerstoffarme Böden.	2 bis 7 m locker-aufstrebend, gelegentlich baumartig Flachwurzler mit Wurzelbrut, Wechselfeuchtezeiger, Bodenverdichtungszeiger	30 33
Genista germanica Deutscher Ginster	Bodensaure, kalkfreie, wintermilde sonnige Hänge außeralpiner Gebiete *(Calluno-Genistion, Quercion-roboris)*. Bis 750 m ü.d.M. Versauerungszeiger, Lichtholzart.	bis 1,5 m weitstreichende Wurzeln	3,2 312
Genista tinctoria Färberginster	Bestandbildend auf armen, außeralpinen, sonnigen Hängen in Magerwiesen, Eichenwäldern *(Molinion, Calluno-Nardetum, Quercion roboris)*. Von der Ebene bis 750 m ü.d.M. Magerkeits- und Wechselfeuchte-Zeiger.	bis 1 m bis 1 m tiefe Wurzel	3,3 300
Hippophae rhamnoides Sanddorn	Bestandbildend in der Pioniervegetation praealpiner Flußschotter-Auen und in trockenen, lichten Kieferwäldern und auf Sandböden und Dünen der Nord- und Ostsee-Küsten *(Berberidion, Erico-Pinion, Alnetum incanae)*. Bis 1000 m ü.d.M. Pionier mit Wurzelbakterien. Lichtbedürftig, verschwindet rasch bei Beschattung.	bis 3 (5) m teils baumartig hochwüchsig, teils durchWurzelbrut kolonieenartig breitwüchsig	7,5 133
Laburnum anagyroides Gewöhnlicher Goldregen	Mischholzart im submediterranen Flaum- und Traubeneichenwald und warmen Kiefernwald *(Quercion pubescentis, Lithospermo-Quercion)*. Bis 1000 m ü.d.M. Bodenverbesserer, Lichtholz, vegetativ vermehrbar.	Großstrauch bis 8 m locker-, hochwüchsig kräftige, weitstreichende Wurzeln	14–32 30–70

Tabelle A (Fortsetzung)

Lateinischer und deutscher Name	Gesellschaftsanschluß Standort Eigenschaften	Morphologie Sproß Wurzel	Tausendkorngewicht in g Samen je g
Laburnum alpinum Alpen-Goldregen	Mischholzart in montanen und subalpinen Buchen-Tannen-Wäldern *(Fagion)* in humidem Klima. Ersetzt in den Südalpen vielfach die Grünerle. Vegetativ vermehrbar, regenerationsstark. Licht/Halbschatten.	bis 5 m locker-, hochwüchsig	20–40 25–50
Ligustrum vulgare Rainweide Liguster	In sonnigen Gebüschen und mesophilen Laub- und Nadelwäldern auf neutralen bis basischen Böden *(Berberidion, Quercion pubescentis, Erico-Pinion, Alno-Padion, Carpinion)* Pionier. Bis 1000 m ü.d.M. Vegetativ vermehrbar, schnittfähig (Hecken).	bis 2 (3) m Intensivwurzler mit Ausläufern	40 50
Lonicera xylosteum Gemeine Heckenkirsche	Häufiger Strauch der Laub- und Nadel-Mischwälder sowie der Flurgehölze *(Fagion, Quercion pubescentis, Prunion)*. Von der Ebene bis 1100 (1600) m ü.d.M. Bodenvag. Salzresistent, mäßig Schatten ertragend.	bis 2 m locker-breitwüchsig Flachwurzler	10 100
Prunus mahaleb Steinweichsel Türkische Weichsel	Sonnige Hänge in Flurgehölzen und thermophilen Eichen- und Föhrenwäldern *(Quercion pubescentis, Lithospermo-Quercetum, Berberidion)*. Bis 800 m ü.d.M. Licht/Halbschatten.	bis 4 m locker-breitwüchsig, selten baumförmig Tief(Herz-)wurzler	90–100 10–11
Prunus spinosa Schlehe Schwarzdorn	In sonnigen Flurgehölzen, Waldrändern und lichten Wäldern *(Prunetalia)*. Bis 1000 m ü.d.M. Rohboden-Pionier, Lichtholzart.	2 bis 3 m sparrig, dornig Wurzelkriechpionier	1000 1

Tabelle A

Rhamnus cathartica Gemeiner Kreuzdorn Echter Kreuzdorn	Einzeln in sonnigen Flurgehölzen und an Waldrändern (*Prunetalia, Quercetum pubescentis*). Auf meist kalkhaltigen Böden von der Ebene bis 1300 m ü.d.M. Licht/Halbschatten.	2–3 m, sparrig, dornig, selten bis 6 m hoher Baum, langsamwüchsig, weitstreichende Wurzeln	14,3 70
Rosa canina Hundsrose Heckenrose	Häufig in sonnigen Flurgehölzen (*Prunetalia*). Bis 1300 m ü.d.M. Bodenvag. Pionier. Licht/Halbschatten.	bis 3 m, lockerbreitwüchsig, dornig Tiefwurzler	2,8–3,3 30–35
Rosa rubiginosa Weinrose	Weltweit in sonnigen Flurgehölzen und Pionierstadien thermophiler Wälder, vorwiegend auf Karbonatböden (*Berberidion, Prunetalia*). Bis 1200 m ü.d.M. Lehmzeiger, Kulturbegleiter. Licht/Halbschatten.	bis 3 m, lockerbreitwüchsig, dornig Tiefwurzler	10 100
Rubus fruticosus Echte Brombeere	Waldboden-Pionier luftfeuchter, wintermilder Lagen von der Ebene bis 1600 m ü.d.M. Licht/Schattenpflanze.	bis 1 m, breitbogig, dornig durch Wurzelschosse und Absenker stark ausbreitend	2,0 500
Sambucus nigra Schwarzer Holunder	Häufig in feuchten Wäldern, Gebüschen und Flurgehölzen auf frischen, nährstoffreichen Böden (*Alno-Padion, Fagetalia, Sambuco-Salicion, Brometalia, Robinia-Forste*). Bis 1200 (1500) m ü.d.M. Licht/Halbschatten, wärmeliebend, Stickstoffzeiger.	bis 5 m, lockerbreitkronig, Busch oder Kleinbaum Flachwurzler	2,5 400
Sambucus racemosa Traubenholunder Roter Holunder	Häufig in Vorwaldgesellschaften, feuchten Wäldern, Waldschlägen und montanen Flurgehölzen (*Fagion, Berberidion*). Von der Ebene bis 1800 m ü.d.M. Meist auf kalkarmen Böden. Nitrifikationszeiger. Licht/Halbschatten.	bis 3 m, hoher breitwüchsiger Strauch, Flachwurzler, wurzelausschlagfähig	7,0 143

Tabelle A (Fortsetzung)

Lateinischer und deutscher Name	Gesellschaftsanschluß Standort Eigenschaften	Morphologie Sproß Wurzel	Tausendkorngewicht in g Samen je g
Viburnum lantana Wolliger Schneeball	Zerstreut in lichten Kiefern- und Eichenwäldern sowie Flurgehölzen auf Karbonatböden *(Ligustro-Prunetum, Berberidion, Quercion pubescentis, Erico-Pinion)*. Bis 1400 m ü.d.M. Ausschlagfähig, schnittfähig, daher auch für Hecken. Licht/Halbschatten.	bis 3 (4) m breitwüchsig, weitstreichende Wurzeln	43,4–45,4 22–23
Viburnum opulus Gemeiner Schneeball Wasserschneeball	Häufig in Auwäldern, Gebüschen und Laubwäldern *(Prunetaliu, Alno-Padion)*. Auf frischen Roh-Auböden. Bis 1000 m ü.d.M. Starkes Ausschlagvermögen. Wasserzugzeiger. Licht/Halbschatten.	bis 5 m rasch wüchsiger, gelegentlich baumartiger Strauch. Intensiv-Flachwurzler	

Tabelle B
Die für ingenieurbiologische Verbauungen geeigneten, vegetativ vermehrbaren Gehölze
(Fettdruck kennzeichnet die für Tief- und Mittellagen besonders geeigneten Arten)

Pflanzenname	Wuchs	Standort	Vegetative Vermehrbarkeit (%)
Bäume			
Populus nigra **Schwarzpappel**	bis 30 m	Weichholz-Auwald sickernaß, periodisch überschwemmt; lockere, gut durchlüftete Sande und Schlufflehme (Au-Rohboden). Bis 1000 m ü.d.M. Südalpin 1400 m ü.d.M.	70 bis 100%, aber nur Kopfstecklinge mit Endknospe. Am besten Stockausschläge und Endtriebe
Salix alba **Silberweide**	bis 20 m	Weichholz-Auwald, collin/tiefmontan; kalkhaltige, neutrale, nährstoffreiche, sandige Aulehme und lehmige Ausande; periodisch überschwemmt; erträgt auch Schluff- und Schlickablagerungen. Bis 900 m ü.d.M. Südalpin 1300 m ü.d.M.	ca. 70%
Salix alba subsp. vitellina Dotterweide	bis 20 m	Kultur-Silberweide mit gelben bis roten Zweigen. Als Zierpflanze bei ingenieurbiologischen Verbauungen verwendbar.	ca. 70%
Salix daphnoides **Reifweide**	bis 15 m	Weichholz-Auwald der Gebirgsflüsse mit Schwerpunkt in der montanen Stufe der Kalkalpen. Verlehmte, sandig-kiesige, basische bis neutrale Schwemmböden. Bis 1300 m ü.d.M. Inneralpin 1850 m ü.d.M.	100%
Salix fragilis **Bruchweide**	10 bis 25 m	Dauernd feuchte, wasserzügige basenarme Standorte in sommerkühlen Gebieten; Flußauen bis ins Bergland; erträgt Staunässe. Bis ca. 600 (1100) m ü.d.M.	70 bis 100%

Tabelle B (Fortsetzung)

Pflanzenname	Wuchs	Standort	Vegetative Vermehrbarkeit (%)
Salix pentandra Lorbeerweide	bis 12 m, kann bis 90 Jahre alt werden	Bruch- und Auwald auf stausickernassen, mäßig sauren, bis neutralen, kalkarmen anmoorigen Auböden. Schwerpunkt im Tiefland und in den inneren Alpentälern. Bis 1800 m ü.d.M.	100%
Salix rubens Fahlweide	bis 25 m	Weichholz-Auwald.	70 bis 100%
Sträucher			
Laburnum alpinum Alpen-Goldregen	bis 5 m	In den Südalpen in warmen, luftfeuchten Wäldern und Gebüschen auf steinigen, felsigen Standorten. 500 bis 1900 m ü.d.M.	70 bis 100%
Laburnum anagyroides Gewöhnlicher Goldregen	3 bis 8 m	Im Flaumeichen- und Kiefernwald im Alpenraum mit Schwerpunkt Südalpen auf mäßig trockenen, nährstoff- und kalkreichen, mildhumosen, sandigen und steinigen Lehmböden in wintermilder Lage.	70%
Ligustrum vulgare Liguster	bis 3 m	In warmen Laubwald-, Kiefernwald- und Gebüschgesellschaften von der Ebene bis in mittlere Gebirgslagen. Bis 1000 m ü.d.M.	70 bis 100%
Salix appendiculata Großblättrige Weide	bis 4 (6) m	Vom Vorgebirge bis zur Krummholzregion in boden- und luftfeuchten Lagen auf frischen, basenreichen, neutralen oder leicht sauren, auch kalkhaltigen Schuttböden. (500)1200 m bis 2000 (2100) m ü.d.M.	50 bis 70% aber streng an winterlichen Ruhezustand gebunden
Salix aurita Öhrchenweide	bis 2,5 m	Von der Niederung bis ins Gebirge, in kontinentalen Gebieten selten. In Flachmooren und Quellsümpfen auf kalkfreien, sauren Anmoor- und Gleyböden. Bis 1600 m ü.d.M.	50 bis 70%

Tabelle B

Art	Größe	Standort	Weiteres
Salix cinerea Aschweide	2 bis 3 m Kugelbusch	Von den Küstenmarschen bis ins Gebirge in mehr sommerwarmen Zonen in Verlandungssümpfen, Niederungsmooren, Feuchtwiesen und Erlenbrüchen auf nährstoffreichen, sauren, humosen Sand- und Tonböden, auch an stagnierenden, stehenden Gewässern (Gleyböden). Bis 800 m ü.d.M.	50%
Salix elaeagnos Grauweide	bis 6 m, seltener bis 15 m hoher Baum	Charakterart des Sanddorn-Grauweidengebüsches und der Pionierstadien des Erika-Föhrenwaldes und des Grauerlen-Auwaldes. Schwerpunkt Alpenflüsse, besonders der Südalpen. Kalkreiche, grundwassernahe, aber zeitweise austrocknende Kiesböden, sandig-steinige Rutschhänge. Bis 1400 (1850) m ü.d.M.	50 bis 70% aber streng an winterlichen Ruhezustand gebunden
Salix foetida West-Bäumchen-Weide	ca. 1,5 m	Subalpine Stufe der zentralen Westalpen in Weiden- und Grünerlenbeständen an Bachufern und wasserzügigen Hängen auf kalkarmen, sauren, nährstoffreichen, humosen, oft anmoorigen Böden, vorzüglich Moränen silikatischer Grundgesteine. 1700 bis 2300 m ü.d.M.	50 bis 70% langsamwüchsig
Salix glabra Glanzweide	bis 1,5 m	In den Kalkgebirgen der Ostalpen auf Geröll, steinigen Hängen und Runsen, nur auf Kalk- und Dolomitgestein. 1400 bis 2000 m ü.d.M.	70 bis 100% langsamwüchsig
Salix glaucosericea Seidenweide	bis 1,5 m	Zerstreut in der subalpinen Stufe der Zentralalpen in Grünerlenbeständen und Hochstaudenfluren auf feuchten, silikatischen, kalkarmen Moränen und Alluvionen. 1700 bis 2500 m ü.d.M.	70%
Salix hastata Spießblättrige Weide	bis 3 m sparriger Strauch	In den hochmontanen und subalpinen Stufen der Alpen in Weiden-Grünerlen- und Hochstaudenfluren auf feuchten oder schattigen Standorten, neutralen bis schwach sauren, nährstoffreichen Böden auf den verschiedensten Substraten. Erträgt lange Schneebedeckung. 1600 bis 2100 (2400) m ü.d.M.	ca. 70% langsamwüchsig
Salix hegetschweileri Hochtalweide	bis 4,5 m	Subalpine und montane Stufe der Zentralalpen auf feuchten, durchsickerten, meist kalkarmen, nährstoffreichen Böden. Bachufer und nasse Unterhänge der Hochstaudenfluren und Lorbeerweidenbestände. 1600 bis 2000 m ü.d.M.	70 bis 100%

Tabelle B (Fortsetzung)

Pflanzenname	Wuchs	Standort	Vegetative Vermehrbarkeit (%)
Salix helvetica Schweizer Weide	bis 1,5 m sparriger Strauch	In der subalpinen Stude der Zentralalpen in schattenseitigen, lange schneebedeckten Blockhalden der Zwergstrauchheiden und Grünerlenbestände auf kalkfreien, feuchten Schutt- und Skelettböden. Er trägt lange und hohe Schneebedeckung. 1700 bis 2600 m ü.d.M.	50 bis 70% langsamwüchsig
Salix mielichhoferi Tauernweide	bis 4 m	In den zentralen Ostalpen auf feuchten Gebirgshängen u. Bachufern der montanen u. subalpinen Stufe auf nährstoffreichen Schuttböden. 1300 bis 2200 m ü.d.M.	70 bis 100%
Salix nigricans **Schwarzweide**	bis 8 m sparriger, mitunter baumförmiger Strauch	Auf bodenfeuchten, neutralen bis schwach sauren Ton-, Kies- und Sandböden mit Schwerpunkt in kühlhumiden Kalkgebieten. Bis 1600 m ü.d.M.	100%
Salix nigricans subsp. *alpicola* Schwarzweide		Die Unterart *alpicola* ist bestandsbildend in der hochmontanen und subalpinen Stufe der Zentralalpen. Erträgt Staunässe u. Schatten. Bis 1800 (2400) m ü.d.M.	70%
Salix pupurea **Pupurweide**	bis 6 m	Weichholz-Augebüsch, besonders häufig in Pionierstadien. Periodisch überflutete, meist kalkige Schwemmböden (Schluff – Sand – Kies). Bis 1600 (2300) m ü.d.M.	100% geeignetste Weide für ingenieurbiologische Zwecke
Salix triandra **Mandelweide**	2 bis 4 m	Weichholz-Auwald, bes. Pionierstadien. Periodisch überschwemmte, feuchte, meist kalkhaltige Schlick-, Sand- u. Kiesböden. Vom Tiefland bis 1500 m ü.d.M. Schwerpunkt Voralpentäler. Mäßig schattenresistent.	70 bis 100%

Tabelle B

Salix viminalis **Korbweide**	bis 5 m	Außeralpine Strom- und Flußtäler. Häufig angepflanzt und daher örtlich in den Alpentälern bis 1400 m ü.d.M. vorkommend. Wechselfeuchte, basen- und nährstoffreiche, schluffig-lehmige Sandböden.	70 bis 100%
Salix waldsteiniana Ost-Bäumchen-Weide	bis 1,5 m sparriger Strauch	In der subalpinen Stufe der Ostalpen auf frischen, neutralen bis schwach sauren, meist kalk- und basenreichen, verlehmten Schuttböden. Erträgt lange und hohe Schneebedeckung. 1400 bis 2200 m ü.d.M.	70 bis 100% langsamwüchsig

Verschiedene Beispiele zeigen, daß unter bestimmten, bisher nicht abklärbaren Bedingungen, auch *Salix caprea* (Salweide), *Alnus incana* (Grauerle) und *Alnus glutinosa* (Schwarzerle) mit unterschiedlichem Erfolg verwendet wurden. Generell wollen wir diese Empfehlung jedoch nicht geben.

Tabelle C

Die wichtigsten als bewurzelte Pflanzen für ingenieurbiologische Bauweisen geeigneten Gehölzarten (Fettdruck kennzeichnet starke Adventivknospenbildung und Verschüttungsresistenz)
In den beiden letzten Spalten sind Pionierarten und Arten mit Überflutungsresistenz ersichtlich
Mit * bezeichnete Arten wachsen je nach Standort sowohl baum- als auch strauchförmig

Lateinischer und deutscher Name	Höhenstufe (m über dem Meer)	Pionierarten	Resistenz gegen Überflutung
Nadelbäume			
Larix decidua / **Europäische Lärche**	collin-subalpin, bis 2300 (2400) m		○
Pinus sylvestris / **Waldkiefer, Rotföhre**	collin-subalpin, bis 1600 (1900) m	■	
Pinus uncinata / Spirke, Aufrechte Bergföhre	submontan-subalpin, bis 2300 (2400) m	■	
Laubbäume			
*Acer campestre** / Feldahorn	collin-submontan, bis 800 m		
Acer platanoides / Spitzahorn	collin-submontan, bis 1100 m		
Acer pseudoplatanus / Bergahorn	submontan-subalpin, bis 1700 m		
Alnus glutinosa* / **Schwarzerle**	collin-submontan, bis 1050 m	■	●
Alnus incana* / **Grauerle**	submontan-montan, 500 bis 1600 m	■	○
Betula pendula / Sandbirke	montan-subalpin, 1100 bis 1800 m	■	○
Betula pubescens / Flaumbirke	montan-subalpin, 1100 bis 2100 m		
Carpinus betulus / **Hainbuche**	collin-submontan, bis 1000 m		○
Castanea sativa / Edelkastanie	collin-submontan, bis 700 (1000) m		

Tabelle C

Art	Höhenverbreitung		
Fraxinus excelsior / **Gemeine Esche**	collin-montan, bis 1400 m	■	○
Populus alba / **Silberpappel**	collin-submontan, bis 800 m	■	●
Populus nigra / **Schwarzpappel**	collin-submontan, bis 800 m	■	●
Populus tremula / **Zitterpappel**	submontan-montan, bis 1400 m	■	○
Prunus avium / Vogelkirsche	collin-submontan, bis 1300 (1700) m		○
Prunus padus / Traubenkirsche	submontan-subalpin, bis 1700 m		
Quercus petraea / Traubeneiche	collin-submontan, bis 1000 m		
Quercus robur / Stieleiche	collin-montan, bis 1200 m		
Salix alba / **Silberweide**	collin-submontan, bis 900 (1300) m	■	●
Salix caprea* / **Salweide**	collin-subalpin, bis 1700 m	■	
Salix daphnoides / **Reifweide**	submontan-subalpin, bis 1300 (1850) m	■	
Salix fragilis / **Bruchweide**	collin-submontan, bis 1100 m	■	●
Salix pentandra / **Lorbeerweide**	collin-subalpin, bis 1800 m		○
Sorbus aria / **Mehlbeerbaum**	collin-montan, bis 1500 m		
Sorbus aucuparia / **Eberesche, Vogelbeere**	subalpin, bis 1800 (2000) m	■	
Tilia cordata / Winterlinde	collin-montan, bis 1450 m		
Ulmus glabra / Bergulme	collin-montan, bis 1400 m		
Ulmus minor / **Feldulme**	collin-submontan, bis 600 m		

Tabelle C (Fortsetzung)

Lateinischer und deutscher Name	Höhenstufe (m über dem Meer)	Pionierarten	Resistenz gegen Überflutung
Sträucher			
Alnus incana / **Grauerle**	submontan-montan, 500 bis 1600 m	■	○
Alnus viridis / **Grünerle**	montan-subalpin, bis 1800 (2000) m	■	
Berberis vulgaris / Sauerdorn	collin-submontan, bis 1800 m		
Clematis vitalba / Waldrebe	collin-submontan, bis 1000 m		
Cornus mas / **Kornelkirsche**	collin-submontan, bis 600 m		
Cornus sanguinea / **Blutroter Hartriegel**	collin-submontan, bis 1000 m		
Corylus avellana / Hasel	collin-montan, bis 1400 m		
Crataegus monogyna / **Weißdorn**	collin-submontan, bis 1000 m		
Evonymus europaeus / **Pfaffenhütchen**	collin-submontan, bis 1100 m		
Hippophae rhamnoides / **Sanddorn**	collin-submontan, bis 1000 m	■	
Laburnum alpinum / **Alpen-Goldregen**	submontan-subalpin, bis 1900 m	■	
Laburnum anagyroides / Gewöhnlicher Goldregen	collin-submontan, bis 1000 m		
Ligustrum vulgare / **Liguster, Rainweide**	collin-submontan, bis 1000 m	■	
Lonicera xylosteum / **Gemeine Heckenkirsche**	collin-montan, bis 1100 (1600) m	■	
Pinus mugo / Latsche	montan-subalpin, 1400 (1000) bis 2300 m	■	
Prunus spinosa / Schlehdorn	collin-submontan, bis 1000 m		
Rhamnus catharticus / Gemeiner Kreuzdorn	collin-montan, bis 1300 m		

Tabelle C

Art	Höhenverbreitung	■	○
Ribes alpinum / Alpen-Johannisbeere	submontan-subalpin, bis 1900 m		
Ribes petraeum / Felsen-Johannisbeere	submontan-subalpin, bis 1900 m		
Rosa canina / Hundsrose	collin-montan, bis 1350 m		
Rosa rubiginosa / Weinrose	collin-montan, bis 1200 m		
Salix appendiculata / Großblattweide	montan-subalpin, bis 2000 (2100) m	■	
Salix aurita / Öhrchenweide	collin-montan, bis 1600 m	■	
Salix caprea* / Salweide	collin-subalpin, bis 1700 m	■	
Salix cinerea / Aschweide	collin-submontan, bis 800 m	■	○
Salix elaeagnos / Grauweide	submontan-montan-(subalpin), bis 1400 (1850) m	■	
Salix glabra / Glanzweide	montan-subalpin, bis 2000 m	■	
Salix hastata / Spießblättrige Weide	montan-subalpin, bis 2100 (2400) m	■	
Salix hegetschweileri / Hochtalweide	montan-subalpin, bis 2000 m	■	
Salix nigricans / Schwarzweide	collin-subalpin, bis 1600 m		○
Salix pupurea / Purpurweide	collin-subalpin, bis 1600 (2300) m		○
Salix repens / Kriechweide	collin-submontan, bis 1000 m		○
Salix triandra / Mandelweide	collin-montan, bis 1500 m		○
Salix viminalis / Korbweide	collin-montan, bis 1400 m		
Sambucus nigra / Schwarzer Holunder	collin-montan, bis 1500 m		
Sambucus racemosa / Traubenholunder	collin-subalpin, bis 1800 m		○
Viburnum lantana / Wolliger Schneeball	collin-montan, bis 1400 m		
Viburnum opulus / Gemeiner Schneeball	collin-submontan, bis 1000 m		○

Tabelle C (Fortsetzung)

Lateinischer und deutscher Name	Höhenstufe (m über dem Meer)	Pionierarten	Resistenz gegen Überflutung
Exoten für Sonderfälle			
Ailanthus altissima / Götterbaum	colline Stufe, bis 500 m	■	
Buddleia alternifolia, Buddleia davidii / Sommerflieder	colline-montane Stufe, bis 800 m	■	
Caragana arborescens / Erbsenstrauch	colline-montane Stufe, bis 1000 m	■	
Elaeagnus angustifolia / Ölweide	colline Stufe, bis 600 m		
Forsythia intermedia spec. / Goldglöckchen	colline-montane Stufe, bis 1100 m		
Lycium barbarum / Bocksdorn	colline-montane Stufe, bis 1200 m		
Rhus typhina, Rhus laciniata / Essigbaum	colline-montane Stufe, bis 1000 m	■	
Robinia pseudacacia / Robinie	colline-montane Stufe, bis 900 m	■	
Rosa rugosa / Apfelrose	colline-montane Stufe, bis 1000 m		
Symphoricarpus racemosus / Schneebeere	colline-montane Stufe, bis 1200 m		

Höhenstufen:
colline Höhenstufe   bis 500 m ü.d.M.
submontane Höhenstufe   500 bis 1100 m ü.d.M
montane Höhenstufe   1100 bis 1600 m ü.d.M.
subalpine Höhenstufe   1600 bis 2300 m ü.d.M.

8 Begriffserläuterungen

Adventivknospe: ruhende Knospe; besonders angelegte Knospe, die erst bei Bedarf, wie nach Verletzung oder Teilung, zum Austreiben kommt.

Adventive Bildung: Entstehung von Pflanzenorganen (Sproß oder/und Wurzel) nicht aus Knospen, sondern aus dem Dauergewebe.

Adventivwurzel: sproßbürtige Faserwurzel, die nicht aus einer Keimwurzel hervorgeht, sondern eine Bildung der Sproßachse ist.

Aerenchym: Durchlüftungsgewebe im Schilfhalm.

Antitranspirantien: Naturprodukte oder chemische Stoffe, die als Frischhaltemittel das Vertrocknen von Wurzeln und Sproß verhindern.

Anzug: die Schräge der Vorderfront von Stütz- und Futtermauern und von Sperrenbauwerken.

Aquatisch: das Wasser betreffend.
Aquatische Organismen sind solche, die im Wasser leben (siehe auch unter *terrestrisch, limnisch*).

Arides Klima: trockenes Klima, in dem das Maß der Verdunstung die Menge der Niederschläge übertrifft.

Au oder *Aue:* zusammenhängendes Feuchtgebiet an Fließgewässern.
Das Leben der Au wird von stark schwankenden Grundwasserströmen und von immer wiederkehrenden Überschwemmungen bestimmt (siehe auch unter *Auwald*).

Aufbaukraft: befähigt Pflanzen, den Boden aufzuschließen und Folgegesellschaften einzuleiten. Pflanzen mit hoher Aufbaukraft sind z.B. Stauden, Sträucher und Bäume aus der Familie der Leguminosen (*Fabaceae*).

Aufhieb: auch Loshieb; Rodung eines Waldstreifens.

Auf Stocksetzen: auf den Stock setzen; Abholzen (abstocken) der Stämme (Äste) von ausschlagfähigen Laubhölzern nahe dem Boden. Es entstehen nachfolgend Stockausschläge, die wieder periodisch genutzt werden können.

Auwald: vielfältige, wasserbezogene und -abhängige Lebensräume (Wiesen, Röhrichte, Gebüsche, Wald) mit wechselfeuchten Standorten.
Auwald im engeren Sinne ist ein aus Laubbäumen und Sträuchern aufgebauter Gewässerwald (Wasserwald). Je nach Häufigkeit und Andauer der Hochwässer wird gegliedert in die tiefergelegene, häufiger überschwemmte „Weiche Au" (Weiden, Grauerle) und in die höhergelegene „Harte Au" (Eichen, Eschen, Ulmen).

Ballenpflanze: verschulte Pflanze, deren Wurzel- und Erdballen in verrottbare Gewebe eingehüllt sind.

Berme: erdbautechnisch hergestellte Verflachung bis zu mehreren Metern Tiefe (Breite) in einer Böschung oder in einem natürlichen Geländeteil. Schmale Bermen (bis zu 1 m) werden auch Bankette genannt.

Biotechnische (ökotechnische) Konstitution: Widerstandsfähigkeit gegenüber mechanischen Kräften, die auf den Sproß und die Wurzel wirken.

Biotop: Lebensraum (Örtlichkeit), wo Organismen und deren Gemeinschaften ihre Existenzbedingungen finden und daher dort leben können.

Bodenverbesserung: Durch Aufbringen oder Einarbeiten von organischen Zuschlagstoffen (Dünger, Kompost, Gründüngung, Mulch, Algenderivate, Torf, Pilze, Bakterien) oder durch Beigabe von toten Materialien (Kies, Gesteinsmehle, Schlacken, Keramik- oder Plastikaggregate) können Verbesserungen der Bodenaktivität erreicht werden.

Boden-Wurzelverbund: Zusammenschluß von Boden und Wurzeln zu einem armierten, biologisch aktiven Stützkörper.

Containerpflanze: in Behälter verschiedener Größe und aus verschiedenem Material (Torf, Pappe, Ton, Plastik) gesäte oder verschulte (vertopfte) Pflanze. Unabhängig von der Kulturperiode kann damit die gesamte Vegetationszeit über gearbeitet werden. Unverrottbare Container sind vor dem Setzen zu entfernen!

Erosion: Abtrag des Festlandes durch Wasser, Wind, Frost, Eis und extreme Sonnenstrahlung.
Interne Erosion führt zur Veränderung des Bodengefüges. Geschlossene Vegetation ist der beste Erosionsschutz. Radikale Erosion erfolgt bei Katastrophenereignissen wie z. B. Hochwasser.

Evapotranspiration: die Gesamtmenge an Wasser, die von Pflanzenbeständen durch Transpiration (Wasserverdunstung über die Blattmasse) und Evaporation (Wasserverdunstung aus dem Boden) verbraucht wird.

Extensivwurzler: Pflanzen mit tief- und/oder weitstreichendem Wurzelsystem (Gehölze).

Feuchtbiotop: ständig bodenfeuchter bis nasser Lebensraum von Pflanzen- und Tiergemeinschaften; Beispiele: Gewässer, Quell- und Bachfluren, Röhricht, Moore, Sümpfe, Feuchtwiesen, Auen.

Fertigrasen: Schälrasen, Rollrasen; durch maschinelles Schälen aus Naturbeständen oder Ansaaten gewonnene Rasenbahnen.

Flora: Gesamtheit aller Pflanzenarten eines bestimmten Gebietes.

Flurgehölz: heckenartige Formation aus vorwiegend strauchförmigen Laubgehölzen.

Gabbione, gabbioni (ital.), gabions, hard gabions (engl.): Drahtschotterkörper, Drahtskelettkörper.

Generative Vermehrung: geschlechtliche Fortpflanzung durch die Erzeugung von Samenkörnern oder Sporen.

Geotextilien: unverrottbare, reißfeste Bauvliese oder Kunststoffnetze mit weniger als 5 mm Maschenweite.

Geschiebe: die vom fließenden Wasser auf oder nahe der Gerinnesohle rollend oder springend fortbewegten Feststoffteile.

Geschiebefracht: Anteil von Feststoffen im fließenden Wasser; Belastung des Wassers durch Feststoffe.

Geschiebetransport: in der Zeiteinheit durch einen definierten Querschnitt verlagerte Geschiebemasse.

Geschiebetrieb: bewegtes Geschiebe und dessen Kräfte.

Gewässerpflege: Gestalten und Entwickeln des Gewässers und seiner Ufer und Hochwasserabflußbereiche nach biologischen und landschaftspflegerischen Gesichtspunkten unter Beachtung der hydraulischen Aufgaben.

Harte Au: siehe unter *Auwald*.

Herkunft (Provenienz): Gebietsangabe über den Wuchsort oder Wuchsraum von Pflanzen allgemein und von Gehölzen im Besonderen.

Heublumen: Rückstände (Samen, Halme) in den geleerten Heuhütten und Heustadeln.

Höhenstufe: durch Klimabedingungen ökologisch gekennzeichneter Höhengürtel; Lagebezeichnung in Metern über dem Meeresspiegel. Die ökologischen Unterschiede zwischen den Höhenstufen (collin, montan, subalpin, alpin, subnival, nival) werden durch Pflanzengesellschaften charakterisiert (Vegetationsstufen).

Humides Klima: Klima, in dem die jährliche Niederschlagsmenge größer als die Verdunstung ist.

Impfung: Verfahren zum Besatz der Wurzeln von Gehölzen mit im Labor angezogenen Wurzelpilzen (Mykorrhiza) und der Wurzeln von Leguminosen mit gezüchteten Wurzel(-knöllchen)-bakterien, z. B. der Gattung Rhyzobium (siehe auch unter *Wurzelsymbionten*).

Ingenieurbiologie: Ingenieurbauweise, die bei der Projektierung biologische Erkenntnisse einsetzt und bei der Ausführung lebende Baustoffe, wie Samen, Pflanzen, Pflanzenteile, Vegetationsstücke, verwendet. Die Ingenieurbiologie verfolgt technische, ökologische, gestalterische und ökonomische Ziele. Ingenieurbiologie ist eine ökologisch orientierte Ingenieurbautechnik in der Landschaft.
Bioengeneering; Ingegneria naturalistica; Genie biologique.

Initialvegetation: Anfangsstadium der Vegetationsentwicklung mit Erstbesiedlern; frühes Jugendstadium einer natürlich entwickelten oder künstlich angelegten Vegetation.

Instandhaltung: Maßnahmen zur Beibehaltung eines bestimmten Zustandes.

Instandsetzung: Behebung von Mängeln oder Schäden, um einen bestimmten Erhaltungszustand wieder zu erreichen.

Intensivwurzler: Pflanzen mit scharf abgegrenztem, wenig tief- und weitstreichendem, feinwurzelreichem Wurzelsystem (Gräser).

Interzeption: Anteil des als Benetzung in der Vegetationsschicht bleibenden Niederschlages, der verdunstet; hängt ab von den meteorologischen Bedingungen und von der Vegetation.

Kompost: aus organischen Abfällen (Blätter, Gras, Stauden, Holzhäcksel, Rinde) gewonnener, biologisch stark aktiver Bodenverbesserer.
Aus Mülldeponien werden Müllkomposte gewonnen, die vor der Verwendung auf ihre Eignung (Chemismus, Toxizität) geprüft werden müssen.

Kopfweide: hoch (1 bis 5 m) abgestockte Baumweide, die durch regelmäßigen Rückschnitt zur Rutengewinnung eine „kopfähnliche" Kronenform erhält.

Krainerwand: ursprünglich aus Rundholz gebauter, kastenförmiger Stützkörper, heute auch aus Betonelementen hergestellt; kommt aus Krain, einer Landschaft im heutigen Slowenien.

Laichkrautzone: Biotop mit Schwimm- und Wasserpflanzen; dauernd, ganzjährig überflutet.

Lebendverbauung, Lebendverbau, Lebendbau: Teilgebiet der Ingenieurbiologie, die Bauweisen im Wasserbau betreffend.

Leguminosen: Kräuter, Sträucher und Bäume aus der Familie der Hülsenfrüchtler (*Leguminosae, Fabaceae*); als Stickstoffsammler durch spezifische Wurzel-Knöllchenbakterien gute Bodenverbesserer. Viele Arten bilden starke und tiefstreichende Wurzeln aus und sind gute Bodenfestiger; wichtiger Bestandteil in Samenmischungen.

Limnisch: Bezeichnung für Organismen und Stoffe, die im Süßwasser vorkommen und für Vorgänge, die in Süßgewässern ablaufen (siehe auch *aquatisch, terrestrisch*).

Limnologie: Wissenschaft von den Binnengewässern und ihrer Lebewelt.

Mäander, Mäandrieren: auch Meander, aufeinanderfolgende Gerinne-(Fluß-)bögen mit gegenläufiger Krümmung; in vielen Schlingen fließend;. nach dem Fluß Mäander (türkisch: Menderes) in Kleinasien benannt.

Mennige: Bleioxyd; gelbes bis scharlachrotes, in Wasser unlösliches Pulver; Rostschutzmittel; zur Behandlung von Baum- und Strauchsamen gegen Tierfraß.

Mulch, Mulchschicht: verschieden mächtige (dicke) Schicht aus Pflanzenfasern, in der gemäßigten Klimazone aus Stroh oder Heu. Ursprünglich wurde es zum Abdecken des Bodens gegen Austrocknung und Abschwemmung sowie Unkrautbekämpfung verwendet, heute darüber hinaus als Deckschicht bei Saaten eingesetzt. Bei maschinellen Mulchsaaten wird Stroh gehäckselt und mittels Gebläse aufgebracht. Deckschichten aus langhalmigem Stroh werden in Handarbeit oder teilmechanisiert ausgebreitet und mit Klebern verkittet.

Mutterboden, Oberboden: oberste, durchwurzelte, belebte, humose Bodenschicht.

Natürlich:
– der Natur zugehörig (Eigenschaft),
– durch die Natur bedingt,
– Natürlichkeitsgrad (Zustand).

Natürlichkeitsgrad: z.B. eines Gewässers, einer Landschaft, eines Ökosystems
– *natürlich:* das Ursprüngliche, ohne menschlichen (anthropogenen) Einfluß unverändert Erhaltene,
– *naturnah:* ohne unmittelbaren Einfluß des Menschen oder durch ihn nicht wesentlich veränderte Ursprünglichkeit,
– *naturfern:* stark veränderte Ursprünglichkeit,
– *naturfremd:* vom Menschen bewußt geschaffene und erhaltene Systeme, wie z.B. Totalumwandlung von Ursprünglichem oder völlige Neuschaffung industrieller Ökosysteme.

Ökologie: Lehre vom Naturhaushalt; Wechselbeziehungen der Lebewesen (Pflanze und Tier) zur unbelebten und belebten Natur.

Ökologische Amplitude: Wirkungsbreite eines Umweltfaktors (Standortfaktors, ökologischen Faktors) für eine Art oder Artengruppe (Gesellschaft).

Ökologische Konstitution: Gesamtheit der Reaktionen von Pflanzenteilen, Pflanzen und Pflanzengesellschaften auf die Umwelt.

Ökosystem: Beziehungsgefüge aus den Wechselwirkungen zwischen belebter und unbelebter Natur (Umwelt), die aus Biozönosen (Lebensgemeinschaften von Pflanzen und Tieren) und deren Biotopen (Lebensräumen) besteht.

Ökotechnische Konstitution: Widerstandsfähigkeit gegenüber mechanischen Kräften, die auf den Sproß und die Wurzel wirken.

Pilot: Pfahl aus Holz, Beton oder Stahl zur Ableitung von Kräften in den Untergrund.

Pioniergesellschaften: gebildet aus Erstbesiedlern (Pionieren), besetzen sie magere, nährstoffarme Standorte und bereiten diese für höhere Sukzessionsstadien vor.

Provenienz (Herkunft): Gebietsangabe über den Wuchsort oder Wuchsraum von Pflanzen allgemein und Gehölzen im Besonderen.

Rasen: Bodendeckende Vegetation aus Gräsern und Kräutern.

Rasensode, Rasenziegel: aus Natur- oder Farmrasen gewonnene Stücke bis zu 1 m^2 Flächengröße.

Raumgitterelemente: räumlich konstruierte, koppelbare Hangstützkörper mit Elementen aus Holz, Beton, Stahl oder Plastik.

Retention: Rückhalt eines bestimmten Anteiles des (Hochwasser-) Abflusses. Retentionsräume oder -becken sind Einrichtungen zur Abflußverzögerung. Als sogenannte fließende Retention dienen z. B. Flußauen.

Rhizom: unterirdische, verdickte Sproßachse, die sich durch Gliederung und schuppenartige Niederblätter deutlich von der eigentlichen Wurzel unterscheidet. Rhizome speichern Reservestoffe (Stärke) und dienen der vegetativen Vermehrung.

Rhizomhäcksel: zerkleinerte, austriebsfähige Rhizome.

Rhizomsteckling: vegetativ vermehrbares Rhizomstück.

Rohboden: unbelebter, mineralischer, humusloser Boden.

Röhricht: Vegetation mit Schilf, Rohrkolben, Riedgräsern (Binsen und Seggen) und Blütenpflanzen (z. B. Iris) an Flachufern von fließenden und stehenden Gewässern.

Rollrasen: siehe Fertigrasen.

Runse: durch konzentrierten Oberflächenabfluß spitzgrabenähnlich eingetiefte Rille in Lockergesteinen und Böden.

Sämling: unverschulte, aus Samen gezogene Jungpflanze.

Schleppkraft: die Umfangskraft, die längs des Flußbettes wirkt.
Das Sohlmaterial setzt der Schleppkraft (N) eine Reibungskraft entgegen.

Schleppspannung: die auf die Flächeneinheit des Flußbettes bezogene Schleppkraft in N/m^2.

Schleppspannungsverträglichkeit: das Maß für die schadlose Überwindung von Schleppspannungen.

Schlußgesellschaft: standortbedingtes Endglied in der Vegetationsentwicklung; Pflanzengesellschaft, wie sie ohne menschlichen Einfluß unter heutigem Klima sich einstellen würde.

Schwebstoff: Feststoffe, die durch die Turbulenz des fließenden Wassers in der Schwebe gehalten werden.

Sedimentation: Ablagerung von (Fein-) Geschiebe und Schwebstoffen.

Selbstreinigung: Gesamtheit aller Vorgänge in einem Gewässer, durch die die organischen Wasserinhaltsstoffe und anorganischen Mehrstoffe in den natürlichen Stoffkreislauf eingebaut, abgebaut, mineralisiert und langfristig auch aus ihm ausgeschieden werden. Dieser Vorgang wird vorwiegend durch Aktivitäten von Organismen bewirkt.

Setzstange: Astende von Baumweiden und Pappeln, samt Endknospe, 1 bis 2,5 m lang, 4 bis 6 cm Durchmesser.

Sickerwasser: in den Poren des Bodenkörpers der Schwerkraft folgend sich abwärts bewegendes Wasser.

Standort: geographisch eindeutig bestimmbare Örtlichkeit als Wuchsplatz einer Pflanzengemeinschaft. Ein Standort wird durch die dort vorhandenen Lebensbedingungen charakterisiert (siehe auch *Standortfaktoren*).

Standorterkundung: Aufsuchen und kartographische Festlegung von Standorteinheiten mittels Vegetations- und Bodenuntersuchungen.

Standortfaktoren: die Gesamtheit aller äußeren Bedingungen (Geländefaktoren, Klimafaktoren, Boden- und Untergrundfaktoren, Einflüsse von Mensch, Tier, Pflanze, Konkurrenz), die auf Pflanzen bzw. Pflanzengesellschaften innerhalb ihres Wuchsortes einwirken.

Starthilfen: Maßnahmen, die ein möglichst ungefährdetes, rasches und gutes Anwurzeln und Fortkommen künstlich eingebrachter Vegetation ermöglichen, wie z.B. Impfung, Düngung, Bewässerung, Wind- und Frostschutz, Schneebedeckung, Wildverbißschutz, Zäunung.

Staude: ausdauernde, (mehrjährige) wiederholt fruchtende, krautige Pflanze mit relativ wenig Holzgewebe im oberirdischen Sproß.

Steckholz, Steckling: unverzweigter Teil eines verholzten Gehölztriebes, aus dem sich, in den Boden gesteckt, eine Pflanze entwickelt (Triebsteckling; siehe auch *Wurzelsteckling*).

Strauch: Holzgewächs, dessen Haupt- und Seitenachse sich schon aus basalen oder unterirdischen Seitenknospen verzweigen oder bei dem anstelle nur eines Stammes (Hauptachse) mehrere Stämmchen vorhanden sind.

Strohdeckschicht: Deckschicht aus Stroh zum Schutz und als Starthilfe für Rasen- und Gehölzsaaten (siehe auch *Mulch*).

Sukzession: Ablösung einer Organismengemeinschaft (Pflanzengesellschaft) durch eine andere wegen Veränderung von Klima, Boden oder Lebenstätigkeit der Organismen selbst (Standortveränderung).

Symbionten: die in einem größeren Organismus (Pflanze) in Symbiose (Gemeinschaft) lebenden Mikroorganismen, wie Bakterien, Pilze, Algen.

Terrestrisch: das Land betreffend. Terrestrische Organsimen sind solche, die auf dem Land leben (siehe auch *aquatisch, limnisch*).

Tagwasser: Wasser, das oberflächlich anströmt oder fließt.

Topfpflanze: in Töpfen verschiedener Größe und aus verschiedenem Material gezogener Sämling oder in solche Behälter verschulte Pflanze (siehe auch *Containerpflanze*).

Turbulente Fließbewegung: Die Wasserteilchen werden neben der Hauptbewegung (laminare Strömung) ständig von Sekundärbewegungen erfaßt.

Uferböschung: geneigte Fläche oberhalb der jeweiligen Wasseranschlagslinie.

Unterwasserböschung: geneigte Fläche unterhalb der Mittelwasseranschlagslinie.

Vegetation: aus unterschiedlich vielen und verschiedenen Pflanzenarten gebildete Pflanzendecke; Gesamtheit der Pflanzengesellschaften eines Gebietes.

Vegetationsgliederung: die Vegetation der Erde folgt in ihrer Gliederung zunächst den Klimazonen.

Vegetationszonen Klima	feucht		trocken
kalt	Tundra		
kühl	Nadelwald		
gemäßigt	Laubwald	Hartlaubwald	Steppe
subtropisch	Lorbeerwald	Trockenbusch	Wüste
tropisch	Regenwald	Monsunwald	Savanne

In den Gebirgen bestehen zusätzlich die Vegetationsstufen als Folge des je nach Höhenlage verschiedenen Klimas (siehe auch *Höhenstufe*).
Vegetationszone, Höhenstufe und die Flächenlage im Relief führen zu einer noch feineren Gliederung der Vegetation bis herab zu kleinstandorttypischen Pflanzengesellschaften.

Vegetationsrhythmus, Wachstumsrhythmus: Wechsel zwischen Wachstum (Stoffproduktion, Zuwachs) und Vegetationsruhezeit.

Vegetationstechnik: Sicherungs- und Gestaltungsarbeiten in der Landschaft mit Hilfe von lebenden Baustoffen.

Vegetative Vermehrung: ungeschlechtliche Fortpflanzung (Vermehrung) durch Abtrennung von oberirdischen (Sproß) oder unterirdischen (Wurzel) Pflanzenteilen und Einbringen in den Boden.

Verschulen: Verpflanzen von Sämlingen in ein sogenanntes Verschulbeet unter regelmäßigen Reihen- und Pflanzenabständen. Je nach Gehölzart und Herkunft (z.B. Hochlagen) erfolgt ein- oder mehrmaliges Verschulen.

Weiche Au: siehe unter Auwald.

Wuchsgebiet, Wuchsraum: Pflanzengeographisch (geobotanisch) einheitliches Verbreitungsgebiet vorherrschender Pflanzengesellschaften, z.B. von Wäldern.

Wurzelnackte Pflanze: Sämling oder Verschulpflanze, die dem Beet im Forstgarten oder der Baumschule entnommen und daher ohne Ballen oder Topf, also wurzelnackt, bei Aufforstungen und Bepflanzungen verwendet wird.

Wurzelsteckling: Wurzelstück, das sich durch Sprossung vegetativ vermehrt.

Wurzelsymbionten: Kräuter (Leguminosen) und Gehölze kümmern und entwickeln sich ohne ihre Lebenspartner, die Wurzelsymbionten, wie z.B. Knöllchenbakterien und Mykorrhizen, nicht entsprechend (siehe unter *Impfung*).

9 Literaturverzeichnis

9.1 Verarbeitete Quellen

[1] Anselm, R. (1976): Analyse der Ausbauverfahren, Schäden und Unterhaltungskosten von Gewässern. Mitt. Institut für Wasserwirtschaft, Hydrologie und landwirtschaftlichen Wasserbau, TU Hannover, 36, S. 11–190.

[2] Binder, W. (1986): Beispiele zur Stauraumgestaltung aus Bayern. In: 5. Sem. Landschaftswasserbau, TU Wien, 7, S. 307–342.

[3] Binder, W. (1996): Neue Wege in der Gewässerunterhaltung. In: Ber. 1995 Wasserwirtsch. Verb. Baden-Württemberg, S. 307–342, Heidelberg.

[4] Bittmann, E. (1953): Das Schilf und seine Verwendung im Wasserbau. Angewandte Pflanzensoziologie, 7, S. 5–44, Stolzenau/Weser.

[5] Bundesministerium für Land- und Forstwirtschaft (1992): Schutzwasserbau, Gewässerbetreuung, Ökologie. 232 S., Wien.

[6] Deutscher Verband für Wasserwirtschaft und Kulturbau – DVWK (1984): Ökologische Aspekte bei Ausbau und Unterhaltung von Fließgewässern. Merkblatt zur Wasserwirtschaft 204, S. 1–188 , P. Parey, Hamburg/Berlin.

[7] Deutscher Verband für Wasserwirtschaft und Kulturbau – DVWK, (1991): Hydraulische Berechnung von Fließgewässern. Merkblatt 220, P. Parey, Hamburg/Berlin.

[8] Deutscher Verband für Wasserwirtschaft und Kulturbau – DVWK, (1993): Landschaftsökologische Gesichtspunkte bei Flußdeichen. Merkblatt 226, S. 1–32, P. Parey, Hamburg/Berlin.

[9] EBW – Eidgenössisches Bundesamt für Wasserwirtschaft (1982): Hochwasserschutz an Fließgewässern; Wegleitung 1982, Eidgenössische Druck- und Materialzentrale, Bern.

[10] Ehardt, R. und Honsowitz, H. (1999): Kalkulationstabellen für naturnahe Bauweisen und Pflegemaßnahmen an Fließgewässern. In: Fließgewässer erhalten und entwickeln – Anleitung zur Pflege und Instandhaltung. Österr. Wasserwirtsch.- und Abf.Verband (ÖAWV), Wien.

[11] Fargue (1862) In: Bretschneider, H. (1982): Gewässerbau. Taschenbuch für Gewässerausbau, P. Parey, Hamburg/Berlin.

[12] Felkel, K. (1960): Gemessene Abflüsse in Gerinnen mit Weidenbewuchs. Mitteilungsblatt Nr. 15 der Bundesanstalt für Wasserbau, Karlsruhe.

[13] Gerstgraser, Ch. (1998): Uferstabilisierung mit Pflanzen – was halten sie aus? In: Österr. Wasser- und Abfallwirtschaft, 50, 7/8, S. 180–187, Wien.

[14] Gerstgraser, Ch. (2000): Über die Stabilität von Ingenieurbiologischen Ufersicherungen. In: Österr. Wasser- und Abfallwirtschaft, 52, 3/4, S. 37–47, Wien.

[15] Gilnrainer, G. (1986): Strukturierung von Stauräumen. 5. Sem. Landschaftswasserbau, TU Wien, 7, S. 271–306.

[16] Goldschmid, U. und Grötzer, Ch. (1993): Innovation Grün. Lebensräume von Menschenhand, ein wasserbauliches Arbeitsbuch. Hrsg. Stadt Wien-Wasserbau. Verlag Bohmann, S. 1–121, Wien.

[17] Hähne, K. (1999): Wurzeluntersuchungen an einem neuen Damm und zwei alten Deichen der Donau bei Regensburg. Jahrbuch Gesellschaft für Ingenieurbiologie, 4, S. 233–290, Aachen.
[18] Hartge, K. H. (1986): Bodenmechanische Probleme durch Dammbepflanzungen. 6. Sem. Landschaftswasserbau, TU Wien, 8, S. 17–34.
[19] Hiller, H. (1999): Der biotechnische Wert von standortgemäßen Grasnarben auf Flußdeichen – Ansaatmischungen, Anlage und Pflege. Jahrbuch Gesellschaft für Ingenieurbiologie, 4, S. 119–152, Aachen.
[20] Honsowitz, H. (1990): Hydraulische Aspekte von Fließgewässerrevitalisierungen. Wiener Mitteilungen 88, S. 37–54, Universität für Bodenkultur Wien.
[21] Horstmann, K. und Schiechtl, H. M. (1979): Künstliche Schaffung von Ökozellen. Garten und Landschaft, 3, S. 175–178, München.
[22] Hubacek, H. (1998): Eine neue Pflanztechnologie: Zwei Drittel Wasser- und Nährstoffersparnis in ariden Gebieten. In: Tagungsband „ Nachhaltige Nutzung der Wasservorräte in Entwicklungsländern", S. 55–65, Institut für Wasserbau, Universität Innsbruck.
[23] Karl, S. (1990): Erfahrungen mit der Uferbepflanzung an Fließgewässern. In: 9. Sem. Landschaftswasserbau, TU Wien, 10, S. 427–454.
[24] Kauch, E. P. (1992): Individuelle Lösungen für Fließgewässer oder Ausbaunormierungen. In: 12. Sem. Landschaftswasserbau, TU Wien, 13, S. 246–270.
[25] Kelenc, H. (1986): Stauraumgestaltung an der Drau. In: 6. Sem. Landschaftswasserbau, TU Wien, 8, S. 135–148.
[26] Keller, E. (1937): Lebende Verbauung. Vorläufiger Bericht über den Werdegang praktischer Durchführungsversuche 2. Teil: Die bautechnische Anwendung und Durchführung der lebenden Verbauung. Wasserwirtschaft und Technik, Wien.
[27] Kruedener, A. (1951): Ingenieurbiologie. Verlag E. Reimhardt, München/Basel.
[28] Lange, G. und Lecher, K. (1993): Gewässerregelung, Gewässerpflege, 3. Auflage, P. Parey, Hamburg/Berlin.
[29] Linke, H. (1964): Rasenmatten – ein Baustoff zur Ufersicherung. Wasserwirtschaft-Wassertechnik, 9, S. 269–270, Berlin.
[30] Meusel, H. (1965): Vergleichende Chorologie der zentraleuropäischen Flora. Verlag Fischer, Jena.
[31] Nasseri, F. (1999): Über die Baumpflanzungen auf Dämmen des Canal du Midi im 17. und 18. Jahrhundert. Jahrbuch Gesellschaft für Ingenieurbiologie, 4, S. 33–57, Aachen.
[32] Oplatka, M. (1998): Stabilität von Weidenverbauungen an Flußufern. Mitteilungen Versuchsanstalt für Wasserbau, Hydrologie und Glaziologie der ETH, 156, S. 1–217, Zürich.
[33] Pockberger, J. (1952): Der naturgemäße Wirtschaftswald. 136 S., Verlag G. Fromme, Wien.
[34] Prückner, R. (1965): Die Technik der Lebendverbauung. 200 S., Österr. Agrarverlag, Wien.

[35] Reichholf, J. H. (1999): Die Fauna der Flußdeiche und -dämme im Zusammenhang mit der Standsicherheit. Jahrbuch Gesellschaft für Ingenieurbiologie, 4, S. 185–200, Aachen.
[36] Schiechtl, H. M. (1973): Sicherungsarbeiten im Landschaftsbau. 244 S., Verlag G. D. W. Callwey, München.
[37] Schiechtl, H. M. (1992): Weiden in der Praxis; die Weiden Mitteleuropas, ihre Verwendung und ihre Bestimmung. 130 S., Verlag Patzer, Berlin/Hannover.
[38] Schiechtl, H. M. und Stern, R. (1992): Handbuch für naturnahen Erdbau; eine Anleitung für ingenieurbiologische Bauweisen. 153 S., Österr. Agrarverlag, Wien.
[39] Schiechtl, H. M.und Stern, R. (1994): Handbuch für naturnahen Wasserbau; eine Anleitung für ingenieurbiologische Bauweisen. 176 S., Österr. Agrarverlag, Wien.
[40] Schöberl, F. (1998): Zur Hydraulik steiler Fließgewässer im alpinen Bereich. Veröffentlichung Institut für Wasserbau, Universität Innsbruck, S. 1–28.
[41] Schütz, W. (1989): 25jährige ingenieurbiologische Hangsicherungsmaßnahmen an der Brenner-Autobahn. Diplomarbeit, Universität für Bodenkultur Wien, 212 S.
[42] Seidel, K. (1965): Phenolabbau im Wasser durch Scirpus lacustris L. während der Versuchsdauer von 31 Monaten. Naturwissenschaften, 52, S. 398.
[43] Seidel, K. (1968): Elimination von Schmutz- und Ballaststoffen aus belasteten Gewässern durch höhere Pflanzen. Zeitschrift Vitalstoffe – Zivilisationskrankheiten, 46 S.
[44] Seidel, K. (1971): Wirkung höherer Pflanzen auf pathogene Keime in Gewässern. Naturwissenschaften, 58, S. 150.
[45] Seifert, A. (1942): Reise zu französischen Wasserstraßen. Deutsche Wasserwirtschaft, 36, S. 440–449.
[46] Seifert, A. (1965): Naturferner und naturnaher Wasserbau. Montana Verlag, Zürich.
[47] Seifert, A. (1970): Bäume im Wasser. Garten und Landschaft, 5, S. 153–157, München.
[48] Stern, R. (1993): Kritische Anmerkungen zur Ingenieurbiologie. In: Ingenieurbiologie im Schutzwasserbau. Schriftenreihe Zur Wasserwirtschaft, TU Graz, 11, S. 101–111.
[49] Stern; R. (1993): Die Rolle der Ingenieurbiologie. In: Kraftwerk Koralpe. Österr. Zeitschrift für Elektrizitätswirtschaft (ÖZE), 12, S. 879–881, Graz.
[50] Tschermak, L. (1961): Wuchsgebietskarte des Österreichischen Waldes. Forstliche Bundesversuchsanstalt, Wien.
[51] Watschinger, E. und Dragogna, G. (1968): Problematica della diffesa del suolo: le sistemazioni elastiche. Monti e Boschi, XIX, 6, S. 5–15, Rom.
[52] Zednik, F. (1972): Aufforstungen in ariden Gebieten. Mitteilungen Forstliche Bundesversuchsanstalt, 99, S. 1–103, Wien.
[53] Zeh, H. (1982): Verwendung von Geotextilien in der Ingenieurbiologie. Schweizer Baublatt Nr. 36.
[54] Zeh, H. (1983): Ingenieurbiologische Bauweisen. 96 S., Bächtold AG, Bern.

9.2 Weiterführende Literatur

[55] Anselm, R. (1990): Ingenieurbiologische Maßnahmen bei der Gewässerregulierung. In: 1. Sem. Landschaftswasserbau, TU Wien, 1, S. 70–104.
[56] Bathelt, H. (1988): Böschungssicherung und Begrünung mit Jute-Geweben. Das Gartenamt, 37, S. 795–796.
[57] Baudirektion des Kantons Bern (1989): Naturnahe Flachufer an Seen, 97 S., Bau Dion Bern.
[58] Bayerisches Staatsministerium (1991): Flüsse, Bäche, Auen – pflegen und gestalten. 40 S., Oberste Baubehörde München.
[59] Begemann, W. und Schiechtl, H. M. (1994): Ingenieurbiologie. 2. Auflage, S. 1–203, Bauverlag, Wiesbaden/Berlin.
[60] Böll, A. (1997): Wildbach- und Hangverbau. Bericht der Eidgenössischen Forschungs-Anstalt Wald-Schnee-Landschaft, 343, S. 1–123, Birmensdorf (CH).
[61] Curl, E. A. und Truelove, B. (1986): The Rhizosphere. S. 1–288, Springer, Berlin/Heidelberg.
[62] Deutscher Verband für Wasserwirtschaft und Kulturbau – DVWK (1990): Uferstreifen an Fließgewässern. Schriftenreihe Heft 90, P. Parey, Hamburg/Berlin.
[63] Ehrendorfer (1973): Liste der Gefäßpflanzen Mitteleuropas. 318 S., G. Fischer, Stuttgart.
[64] Ehrengruber, C. (1989): Aspekte des naturnahen Flußbaues bei Buhnen. Diplomarbeit, Universität für Bodenkultur, Wien.
[65] Florineth, F. (1995): Weidenspreitlagen als Weg zur schnellen Uferbepflanzung und -sicherung. Deutsche Gesellschaft für Ingenieurbiologie, 5, S. 51–61, Aachen.
[66] Gasser, E. (1995): Buhnen am Inn; historische, hydraulische, boden- und vegetationskundliche Aspekte ausgewählter Flußabschnitte. Diplomarbeit, Universität Innsbruck, S. 1–156.
[67] Geitz, P. (1995): Naturnaher Wasserbau, Ausbildungsförderwerk Garten-, Landschafts- und Sportplatzbau, S. 1–139, Bad Honnef.
[68] Göldi, Chr. und Walser, E. (1989): Wiederbelebungsprogramm für die Fließgewässer im Kanton Zürich. 38 S., Amt für Gewässerschutz, Zürich.
[69] Gray, D. H. und Sotir. R. B. (1995): Biotechnical and Soil Bioengineering Slope Stabilization. S. 1–378, John Wiley & Sons Inc., New York.
[70] Habersack, H. (1990): Gewässerbetreuungskonzept Feistritz (Oststeiermark). Diplomarbeit, Universität für Bodenkultur Wien, 328 S. mit Kartenteil.
[71] Hacker, Eva (1997): Pflanzen – Überstauung – Ingenieurbiologie. In: Jahrbuch Gesellschaft für Ingenieurbiologie, 8, (Ingenieurbiologie und stark schwankende Wasserspiegel an Talsperren), S. 73–84, Aachen.
[72] Hörandl, S. (1992): Die Gattung Salix in Österreich. Abhandlung der Zoologisch-Botanischen Gesellschaft Österreich, 27, Wien.
[73] Honsowitz, H. (1985): Die Abschätzung der Veränderung der hydraulischen Leistungsfähigkeit von revitalisierten Fließgewässerquerschnitten. In: 3. Sem. Landschaftswasserbau, TU Wien, 5, S. 307–350.

[74] Honsowitz, H. und Schönlaub, W. (1998): Umgehungsgerinne Kraftwerk Freudenau, Planung und Bau. In: Stauraum Wien, Wasserwirtschaft und Ökologie. Wiener Wasserbau, S. 128–147, Wien MA 45.
[75] Janauer et al. (1999): Gießgang Greifenstein – Vegetation. Forschung im Verbund, 53, Wien.
[76] Jungwirth, M. (1982): Ökologische Auswirkungen des Flußbaues. Wiener Mitteilungen, Bd. 50, Kulturtechnik und Wasserwirtschaft heute, 4, S. 171–186, Wien.
[77] Jungwirth, M. et al. (1998): Fish Migration and Fish Bypasses. Fishing News Books/Blackwell UK, S. 1–418, London.
[78] Karl, S. (1993): Landschaftsbau – Ausführung, Koordinierung und Kontrolle. In: 14. Sem. Landschaftswasserbau, TU Wien, 15, S. 349–360.
[79] Kauch, E. P. (1994/95): Gewässergestaltung, Vorlesungsunterlagen, TU Graz, S. 1–127.
[80] Kirwald, E. (1955): Waldwirtschaft an Gewässern. 147 S., Wirtschafts- und Forstverlag Euting, Neuwied/Rh.
[81] Kirwald, E. (1964): Gewässerpflege. 167 S., BLV München.
[82] Kirwald, E. (1982): Schaden und Nutzen von Gewässerwäldern. Jahrbuch Gesellschaft für Ingenieurbiologie 1980, S. 29–39, Verlag K. Krämer, Stuttgart.
[83] Klötzli, F. (1981): Zur Reaktion verpflanzter Ökosysteme der Feuchtgebiete. Dat. Dok. Umweltschutz, 31, S. 107–117, Stuttgart.
[84] Kröll, A. (1981): Die Stabilität von Steinschüttungen bei Sohlen- und Uferbefestigungen in Wasserströmungen. Institut für Wasserwirtschaft und konstruktiven Wasserbau, TU Graz, Mitt. 23, S. 16–60.
[85] Lautenschlager, E. (1989): Die Weiden der Schweiz. 136 S., Verlag Birkhäuser, Basel.
[86] Lux, H. (1992): Küsten- und Dünenschutz. Garten und Landschaft, München, 2. Auflage, S. 17–19.
[87] Mangelsdorf, J. und Scheurmann, K. (1980): Flußmorphologie. Verlag Oldenbourg, München/Wien.
[88] Mantwill, H. (1997): Ingenieurbiologische Arbeiten an Talsperren im Ruhrgebiet und im Harz. In: Jahrbuch Gesellschaft für Ingenieurbiologie, 8, S. 123–148, Aachen.
[89] Martini, F. und Pajero, P. (1988): I Salici d'Italia. 160 S., Ed. Lint. Trieste.
[90] Mazure, P. Ch. (1999): Erfahrungen mit der Vegetation auf Flußdeichen und -dämmen in den Niederlanden. Jahrbuch Gesellschaft für Ingenieurbiologie, 4, S. 153–164, Aachen.
[91] Neumann, A. (1981): Die mitteleuropäischen Salixarten. 152 S., Mitteilungen Forstliche Bundesversuchsanstalt, S. 137, Wien.
[92] Österreichischer Wasser- und Abfallwirtschaftsverband, (1992): Umweltbeziehungen der Wasserkraftnutzung im Gebirge. Schriftenreihe Heft 87, S. 1–130, Wien.
[93] Patt, H., Jürging, P., Kraus, W. (1998): Naturnaher Wasserbau – Entwicklung und Gestaltung von Fliessgewässern. Springer, Berlin.

[94] Pribil, W. (1994): Grundlagen für die Kalkulation des Material- und Zeitaufwandes für ingenieurbiologische Bauweisen im Landschaftswasserbau. Diplomarbeit, TU Wien.
[95] Pretner, D. (1987): Die Rolle der Ingenieurbiologie im Flußbau der Steiermark. Diplomarbeit, 136 S., Universität für Bodenkultur, Wien.
[96] Rentsch, P. (1990): Anwendung von Geotextilien im naturnahen Uferverbau. Schweizer Baublatt, 98.
[97] Rickert, K. (1990): Erfahrungen zur hydraulischen Charakterisierung von Gewässerquerschnitten. In: 9. Sem. Landschaftswasserbau, TU Wien, 10, S. 455–477.
[98] Rindt, O. (1952): Gehölzpflanzungen an fließendem Wasser unter Berücksichtigung des Uferschutzes. Schriftenreihe des Verlages Technik, 45, S. 1–44, Berlin.
[99] Rössler, J. (1989): Entwicklung von Röhrichtpflanzen bei der Renaturierung eines Fließgewässers. Zeitschrift für Vegetationstechnik, 12, S. 34–42, München.
[100] Schiechtl, H.M. und Stern, R. (1992): Ingegneria naturalistica. Manuale delle opere in terra. S. 1–163, Ed. Castaldi Feltre, Italia.
[101] Schiechtl, H.M. und Stern, R. (1996): Ground Bioengineering Techniques for Slope Protection and Erosion Control. Blackwell Science, S. 1–146, London.
[102] Schiechtl, H.M. und Stern, R. (1997): Water Bioengineering Techniques for Watercourse Bank and Shoreline Protection. Blackwell Science, S. 1–186, London.
[103] Schiechtl, H.M. und Stern, R. (1997): Ingegneria naturalistica. Manuale delle costruzioni idrauliche. Ed. ARCA Trento, Italia.
[104] Schlüter, U. (1990): Laubgehölze – Ingenieurbiologische Einsatzmöglichkeiten. 164 S., Verlag Patzer, Berlin/Hannover.
[105] Schlüter, U. (1996): Pflanze als Baustoff. 2. Auflage, Verlag Patzer, Berlin/Hannover.
[106] Schlüter, U. (1997): Röhrichtarten im Tide- und Brackwasserbereich. In: Jahrbuch Gesellschaft für Ingenieurbiologie, 8, S. 93–103, Aachen.
[107] Urstöger, F. (1984): Naturgemäßer Gewässerausbau. Diplomarbeit, Universität für Bodenkultur Wien, 223 S.
[108] Vitek, E. (1986): Gestaltung und standortgerechte Bepflanzung von Dämmen. In: 6. Sem. Landschaftswasserbau, TU Wien, 8, S. 1–16.
[109] Waltl, A. (1949): Der natürliche Wasserbau an Bächen und Flüssen. Amt Oberösterr. Landesregierung, 3, S. 1–144, Linz.
[110] Wandel, G. (1951): Über den Nutzen und Schaden des Uferbewuchses an fließenden Gewässern. Hektographie, S. 1–62, Bonn.
[111] Wendelberger, E. (1986): Pflanzen der Feuchtgebiete. 223 S., BLV München.
[112] Willy, H. (1986): Vor- und Nachteile des naturnahen Gewässerlaufes im Vergleich zu kanalisierten Fließgewässern. Mitteilungen Institut für Wasserbau und Kulturtechnik, TU Karlsruhe, 195 S.
[113] Wurzer, E. (1985): Natur- und landschaftsbezogener Schutzwasserbau – wesentliche Grundsätze des Leitfadens. In: 3. Sem. Landschaftswasserbau, TU Wien, 5, S. 1–16.

[114] Zimmermann, A. und Otto, H. (1986): Konzept zur standortsgemäßen Bepflanzung regulierter Fluß- und Bachufer für die Steiermark. Institut für Umweltwissenschaften und Naturschutz der Österreichischen Akademie der Wissenschaften, 5/6, S. 5–57, Graz

9.3 Normen

DIN 18 915 Vegetationstechnik im Landschaftsbau; Bodenarbeiten; 1990–09.
DIN 18 916 Vegetationstechnik im Landschaftsbau; Pflanzen und Pflanzenarbeiten; 1990–09.
DIN 18 917 Vegetationstechnik im Landschaftsbau; Rasen und Saatarbeiten; 1990–09.
DIN 18 918 Vegetationstechnik im Landschaftsbau; Ingenieurbiologische Sicherungsbauweisen. Sicherung durch Ansaaten, Bepflanzungen, Bauweisen mit lebenden und nichtlebenden Stoffen und Bauteilen, kombinierte Bauweisen; 1990–09.
DIN 18 919 Vegetationstechnik im Landschaftsbau; Entwicklungs- und Unterhaltungspflege von Grünflächen; 1990–09.

Stichwortregister

A

Abbruchufer   104
Abflußgeschwindigkeit   15
Abflußminderung   15
Abflußquerschnitt   15
Abtreppung   76
Adventivwurzel   11, 18, 26, 109
Adventivwurzelbildung   61, 101, 154
Adventivwurzelsystem   154
Altholz   153
Anlandung   76
Ansaat   25
Anspritzverfahren   44
Artenmischung   61, 64
Artenwahl, Herkunft   16
Ast- und Rutenlagen   132
Ast- und Zweigpackungen   127
Astbettung   70, 122, 129
Äste   124
Asteinlage   123
Astlage   71, 104
Astpackung   71, 128 ff.
Astwand   130
Astwerk   51, 88, 104, 122, 130
Aufbaukraft   19
Auftrieb   4
Augebüsche   159
Ausführung, landschaftsharmonische   4
Ausgrassung   145
– Runsenausgrassung   145
Auskolken   60, 82
Ausreißwiderstand   33
Ausschreibung   6
Austrocknung   26
Auwald   11, 159, 166

B

Ballenpflanze   22
Ballenpflanzung   8, 110
Baugeologie   3
Baukosten   35
– Buschlage   35
– Fertigrasen   35
– Flechtzaun   35
– Fugenbepflanzung   35
– Heckenbuschlage   35
– Heckenlage   35
– Heublumensaat   35
– Kostenvergleich
– Mulchsaat   35
– Röhricht-Ballenbesatz   35
– Röhricht-Halmpflanzung   35
– Standardsaat   35
– Steckholzbesatz   35
– Spreitlage   35
– Trockensaat   35
Bäume   64
Baumweiden   11, 26 ff.
Bautype   32
Bauweisen
– Deckbauweise   37
– Ergänzungsbauweise   37
– kombinierte Bauweise   32, 37, 65
– Stabilbauweise   37
Bauzeit   34
Bauzeitpläne   33
Bemessungshochwasser   2
benetzter Umfang   15
Bepflanzung   136
Berasung   136
Berme   60 f., 64
Bestandsschichtung   166
Betriebsspiegelschwankung   149
Bewässerung   164
Bewurzelung   18
Biegsamkeitsalter   10
Binden   165
Binsen   9, 20, 22
Binsenanlagen   9
Bitumenemulsion
– instabile   45
– stabile   45

Blaikenverbau 64
Blockschwelle, lebende 77
Blocksperre 68, 90
Blockwurf 77
Blüte 27
Bodenaufschließung 14
Bodenfestigung 19
Bodenklasse 61
Bodenmechanik 3
Bodenstabilisierung 19
Bodenverbesserungsstoffe 44
Bodenwasserhaushalt 14
Boden-Wurzelmatrix 64
Boden-Wurzel-Verbund 14
Böschungskrone 10
Böschungsoberkante 10
Böschungsrasen 10
Böschungsschäden 152
Böschungsstabilität 14
Bruchstein 77
Buhnen 68, 91 ff.
– Blockbuhne 96 ff.
– deklinante 91
– Dreiecksbuhne 97
– inklinante 91
– Mittelwasserbuhne 93
– Steinkastenbuhne 96 ff.
– Tauchbuhne 97
Buhnenbau 96
Buhnenfeld 91, 96 f.
Buhnenkopf 91
Buhnenverbau 93
Buhnenwurzel 91
Buschbauleitwerk 71, 130
Buschbautraverse 69, 98, 101 ff., 131
Buschlage 55, 60 ff., 77, 79, 82, 124
Buschlagenbau 63
Buschlahnung 146 f.
Buschleitwerk 132
Buschmatratze 127
Buschschwelle 66, 77 f., 81, 101

C
Containerpflanzen 90, 141

D
Dammbau 149
Dammböschung 149
Dämme
– Sicherheit 149
– Vegetation 150
Dammkörper 149
Dammtypen 149
Dauergesellschaften 11, 166
Dauerrasen 43
Deckbauweise 54
Dichtungskern 154
Dickenwachstum 10, 119
Dickstoffpumpe 44
Drahtschotterbehälter 82, 88
Drahtschotterkörbe 84
Drahtschotterkörper 72, 82, 89, 137
Drahtschotterschwelle 67, 82 f., 84, 89
Drahtschottersperre 68, 88 f.
Drahtschotterwalze 116
Drahtseil 139
Drahtsenkwalze 101
Drahtskelettkörper 89, 137
Dünger 44, 46
Düngung 164
Durchlüftungsgewebe 8
Durchwurzelung 19

E
Einmischdichtung 152
Einsatzgrenzen 33
– biologische 33
– technische 33
– zeitliche 33
Einschotterung 18
Einstau 18, 154
elastische Uferverbauung 139 f.
Entwässerungen 159
Erdbau 54
Erddruck 4
Ergänzungsbauweisen 141
Erosion 4, 11
Erosionsschutznetze 49 f.

Erstbesiedler 19
Extensivwurzler 18

F

Faschine 79, 124
– lebende 71, 124
– Uferfaschine, kolksichere 124 f.
Faschinenbock 124
Faschinenbündel 77, 124
Faschinenschwelle 66, 79, 80 f.
Faschinenwand 124
Fertigrasen 38 ff.
Fertigrasenanzucht 39
Feuchtbiotop 159 f.
Fische 34
Fischerzaun 60
Flachböschungen 113
Flachwasserzone 113, 154
Flachwurzler 18
Flechtlahnung 146
Flechtwerk 59 f.
Flechtzaun 55 f., 60
– versenkter 56
Flechtzaunschwelle 67, 81
fließende Retention 97
Fließgeschwindigkeit 33
Fließgeschwindigkeitsverteilung 14
Flußbau 2
forstliche Maßnahmen 168
Frischhaltesäcke 26
Fugenbepflanzung 118, 120 ff.
Fugenzwickel 122
Furt 3
Furtstrecke 3
Fußschutz 154 f.
Fußsicherung 124

G

gabbioni (ital.) 84, 88, 137
Gebirgswasserbau 64
Gebüsch 142
Gehölzbestand 10
Gehölzbewuchs 14 f.
Gehölze 10
– vegetativ vermehrbare 25, 34
Gehölzsaat 24 ff., 41, 47
– Löchersaat 48
– Plätzesaat 48
– Rillensaat 48
– Vollsaat 48
Gehölzsamen 25
Gehölzschnitt 165
Gehölzteile 25
Gehölzvegetation 25
Geotextilien 137
Geotextilkörper 84
Geotextilmatratzen 137
Geotextilraumkörper 73, 137 f.
Geotextilschwelle 67, 84
Geotextilstützkörper 137
Geotextilwalze 77
Gerinne
– Hochwassergerinne 3
– Niederwassergerinne 3
Geschiebeeinstoß 18
Geschieberückhalt 76
Geschiebetrieb 18
Geschwindigkeitsverteilung 164
Gewährleistung 164
Gewässer-Begleitwald 168
Gewässerbetreuung 1
Gewässerbiologie 3
Gewässerdynamik 2
Gewässermorphologie 2
Gewässernetz 2
Gewässerprofil 5
Gewässerreinhaltung 24
Gewässerreinigung 14
Gitterbuschbauwerk 69, 103 ff.
Gleitufer 115
Grasmischungen 25
Grünverbauung 13

H

Häckselung 45
Hagel 38
Halmknoten 109
Halmlage 8

Halmpflanzung   8
Halmsteckling   109
Hangneigung   61
Hangrost   136
– Ufer-Hangrost   135 f.
hard gabions   84
Hartbauweise   4, 13
Heckenbuschlage   26, 55, 60, 62, 64
Heckenlage   55, 60 ff.
Heckenlagenbau   26
Heisterpflanzen   90
Heublumen   24, 42
Heublumensaat   40, 42
Hochwasserabfluß   10, 13
Hochwasserdeich   153
Höhenstufe   19
Holzleitwerk   133 f.
Holzschwelle   67, 84 f.
Holztrift   88
hydraulischer Radius   15
Hydrosaat   44

I
Ingenieurbiologie   5, 13
Intensivwurzler   18 f.

J
Jutenetz   126

K
Kammerflechtwerk   60, 135
Kanäle   107
Klausen   88
Kleber   44
Klimazonen   47
Kokosfaser   49
Kolk   3, 98, 101
Kolkschutz   104
kolksichere Uferfaschine   124
Kolksicherung   130
kombinierte Bauweisen   65
Konstitution der Arten
– ökologische   16
– ökotechnische   16

Krainerwand   68, 72, 84 ff., 132
– Holz-Krainerwand   86
– Krainerwandkasten   88
Kriechwurzler   8
Kronenüberschirmung   166

L
Lagenbau   54 f., 60 f.
– Buschlage   55, 60, 62
– Heckenbuschlage   55, 60, 62
– Heckenlage   55, 60, 62
Lagenbauten   136
Laichkrautzone   7
Längsschnitt   2
Langstroh   45
Längswerke   107
Laubfall   26
Laubholz-Mischbestände   166
Lebendbau   13
lebende Baustoffe   5, 13 ff., 17
lebende Blockschwelle   77
lebende Bürsten   68, 98 ff., 104
lebende Faschine   124
lebende Faschinenschwelle   80
lebende Flechtzaunschwelle   81
lebende Leitwerke   130
lebende Sohlschwellen   76
lebende Sperren   68, 85
Lebendverbauung   11 ff.
Lehm   18
Leitwerk
– Anzug   132
– Holzleitwerk   133 f.
Linienführung   2

M
Mahd   165
Mittelwaldbewirtschaftung   166
Mittelwasserlinie   4, 11
Mittelwasserzone   7
Moore
– Hochmoore   159
– Niedermoore   159
Mulchdecke   47, 49

Mulchen 165
Mulchgerät 45
Mulchsaat 45
– maschinelle 45
Mulchschicht 45
Mulchstoffe 45
Murstöße 84, 88
Muttergärten 166

N
Nadelbäume 153
Nährstoffgehalt 23
Naßsaat 40, 44
Natursteinschüttung 113
Naturverjüngung 153
Niederwasserzone 7

O
Oberboden 43, 153
ökologische Amplitude 17, 19
Ökozellen 144

P
Palisaden 66, 75 f.
Palisadenwand 76
Pappeln 101
Pfählen 165
Pfahlrost 60
Pflanzen
– bewurzelte 16
– wurzelnackte 141
Pflanzengesellschaften 17
Pflanzenherkunft 19
Pflanzenschutz 163
Pflanzenteile 25 f.
– vegetativ-vermehrbare 16
Pflanzenvermehrung 20
Pflanzenwurzeln 152
– Feinwurzelsystem 152
– Grobwurzelsystem 152
Pflanzloch 141
Pflanzlochbohrer 141
Pflanzscheiben 141
Pflege 163

– Abnahme 164
– Entwicklungspflege 164
– Erhaltungspflege 166
– Fertigstellungspflege 163
Pflegekosten 36
Pflegemaßnahmen 166
– Durchforstung 166
– Umtriebszeit 166
Pflegeplan 167
Phenol 9
Pilotenreihe 104
Pioniergesellschaft 19
Planung ingenieurbiologischer
  Bauarbeiten 5 f.
Prallufer 4, 115
Projektierung ingenieurbiologischer
  Arbeiten 1

Q
Querprofile 2
Querwerke 65

R
Rasen 9, 142
– Fertigrasen 38 ff.
– Fertigrasenanzucht 39
– Rollrasen 38 ff.
– Zierrasen 24
Rasenbauten 38
Rasenböschung 9
Rasendecke 9
Rasengittersteine 51
Rasenmatten 41
Rasenmauern 39
Rasenmulden 41, 49
Rasensaaten 39
– Heublumensaat 40, 42
– Mulchsaat 41
– Naßsaat 40
– Standardsaat 40
Rasensoden 90
Rasenziegel 38 ff.
Rauhbaum 145
Rauhbaumgehänge 145 f.

Rauhpackung 127
Rauhwehr 127
Raumgitterelement 85, 132
Regel-Saatgutmischungen 25
Reisig 51
– Reisigpackung 146
Rhizom 7 ff., 144
Rhizom-Boden-Gemisch 108
Rhizomhäcksel 69, 144
Rhizomstecklinge 8, 144
Rhizomstücke 144
Rhizomvermehrung 8
Rhizosphäre 14
Riedgrasbestände 159
Röhricht 7, 159
– Röhrichtart 7
– Röhrichtballen 115, 118
– Röhricht-Ballenbesatz 70, 113
– Röhricht-Ballenpflanzung 114
– Röhrichtbauten 107, 110
– Röhrichtgesellschaften 115
– Röhrichtpflanzen 7, 97, 144
– Röhrichtwalze 70, 115 f.
– Röhrichtzone 7
Rollrasen 38 f.
Rosenkranz 141
Rost 82
Rückschnitt 11
Rundholz 75, 77, 85, 135
Runse 145
– Erosionsrunse 145
– Runsenausbuschung 65 f., 74
– Runsenausgrassung 74, 145
Ruten 25, 56, 124
– Rutengeflechte 56

S
Saat auf Strohdeckschicht 45 f.
Saaternte 20
Saatgut 20, 24, 44
– beimpftes 46
– Saatgutmischung 24 f.
Saatmatten 49
Saatmethoden

– Heublumensaat 40, 42
– Naßsaat 40, 44
– Schneesaat 48
– Standardsaat 40, 43
– Trockensaat 43
Salzresistenz 19
Samen 16, 25
– Samenmischungen 39
– Samenreife 27
Schädlingsbekämpfung 165
Schälen 39
Schattenverträglichkeit 115
Scherspannung 18
Schilf 110, 112
– Schilfballen 109
– Schilf-Ballenpflanzung 114
– Schilfbestand 108
– Schilfblüte 113
– Schilfgürtel 117
– Schilf-Halmlage 112
– Schilf-Halmpflanzung 69, 109 ff.
– Schilfsoden 109
– Schilf-Spreitlage 8, 70, 110, 112
Schlagregen 38
Schleppkraft 4, 33
Schleppspannung 33
Schluff 18
Schlußgesellschaften 166
Schmalwand 152
Schneesaat 48
Schutzerfüllungsgrad 166
Schutzwasserbau 64
Schwerboden 88
Schwimmblattgesellschaften 20, 22
Schwimmblattpflanzen 23
Schwimmhalme 112
Schwimmhalmpflanzung 69
Seerosenzünsler 23
Seggen 9, 22, 113
Seggengürtel 115
Seitenerosion 11
Setzstangen 25
Sickerlinien 153
Sinkwalze 127

Soden 113
Sohlensicherung 76
Sohlhebung 76
Sohlrampe 3, 77
Sohlschwellen, lebende 76
Sommermittelwasserlinie 113
Spreitlage 41, 51 ff., 131
Spreitlagenbau 52
Sproß 18
Stabilbauweise 54
Standardsaat 40, 43
Standort 20
Standortbedingungen 17
Standortverbesserung 64
Stauden 142
Stauhaltungen 107
Steckholzbesatz 118, 122
Steckhölzer 25, 55 ff., 70, 88, 97 f., 118, 136
Steinmantel 122
Steinrollierung 109
Steinsatz 113
Steinschüttung 109, 122
Steinwurf 122
Stockausschlagbetrieb 11
Stoffproduktion 19
Strahlung 14
Sträucher 25, 64
– Zwergsträucher 142
Strauchweiden 11, 26 ff., 122
Stroh
– gehäckseltes 45
– langhalmiges 46
Strohdeckschicht 47
Strohschicht 45
Strömungsgeschwindigkeit 14
Strömungskraft 33
Strömungsmuster 2
Sukzession 10, 12, 19, 64
Sukzessionsbeschleunigung 61
Sumpfpflanzen 17, 20 ff.

T
Terrasse 61
Tiefwurzler 18, 152
Tiergänge 153
Ton 18
Torfstiche 159
Trägersubstanz 44
Transplantation 4, 142 f., 161
Trasse 2
Traverse 101
– Buschbautraverse 101 ff.
Treibgut 9
Trockenmauern 90
Trockensaat 43

U
Überflutung 12, 18, 154
Überstauung 154
Überwachung 6
Uferabbrüche 10, 130
Uferdeckwerk 120
Uferfaschine 125 f.
Ufer-Hangrost 72, 135
Uferlahnung 147
Ufersaum 8
Uferschutz 107
Uferschutzgehölz 168
Ufersicherung 8, 64
Uferverbauung, elastische 73, 139 f.
Umtriebszeit 153
Unterkolkung 79
Unterspülungseffekt 33
Unterwasserpflanzen 24

V
Vegetationsgliederung 19
Vegetationsgrenzen 5
Vegetationskegel 152
Vegetationskunde 3
Vegetationsperiode 11
Vegetationsruhe 113
Vegetationsruhephase 26
Vegetationsruhezeit 34
Vegetationsstücke 16, 38, 90, 113

Vegetationstechnik 13
Vegetationszeit 34, 113
Verschüttung 65
Viehtritt 10
Vögel 34
Vorarbeiten 32

W

Wachstumsrhythmus 34
Wärmehauhalt 38
Wasseranschlagslinie 152
Wasserbau 1
Wasserorganismen 2
Wasserpflanzen 4
Wasserschutz-Auwald 167
Wasserspiegelgefälle 15
Wasserströmung 4
Wasservögel 113
Wasserwechselzone 7, 10 f.
Wehranlagen 88
Weiden 9, 11, 18, 33, 61, 85, 101
Weidenarten 12, 26 ff.
– Baumweiden 26 ff.
– Strauchweiden 26 ff.
Weidenäste 101, 104
Weiden-Asteinlage 120
Weidenruten 75, 127
Weidensaum 12
Weidensteckhölzer 12, 121

Weidenzopf 60
Weidenzweige 79
Wellenmechanik 152
Wellenschlag 107, 152
Widerstandskraft 33
Wildbachverbauung 64
Wildschadensverhütung 165
Wind 14
Windwurf 153
Wolfbau 104
Wuchsenergie 11
Wuchsförderung 163
Wuchsgebiet 19
Wurzeln 18
– Wurzelmasse 18
– Wurzelquasten 18
– Wurzelstöcke 144
– Wurzelsymbionten 19
– Wurzelwachstum 153
– Wurzelwerk 10
Wurzler
– Intensivwurzler 18 f.
– Kriechwurzler 8
– Tiefwurzler 18, 152

Z

Zierrasen 24
Zwergsträucher 142
Zwischenlagerung 17

Pflanzenregister

A

Ackererbse (*Pisum sativum*)   181
Alpenerle (*Alnus viridis*)   185
Alpen-Goldregen (*Laburnum alpinum*)   188, 192, 198
Alpen-Johannisbeere (*Ribes alpinum*)   198
Apfelrose (*Rosa rugosa*)   200
Aschweide (*Salix cinerea*)   27, 29 f., 193, 199
Aufrechte Bergföhre (*Pinus uncinata*)   183, 196
Aufrechte Trespe (*Bromus erectus*)   174
Ausläufer-Fioringras (*Agrostis stolonifera*)   17, 172
Ausläufer-Rotschwingel (*Festuca rubra* subsp. *rubra*)   175

B

Bachbunge (*Veronica beccabunga*)   21
Bastardklee (*Trifolium hybridum*)   181
Bergahorn (*Acer pseudoplatanus*)   183, 196
Bergulme (*Ulmus glabra*)   197
Bermudagras (*Cynodon dactylon*)   174
Besenginster (*Cytisus scoparius*)   187
Blasenstrauch (*Colutea arborescens*)   186
Blaugrauer Schwingel (*Festuca longifolia*)   176
Blaumbirke (*Betula pubescens*)   184
Blumenesche (*Fraxinus ornus*)   184
Blutroter Hartriegel (*Cornus sanguinea*)   17, 198
Blutweiderich (*Lythrum salicaria*)   20 f.
Blut-Weiderich (*Lythrum salicaria*) 8
Bocksdorn (*Lycium barbarum*)   200
Bokharaklee (*Melilotus albus*)   180
Bruchweide (*Salix fragilis*)   18, 27 f., 191, 197
Bunte Kronenwicke (*Coronilla varia*)   179
Büschelblume (*Phacelia tanacetifolia*, Phacelie)   181

D

Dauerlupine (*Lupinus polyphyllus*)   180
Deschampsia caespitosa 144
Deutscher Ginster (*Genista germanica*)   187
Deutsches Weidelgras (*Lolium perenne*)   176
Dirndlstrauch (*Cornus mas*)   186
Dotterweide (*Salix alba* subsp. *vitellina*)   191
Drachenwurz, Schlangenwurz (*Calla palustris*)   115
Drahtschmiele (*Avenella flexuosa*)   173

E

Eberesche (*Sorbus aucuparia*)   185, 197
Echte Brombeere (*Rubus fruticosus*)   189
Echter Kreuzdorn (*Rhamnus cathartica*)   189
Edelkastanie (*Castanea sativa*)   196
Einjähriges Rispengras (*Poa annua*)   177
Englisches Raygras (*Lolium perenne*)   17, 176
Erbsenstrauch (*Caragana arborescens*)   200
Esparsette (*Onobrychis viciifolia*)   181
Essigbaum (*Rhus typhina, R. laciniata*)   200
Europäische Lärche (*Larix decidua*)   182, 196

F

Fadenklee (*Trifolium dubium*)   181
Fahlweide (*Salix rubens*)   18, 192
Färberginster (*Genista tinctoria*)   187
Faulbaum (*Frangula alnus*)   187

Feldahorn (*Acer campestre*) 185, 196
Feldulme (*Ulmus minor*) 197
Felsenbime (*Amelanchier ovalis*) 186
Felsen-Johannisbeere (*Ribes petraeum*) 198
Fichte (*Picea abies*) 182
Fiederzwenke (*Brachypodium pinnatum*) 174
Filipendula 8
Fingergras (*Cynodon dactylon*) 174
Flaumbirke (*Betula pubescens*) 196
Flutender Wasserschwaden (*Glyceria fluitans*) 21
Französisches Raygras (*Arrhenatherum elatius*) 173
Froschbiss (*Hydrocharis morsus-ranae*) 22
Froschlöffel (*Alisma plantago aquatica*) 20 f.
Futtererbse (*Pisum sativum*) 181
Futterlupine (*Lupinus luteus*) 180
Futterwicke (*Vicia sativa*) 182

G

Gelbe Luzerne (*Medicago falcata*) 180
Gelber Steinklee (*Melilotus officinalis*) 180
Gemeine Esche (*Fraxinus excelsior*) 184, 196
Gemeine Heckenkirsche (*Lonicera xylosteum*) 188
Gemeine Schafgarbe (*Achillea millefolium*) 144, 178
Gemeine Wucherblume (*Chrysanthemum leucanthemum*) 178
Gemeiner Kreuzdorn (*Rhamnus cathartica*) 189, 198
Gemeiner Schneeball (*Viburnum opulus*) 190, 199
Gemeiner, roter Hartriegel (*Cornus sanguinea*) 186
Gemeines Fioringras (*Agrostis gigantea*) 172
Gemeines Rispengras (*Poa trivialis*) 178

Gewöhnlicher Goldregen (*Laburnum anagyroides*) 188, 192, 198
Gilbweiderich (*Lysimachia vulgaris*) 21 f.
Glanzgras (*Phalaris*) 8
Glanzweide (*Salix glabra*) 27, 29, 193, 199
Glatthafer (*Arrhenatherum elatius*) 173
Goldglöckchen (*Forsythia intermedia spec.*) 200
Goldhafer (*Trisetum flavescens*) 178
Götterbaum (*Ailanthus altissima*) 200
Grauerle (*Alnus incana*) 17, 184, 195 f., 198
Grauweide (*Salix elaeagnos*) 17, 28, 193, 199
Großblattweide (*Salix appendiculata*) 27, 29 f., 192, 199
Großer Wasserschwaden (*Glyceria maxima*) 21
Grüne Teichbinse (*Schoenoplectus lacustris*) 9
Grünerle (*Alnus viridis*) 185, 198

H

Haar-Schwingel (*Festuca capillata*) 176
Hainbuche (*Carpinus betulus*) 196
Hainrispe (*Poa nemoralis*) 177
Hakenkiefer (*Pinus uncinata*) 183
Hanfweide (*Salix viminalis*) 29, 31
Hasel (*Corylus avellana*) 186, 198
Heckenkirsche (*Lonicera xylosteum*) 17
Heckenrose (*Rosa canina*) 189
Hochtalweide (*Salix hegetschweileri*) 27, 193, 199
Honigklee (*Melilotus officinalis*) 180
Hornblatt (*Ceratophyllum sp.*) 24
Hornschotenklee (*Lotus corniculatus*) 17, 179
Horst-Rotschwingel (*Festuca rubra subsp. commutata*) 175
Hundsrose (*Rosa canina*) 189, 198
Hunds-Straußgras (*Agrostis canina*) 172
Hundszahn (*Cynodon dactylon*) 174

I

Igelkolben (*Sparganium erectum*) 21
Italienisches Raygras (*Lolium multiflorum* subsp. *italicum*) 176

K

Kalmus (*Acorus calamus*) 115
Kammgras (*Cynosurus cristatus*) 174
Kleine Bibernelle (*Pimpinella saxifraga*) 179
Kleiner Klee (*Trifolium dubium*) 181
Kleiner Wiesenknopf (*Sanguisorba minor*) 179
Knaulgras (*Dactylis glomerata*) 17, 174
Korbweide (*Salix viminalis*) 17, 27, 29, 194, 199
Kornelkirsche (*Cornus mas*) 186, 198
Krebsschere, Wasser-Aloe (*Stratiotes aloides*) 22 f.
Kriechende Quecke (*Agropyron repens*) 172
Kriechender Klee (*Trifolium repens*) 182
Kriechweide (*Salix repens*) 199

L

Lärche (*Larix decidua*) 17
Latsche (*Pinus mugo*) 198
Lavendelweide (*Salix elaeagnus*) 27
Liguster (*Ligustrum vulgare*) 17, 188, 192
Lorbeerweide (*Salix pentandra*) 18, 27 f., 31, 192, 197
Luzerne (*Medicago sativa*) 180

M

Mädesüß (*Filipendula ulmaria*) 8, 21 f., 115
Mandelweide (*Salix triandra*) 17, 194, 199
Manna-Esche (*Fraxinus ornus*) 184
Margerite (*Chrysanthemum leucanthemum*) 178
Mattenweide (*Salix breviserrata*) 29

Mehlbeerbaum (*Sorbus aria*) 185, 197
Moorbirke (*Betula pubescens*) 184

N

Nixenkraut (*Najas marina*) 24

O

Ohrweide (*Salix aurita*) 29
Ohrweide, Öhrchenweide (*Salix aurita*) 27, 192, 199
Ölweide (*Elaeagnus angustifolia*) 200
Ost-Bäumchen-Weide (*Salix waldsteiniana*) 195

P

Pestwurz (*Petasites sp.*) 8, 144
Pfaffenhütchen (*Evonymus europea*) 187, 198
Pfeilkraut (*Sagittaria*) 21
Plattrispe (*Poa compressa*) 177
Pulverholz (*Fragula alnus*) 187
Purpurweide (*Salix purpurea*) 17, 27, 29 f., 194, 199

R

Rainweide (*Ligustrum vulgare*) 188, 198
Rasenschmiele (*Deschampsia caespitosa*) 175
Raublättriger Schwingel (*Festuca trachyphylla*) 176
Reifweide (*Salix daphnoides*) 27 f., 31, 191, 197
Riesenhonigklee (*Melilotus albus*) 180
Robinie (*Robinia pseudacacia*) 17, 200
Rohrglanzgras (*Phalaris arundinacea*) 8, 113
Rohrkolben (*Typha latifolia, T. angustifolia*) 8 f., 21, 113
Rohrschwingel (*Festuca arundinacea*) 175
Roter Holunder (*Sambucus racemosa*) 190
Roterle (*Alnus glutinosa*) 183
Rotes Straußgras (*Agrostis tenuis*) 172

Rotföhre (*Pinus sylvestris*) 17, 183, 196
Rotklee (*Trifolium pratense*) 17, 181
Rotschwingel (*Festuca rubra*) 17, 175
Rottanne, Fichte (*Picea abies*) 182
Ruchbirke, Flaumbirke (*Betula pubescens*) 184
Ruchgras (*Anthoxanthum odoratum*) 17, 173

S

Saathafer (*Avena sativa*) 173
Saatwicke (*Vicia sativa*) 182
Salweide (*Salix caprea*) 27 f., 30, 195, 197, 199
Salzschwaden (*Puccinellia distans*) 178
Sandbirke (*Betula pendula*) 17, 184, 196
Sanddorn (*Hippophae rhamnoides*) 188, 198
Sauerdorn (*Berberis vulgaris*) 198
Schafschwingel (*Festuca ovina*) 175
Schilf (*Phragmites australis*) 7, 107, 113, 115
Schilf (*Phragmites*) 8
Schlehdorn (*Prunus spinosa*) 198
Schlehe (*Prunus spinosa*) 188
Schnabelsegge *(Carex rostrata)* 8
Schneebeere (*Symphoricarpus racemosus*) 200
Schwarzdorn (*Prunus spinosa*) 188
Schwarzer Holunder (*Sambucus nigra*) 17, 189, 199
Schwarzerle (*Alnus glutinosa*) 17, 183, 195 f.
Schwarzpappel (*Populus nigra*) 17, 191, 197
Schwarzweide (*Salix nigricans*) 17, 27, 29, 194, 199
Schwedenklee (*Trifolium hybridum*) 181
Schweizer Weide (*Salix helvetica*) 27, 29, 194
Schwimmendes Laichkraut (*Potamogeton natans*) 22
Seebinse (*Schoenoplectus lacustris*) 8
Seekanne (*Nymphoides peltata*) 22

Seerose (*Nymphaea alba*) 22 f.
Seggen-Arten (*Carex*-Arten) 144
Seidenweide (*Salix glaucosericea*) 27, 193
Sibirische Schwertlilie (*Iris sibirica*) 8
Sichelklee (*Medicago falcata*) 180
Sichelluzerne (*Medicago falcata*) 180
Silberpappel (*Populus alba*) 196
Silberweide (*Salix alba*) 18, 27 f., 155, 191, 197
Simse (*Scirpus*) 8
Sommerflieder (*Buddleia alternifolia, B. davidii*) 200
Sommerwicke (*Vicia sativa*) 182
Spießblättrige Weide (*Salix hastata*) 193, 199
Spindelbaum (*Evonymus europea*) 187
Spirke (*Pinus uncinata*) 183, 196
Spitzahorn (*Acer platanoides*) 183, 196
Spitzwegerich (*Pantago lanceolata*) 179
Spreizschwaden (*Puccinellia distans*) 178
Steinklee (*Melilotus albus*) 180
Steinweichsel (*Prunus mahaleb*) 188
Stieleiche (*Quercus robur*) 197
Sumpfdotterblume (*Caltha palustris*) 21
Sumpf-Johanniskraut (*Hypericum elodes*) 21
Sumpflabkraut (*Galium palustre*) 108
Sumpf-Rispengras (*Poa palustris*) 177
Sumpfschotenklee (*Lotus uliginosus*) 179
Sumpfschwertlilie (*Iris pseudacorus*) 8, 21
Sumpfseggel (*Carex acutifolia*) 8
Sumpfsimse (*Eleocharis sp.*) 21
Sumpfvergißmeinnicht (*Myosotis palustris*) 108
Süßlupine (*Lupinus luteus*) 180

T

Tauernweide (*Salix mielichhoferi*) 27, 29, 194
Tausendblatt (*Myriophyllum sp.*) 24

Teichbinse, Seebinse (*Schoenoplectus lacustris*) 21, 113, 115
Teichrose (*Nuphar lutea*) 22 f.
Timothe, Lieschgras (*Phleum pratense*) 177
Traubeneiche (*Quercus petraea*) 197
Traubenholunder (*Sambucus racemosa*) 190, 199
Traubenkirsche (*Prunus padus*) 184, 197
Triftenbibernelle (*Pimpinella saxifraga*) 179
Türkische Weichsel (*Prunus mahaleb*) 188

U

Ufer-Segge (*Carex riparia*) 114
Uferwinde (*Calystegia sepium*) 108

V

Vogelbeere (*Sorbus aucuparia*) 185, 197
Vogelkirsche (*Prunus avium*) 184, 197

W

Waldkiefer (*Pinus sylvestris*) 183, 196
Waldrebe (*Clematis vitalba*) 198
Wasserdost (*Eupatorium cannabinum*) 21 f.
Wasserknöterich (*Polygonum amphibium*) 22
Wasserminze (*Mentha aquatica*) 21, 108
Wassernuß (*Trapa natans*) 22 f.
Wasserpest (*Elodea canadensis*) 24
Wasserschlauch (*Utricularia sp.*) 24
Wasserschneeball (*Viburnum opulus*) 190
Wasserschwaden (*Glyceria sp.*) 8, 113, 115
Wasserschwertlilie (*Iris pseudacorus*) 21, 115
Wehrlose Trespe (*Bromus inermis*) 174

Weiche Tespe (*Bromus mollis*) 174
Weiches Honiggras (*Holcus mollis*) 176
Weidenröschen (*Epilobium hirsutum, E. palustre*) 21 f.
Weinrose (*Rosa rubiginosa*) 189, 198
Weißdorn (*Crataegus monogyna, C. xyacantha*) 186, 198
Weiße Lupine (*Lupinus albus*) 180
Weiße Seerose (*Nymphea alba*) 8
Weißes Straußgras (*Agrostis stolonifera*) 172
Weißkiefer (*Pinus sylvestris*) 183
Weißklee (*Trifolium repens*) 17, 182
Welsches Weidelgras (*Lolium multiflorum*) 176
West-Bäumchen-Weide (*Salix foetida*) 29, 193
Wiesen-Fuchsschwanz (*Alopecurus pratensis*) 173
Wiesenklee (*Trifolium pratense*) 181
Wiesen-Lieschgras (*Phleum pratense*) 177
Wiesen-Rispengras (*Poa pratensis*) 17, 178
Wiesenschwingel (*Festuca pratensis*) 175
Wildkirsche (*Prunus avium*) 184
Winterlinde (*Tilia cordata*) 197
Wolliger Schneeball (*Viburnum lantana*) 190, 199
Wolliges Honiggras (*Holcus lanatus*) 176
Wundklee (*Anthyllis vulneraria*) 17, 179

Z

Zartblättriger Schwingel (*Festuca tenuifolia*) 176
Zitterpappel (*Populus tremula*) 197
Zweizahn (*Bidens sp.*) 21
Zwenke (*Brachypodium sp.*) 144